Die Grundlehren der mathematischen Wissenschaften

in Einzeldarstellungen
mit besonderer Berücksichtigung
der Anwendungsgebiete

Band 73

Hans Hermes

Einführung in die Verbandstheorie

Zweite erweiterte Auflage

Mit 32 Abbildungen

Springer-Verlag Berlin Heidelberg GmbH 1967

Prof. Dr. Hans Hermes
Mathemathisches Institut der Albert-Ludwigs-Universität,
Abteilung für mathematische Logik und Grundlagen der Mathematik
Freiburg, Brsg.

ISBN 978-3-642-86525-1 ISBN 978-3-642-86524-4 (eBook)
DOI 10.1007/978-3-642-86524-4

Ursprünglich erschienen bei Springer-Verlag Berlin Heidelberg 1967
Softcover reprint of the hardcover 2nd edition 1967

Titel-Nr. 5056

Vorwort zur zweiten Auflage.

Das Buch hat seinen einführenden Charakter behalten. Es wurden einige Ergänzungen vorgenommen. Im wesentlichen handelt es sich hier um

1. eine Behandlung der pseudobooleschen Verbände (§ 25),
2. Angabe von Erzeugungsverfahren und Entscheidungsverfahren für die in den verschiedenen Verbandsklassen gültigen Termgleichungen (§ 26, 27, sowie Anhang Nr. 7),
3. verbandstheoretische Vollständigkeitsbeweise für die klassische und die intuitionistische Logik (§ 28, 29).

Ferner wurden die Kongruenzrelationen in Verbänden eingehender behandelt (§ 31, 32).

Im übrigen Text wurde verschiedenes verbessert. Für Hinweise und Vorschläge dazu danke ich insbesondere den Herren BURWICK, FRONTERA, KINDER, F. KLEIN-BARMEN, LESKY, LIEDL, LOTZ und PICKERT.

Bei der Vorbereitung der zweiten Auflage hat mich Herr D. KLEMKE tatkräftig unterstützt.

Freiburg, den 9. 11. 66

Hans Hermes

Vorwort zur ersten Auflage.

Die Verbandstheorie ist in neuerer Zeit in den Vordergrund des mathematischen Interesses getreten, weil sie ebenso wie die Gruppentheorie im Prinzip sehr einfache Zusammenhänge betrachtet und so (fast noch mehr als die Gruppentheorie) in den verschiedensten Gebieten der Mathematik Anwendung findet. Es handelt sich um die Untersuchung von Strukturen, die allgemeiner sind als geordnete Mengen, die aber mit den geordneten Mengen gemeinsam haben, daß es zu je zwei Elementen immer ein kleinstes beide umfassendes und ein größtes in beiden enthaltenes Element gibt.

Das vorliegende Buch will eine Einführung in die Verbandstheorie und ihre Anwendungen geben. Die Beweise werden ziemlich ausführlich dargestellt. An den meist leichten Übungsaufgaben am Ende des Paragraphen kann der Leser kontrollieren, wie weit er den Text verstanden hat. Die Beispiele sind aus den Grundlagen der Geometrie, der Algebra und der Topologie gewählt und setzen damit eine gewisse mathematische Allgemeinbildung voraus.

In einem Anhang werden die wichtigsten logischen und mengentheoretischen Begriffe zusammengestellt. Insbesondere werden Symbole für die einfachsten logischen Verknüpfungen eingeführt. Ich habe mich nicht gescheut, diese Symbole auch ab und zu im Text zu verwenden, da so in vielen Fällen die logische Struktur einer Aussage deutlicher hervortritt, und da man insbesondere oft mit Äquivalenzen ebenso bequem rechnen kann, wie es der Mathematiker schon immer mit Gleichungen zu tun gewöhnt ist. Es kommt hinzu, daß in wichtigen Verbänden die verbandstheoretischen Operationen unmittelbar mit aussagenlogischen Verknüpfungen zusammenhängen. — Im Anhang werden weiter einige Begriffe aus der „universellen Algebra" zusammengestellt, um auf dieser Basis dem Leser deutlich zu machen, daß viele verbandstheoretischen Begriffe denselben Ursprung haben wie analoge Begriffe, die er aus der Gruppentheorie oder anderen mathematischen Disziplinen bereits kennt.

Dieses Buch will keine vollständige Übersicht über die Verbandstheorie geben, um den Charakter einer Einführung zu wahren. Insbesondere wurde auf den verbandstheoretischen Aufbau der Maßtheorie verzichtet. Aus diesem Grunde wurden auch bei den einzelnen Sätzen keine Autoren genannt. Jedoch finden sich am Schluß der einzelnen Paragraphen weiterführende Literaturangaben. Eine erschöpfende und bei knappen Beweisen fast enzyklopädische Darstellung des heutigen Zustandes der Verbandstheorie mit ausführlichen Zitaten findet man in dem Buche von G. BIRKHOFF: Lattice Theory, New York **1948**. Auf dieses Buch, dem ich viel verdanke, sei hier ein für allemal hingewiesen. Eine Zusammenstellung der wichtigsten Literatur bis zum Jahre **1939** findet man in HERMES-KÖTHE: Verbandstheorie, Enzyklopädie der mathematischen Wissenschaften I. **2.** Aufl. Heft **5**, B. G. Teubner, Leipzig **1939**.

Für wertvolle Hilfe bei der Fertigstellung des Manuskriptes bin ich Herrn Dr. H. GUMIN zu großem Dank verpflichtet.

Münster, **5. 5. 1954**

Hans Hermes

Inhaltsverzeichnis.

Verzeichnis der Symbole.

Erstes Kapitel.

Grundlagen.

Das erste Kapitel beschäftigt sich mit den grundlegenden Begriffen der Verbandstheorie. Hierzu gehören neben dem Verbandsbegriff der Begriff der Halbordnung und der hierdurch inspirierte Begriff des vollständigen Verbandes. Isomorphismen, Homomorphismen und ähnliche generelle Begriffe spielen in der Verbandstheorie dieselbe Rolle wie in anderen algebraischen Disziplinen. Derartige Begriffe werden im *Anhang* in einem allgemeinen Rahmen besprochen und ihre einfachsten Eigenschaften in diesem Kapitel für die speziellen Verhältnisse der Verbandstheorie entwickelt.

§ 1. Verbände.

Den Begriff des Verbandes führt man ebenso ein wie die bekannten Begriffe der Gruppe und des Ringes. Es handelt sich in allen Fällen um *Algebren* in einem allgemeinen Sinne, wie sie generell im *Anhang* dieses Buches behandelt werden. Dort finden sich auch Erläuterungen zu dem in der folgenden Erklärung verwendeten Operationsbegriff.

Definition: Eine Menge V mit zwei zweistelligen Operationen, die meistens mit $\frown$ und $\smile$ bezeichnet werden, heißt in bezug auf diese Operationen ein *Verband*[1], wenn die folgenden Axiome gelten ($a, b, \ldots$ seien beliebige Elemente von V):

1. Die beiden *kommutativen Gesetze*

($K_\frown$) $a \frown b = b \frown a$, ($K_\smile$) $a \smile b = b \smile a$.

2. Die beiden *assoziativen Gesetze*

($A_\frown$) $(a \frown b) \frown c = a \frown (b \frown c)$, ($A_\smile$) $(a \smile b) \smile c = a \smile (b \smile c)$.

3. Die beiden *Verschmelzungsgesetze*

($V_\frown$) $a \frown (a \smile b) = a$, ($V_\smile$) $a \smile (a \frown b) = a$.

Im folgenden Beispiel soll eine grundlegende Klasse von Verbänden besprochen werden. Von diesen Verbänden ausgehend, kann man mit

[1] Im Englischen *lattice* (*structure*). Der Name *Verband* stammt von Fritz Klein-Barmen.

Methoden, die in § 6 und § 7 behandelt werden, praktisch alle weiteren wichtigen Verbände gewinnen.

Beispiel 1.1. $\mathfrak{m}$ sei eine feste Menge. Dann bildet die *Potenzmenge* $\mathfrak{P}(\mathfrak{m})$ von $\mathfrak{m}$, d. h. die Menge aller Teilmengen von $\mathfrak{m}$, einen Verband in bezug auf die mengentheoretische Durchschnitts- und Vereinigungsbildung. Diese Operationen sind wie folgt erklärt:

(a) Der *mengentheoretische Durchschnitt* $\mathfrak{a} \frown \mathfrak{b}$ der Teilmengen $\mathfrak{a}$ und $\mathfrak{b}$ von $\mathfrak{m}$ ist die Teilmenge von $\mathfrak{m}$, zu der genau die Elemente von $\mathfrak{m}$ gehören, die sowohl in $\mathfrak{a}$ als auch in $\mathfrak{b}$ liegen.

(b) Die *mengentheoretische Vereinigung* $\mathfrak{a} \smile \mathfrak{b}$ enthält genau die Elemente von $\mathfrak{m}$, die in $\mathfrak{a}$ oder in $\mathfrak{b}$ liegen. Dabei wird (wie stets in diesem Buche) unter *oder* das *nicht-ausschließende oder* im Sinne des *vel* verstanden. Zu $\mathfrak{a} \smile \mathfrak{b}$ gehören also die wenigstens in einer der Mengen $\mathfrak{a}, \mathfrak{b}$ liegenden Elemente von $\mathfrak{m}$.

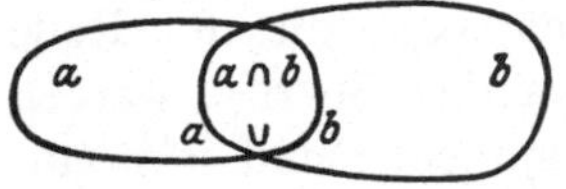

Abb. 1.1. Mengentheoretischer Durchschnitt und mengentheoretische Vereinigung bei ebenen Punktmengen.

Bei ebenen Punktmengen ist $\mathfrak{a} \frown \mathfrak{b}$ die doppelt, $\mathfrak{a} \smile \mathfrak{b}$ die insgesamt überdeckte Fläche, wie dies Abb. 1.1 veranschaulicht.

Will man beweisen, daß $\mathfrak{P}(\mathfrak{m})$ ein Verband ist, so muß man auf einfache Eigenschaften der aussagenlogischen Verknüpfungen *und* und *oder* zurückgehen. Zum Beispiel ist zum Nachweis von ($K_\frown$) zu zeigen, daß die beiden Mengen $\mathfrak{a} \frown \mathfrak{b}$ und $\mathfrak{b} \frown \mathfrak{a}$ dieselben Elemente enthalten. Dies ergibt sich unter Berücksichtigung der Durchschnittsdefinition wie folgt[1]:

$$\xi \in \mathfrak{a} \frown \mathfrak{b} \leftrightarrow \xi \in \mathfrak{a} \wedge \xi \in \mathfrak{b} \leftrightarrow \xi \in \mathfrak{b} \wedge \xi \in \mathfrak{a} \leftrightarrow \xi \in \mathfrak{b} \frown \mathfrak{a}.$$

Damit ist ($K_\frown$) auf das kommutative Gesetz für die aussagenlogische Verknüpfung $\wedge$ zurückgeführt. Entsprechend folgt ($A_\smile$) aus dem assoziativen Gesetz für $\vee$:

$$\xi \in (\mathfrak{a} \smile \mathfrak{b}) \smile \mathfrak{c} \leftrightarrow \xi \in \mathfrak{a} \smile \mathfrak{b} \vee \xi \in \mathfrak{c} \leftrightarrow (\xi \in \mathfrak{a} \vee \xi \in \mathfrak{b}) \vee \xi \in \mathfrak{c}$$
$$\leftrightarrow \xi \in \mathfrak{a} \vee (\xi \in \mathfrak{b} \vee \xi \in \mathfrak{c}) \leftrightarrow \xi \in \mathfrak{a} \vee (\xi \in \mathfrak{b} \smile \mathfrak{c}) \leftrightarrow \xi \in \mathfrak{a} \smile (\mathfrak{b} \smile \mathfrak{c}).$$

($V_\frown$) ergibt sich so:

$$\xi \in \mathfrak{a} \frown (\mathfrak{a} \smile \mathfrak{b}) \leftrightarrow \xi \in \mathfrak{a} \wedge \xi \in \mathfrak{a} \smile \mathfrak{b} \leftrightarrow \xi \in \mathfrak{a} \wedge (\xi \in \mathfrak{a} \vee \xi \in \mathfrak{b}) \leftrightarrow \xi \in \mathfrak{a},$$

da für beliebige Aussagen p, q gilt: $p \wedge (p \vee q) \leftrightarrow p$.

Im Hinblick auf dieses besonders wichtige Beispiel nennt man auch in *beliebigen* Verbänden die Operation $\frown$ *Durchschnitt* und die Operation $\smile$ *Vereinigung*[2]. $a \frown b$ liest man: *a geschnitten* mit b, oder kurz

[1] Für die aussagenlogischen Verknüpfungen *nicht, und, oder, wenn — so, genau dann, wenn — so* werden abkürzend die Zeichen $\neg$, $\wedge$, $\vee$, $\rightarrow$, $\leftrightarrow$ verwendet. Äquivalenzen werden fortlaufend wie Gleichungen geschrieben.

[2] Im Englischen *meet* (*intersection*) für $\frown$, *join* (*union*) für $\smile$.

a und b (denn in $\mathfrak{P}(m)$ liegen in $a \frown b$ die in *a und* in *b* gelegenen Elemente); $a \smile b$ wird gelesen *a vereinigt mit b* oder kurz *a oder b* (denn in $\mathfrak{P}(m)$ liegen in $a \smile b$ die in *a oder* in *b* gelegenen Elemente).

Wenn vom *Verbande* $\mathfrak{P}(m)$ die Rede ist ohne nähere Angabe von Operationen, so ist immer der soeben eingeführte Verband gemeint. Es ist natürlich auch möglich, daß die *Menge* $\mathfrak{P}(m)$ bezüglich *anderer* Operationen einen Verband bildet. Ein einfaches Beispiel liefert der am Schluß dieses Paragraphen erklärte duale Verband $\mathfrak{D}(\mathfrak{P}(m))$. Besonders interessant sind in § 7 besprochene Beispiele, in denen eine Teilmenge von $\mathfrak{P}(m)$ einen Verband bildet in bezug auf zwei Operationen $\frown$ und $\smile$, wobei $a \frown b$ der mengentheoretische Durchschnitt, $a \smile b$ aber im allgemeinen *nicht* die mengentheoretische Vereinigung ist.

Der Verband $\mathfrak{P}(m)$ hat über die genannten verbandstheoretischen Axiome hinaus einige weitere wichtigen Eigenschaften, auf die in Kapitel II eingegangen wird.

Durch Spezialisierung der Ausgangsmenge in Beispiel 1.1 gewinnt man

Beispiel 1.2. m sei eine feste Menge, p die Menge der geordneten Paare von Elementen aus m, $\mathfrak{P}(p)$ die Potenzmenge von p. Ein Element r von $\mathfrak{P}(p)$ ist also eine Menge von geordneten Paaren von m. r kann identifiziert werden mit der *Relation*, die für zwei Elemente α, β von m genau dann gilt, wenn das Paar (α, β) Element von r ist. $\mathfrak{P}(p)$ heißt der *Relationenverband* über m; er soll auch kurz mit $\mathfrak{R}(m)$ bezeichnet werden. Weiteres über Relationenverbände findet man in Kapitel III.

Die assoziativen Gesetze für $\frown$ und $\smile$ erlauben (wie für die algebraische Addition und Multiplikation) die klammerfreien Schreibweisen $a \frown b \frown c$, $a \smile b \smile c$, auch für mehr als drei Komponenten. Ferner ist es öfters bequem, in Analogie zu den endlichen Summen und Produkten in Ringen die Symbole $\bigcap_{i=1}^{n}$ und $\bigcup_{i=1}^{n}$ zu verwenden. Diese Symbole werden induktiv definiert durch

$$\bigcap_{i=1}^{1} a_i = a_1, \quad \bigcap_{i=1}^{n+1} a_i = \left(\bigcap_{i=1}^{n} a_i\right) \frown a_{n+1}. \tag{1.1'}$$

$$\bigcup_{i=1}^{1} a_i = a_1, \quad \bigcup_{i=1}^{n+1} a_i = \left(\bigcup_{i=1}^{n} a_i\right) \smile a_{n+1}. \tag{1.1''}$$

In den Verbandsaxiomen treten die Operationen $\frown$ und $\smile$ *gleichberechtigt* auf. Daraus folgt das fundamentale *Dualitätsprinzip*.

Zur Formulierung des Dualitätsprinzips müssen wir zunächst erklären, was unter einer *verbandstheoretischen Aussage* zu verstehen ist. Eine solche Aussage sei ein sprachliches Gebilde, in dem neben rein logischen Bestandteilen (wie $\wedge$, $\vee$, es gibt, für alle) und Variablen für die Elemente eines Verbandes nur die Symbole $\frown$ und $\smile$ auftreten. Beispiele für verbandstheoretische Aussagen sind die Axiome $(K_\frown)$, ..., $(V_\smile)$, oder etwa die Aussage $a \frown b = c$. Einer derartigen Aussage $\mathfrak{a}$ ist eindeutig eine *duale Aussage* $\mathfrak{D}(\mathfrak{a})$ zugeordnet, die aus $\mathfrak{a}$ dadurch entsteht, daß in $\mathfrak{a}$ überall $\frown$ durch $\smile$ und $\smile$ durch $\frown$ ersetzt wird (alles andere bleibt unverändert, insbesondere darf *nicht* etwa $\wedge$ durch $\vee$ ersetzt werden und umgekehrt!). Zum Beispiel ist $(K_\smile)$ dual zu $(K_\frown)$ und umgekehrt, ebenso sind $(A_\frown)$ und $(A_\smile)$ sowie $(V_\frown)$ und $(V_\smile)$ zueinander dual. Generell gilt $\mathfrak{D}(\mathfrak{D}(\mathfrak{a})) = \mathfrak{a}$. Eine in jedem Verbande gültige verbandstheoretische Aussage heiße ein *Satz der Verbandstheorie*. Dann gilt das

Dualitätsprinzip für Verbände. *Die duale Aussage eines Satzes der Verbandstheorie ist wieder ein Satz der Verbandstheorie.*

Dieses Dualitätsprinzip ergibt sich unmittelbar aus Symmetriegründen, da für jedes Axiom auch die duale Aussage ein Axiom ist. Analoge Dualitätsprinzipien gelten für einige wichtige Verbandsklassen; vgl. Kapitel II. Das bekannte Dualitätsprinzip der projektiven Geometrie ist wesentlich verbandstheoretischer Natur (Kapitel III).

Das Dualitätsprinzip ist kein Satz der Verbandstheorie im obigen Sinne, vielmehr ein Satz der Meta-Verbandstheorie. Der Meta-Verbandstheorie gehören auch an die Begriffe *Satz der Verbandstheorie* und $\mathfrak{a}$ *gilt in jedem Verband*. Vgl. hierzu den *Anhang*.

Der Begriff der dualen Aussage wird oft in einem erweiterten nicht sehr scharf abgegrenzten Sinn verwendet, indem man dual zu $\mathfrak{a}$ auch eine Aussage $\mathfrak{b}$ nennt, die zu $\mathfrak{D}(\mathfrak{a})$ äquivalent ist aus rein logischen Gründen, oder infolge einfacher verbandstheoretischer Sätze, wie z. B. $(K_\frown)$. Das Dualitätsprinzip bleibt natürlich auch gültig bei diesem erweiterten Begriff der dualen Aussage.

Zur Dualisierung von Aussagen der Verbandstheorie, die *abgeleitete* (definierte) Begriffe enthalten (z. B. die in §3 eingeführte Inklusion), muß man zunächst die abgeleiteten Begriffe mit Hilfe ihrer Definition auf die beiden Grundbegriffe $\frown$ und $\smile$ zurückführen.

Einfache Anwendungen des Dualitätsprinzips.

Aus $(V_\smile)$ folgt $a \frown a = a \frown (a \smile (a \frown b))$, und dies ist wegen $(V_\frown)$ gleich a. Also ist $a \frown a = a$, und dual $a \smile a = a$. Damit hat man:

Die *Gesetze der Idempotenz* von $\frown$ und $\smile$

$$a \frown a = a, \quad a \smile a = a. \tag{1.2}$$

Ferner gilt

$$a \frown b = a \longleftrightarrow a \smile b = b. \tag{1.3}$$

Zur Einübung des Dualitätsprinzips soll der an sich elementare Beweis ausführlich erbracht werden.

Wir zeigen zunächst

$$a \frown b = a \rightarrow a \smile b = b. \tag{1.3'}$$

Unter der Voraussetzung $a \frown b = a$ ist nämlich wegen $(V_\smile)$, $(K_\frown)$, $(K_\smile)$

$$b = b \smile (b \frown a) = b \smile (a \frown b) = b \smile a = a \smile b.$$

(1.3′) gilt für beliebige a, b. Also folgt durch Vertauschung von a mit b $b \frown a = b \rightarrow b \smile a = a$. Hierzu ist wegen $(K_\frown)$, $(K_\smile)$ äquivalent $a \frown b = b \rightarrow a \smile b = a$. Zu dieser Aussage ist im strengen Sinne (also zu (1.3′) im erweiterten Sinne) dual

$$a \smile b = b \rightarrow a \frown b = a, \tag{1.3''}$$

und dies ist die noch fehlende Umkehrung von (1.3′), womit (1.3) vollständig bewiesen ist.

(1.3) ist (in erweitertem Sinne) zu sich selbst dual. Dasselbe gilt für

$$a \frown b = a \smile b \rightarrow a = b. \tag{1.4}$$

Beweis von (1.4). Sei $a \frown b = a \smile b$. Es folgt $a = a \smile (a \frown b) = a \smile (a \smile b) = (a \smile a) \smile b = a \smile b$; analog folgt $b = a \smile b$.

Jedem Verband V_1 mit den Operationen $\smile_1$ und $\frown_1$ läßt sich in einfacher Weise ein Verband V_2 mit den Operationen $\smile_2$ und $\frown_2$ wie folgt zuordnen: die Elemente von V_2 sollen mit denen von V_1 übereinstimmen. Weiter sei stets $a \smile_2 b = a \frown_1 b$, $a \frown_2 b = a \smile_1 b$. Aus der Symmetrie der Verbandsaxiome folgt, daß V_2 ein Verband ist. V_2 heißt der zu V_1 *duale Verband*. Man schreibt auch $V_2 = \mathfrak{D}(V_1)$. Es gilt $\mathfrak{D}(\mathfrak{D}(V_1)) = V_1$. Gilt in V_1 eine Aussage $\mathfrak{a}$, so in $\mathfrak{D}(V_1)$ die duale Aussage $\mathfrak{D}(\mathfrak{a})$.

Aufgaben. 1.1. Man zeige durch Induktion über die endliche Anzahl n von m, daß $\mathfrak{P}(m)$ 2^n und $\mathfrak{R}(m)$ $2^{(n^2)}$ Elemente besitzt.

1.2. Man stelle (in Analogie zu einer Gruppentafel) Tafeln für die Operationen $\frown$ und $\smile$ für $\mathfrak{P}(m)$ her, falls m genau zwei Elemente α, β besitzt.

1.3. Man beweise $a \frown b \frown c = a \smile b \smile c \rightarrow a = b = c$.

§ 2. Halbordnungen.

In der Verbandstheorie spielen neben den Verbänden die Halbordnungen eine große Rolle. Jeder Verband ist in einem in § 3 noch näher festzulegenden Sinne eine Halbordnung, aber nicht umgekehrt. Eine Halbordnung ist ein *Relativ*[1]. In diesem Paragraphen sollen die einfachsten Eigenschaften der Halbordnungen entwickelt werden.

Definition: Eine Menge H, in der eine (meist durch $\subset$ bezeichnete) zweistellige Relation erklärt ist, heißt in bezug auf diese Relation eine

[1] Der Begriff des Relativs ist im *Anhang* erklärt.

Halbordnung[1], wenn die folgenden Axiome gelten ($a, b, \ldots$ seien beliebige Elemente von H):

1. Das *Gesetz der Reflexivität*:

   (R) $a \subset a$.

2. Das *Gesetz der Transitivität*:

   (T) Wenn $a \subset b$ und $b \subset c$, so $a \subset c$.

3. Das *Gesetz der Antisymmetrie*[2]:

   (A) Wenn $a \subset b$ und $b \subset a$, so $a = b$.

Beispiel 2.1. Die Menge aller Menschen bildet in bezug auf die Relation *a ist Nachkomme von b* (wobei jedermann als Nachkomme von sich selbst gelten soll) eine Halbordnung.

Beispiel 2.2. Die Menge aller natürlichen Zahlen $n = 1, 2, 3, \ldots$ bildet in bezug auf die Relation *a teilt b* eine Halbordnung.

Beispiel 2.3. Die Elemente von $\mathfrak{P}(m)$ bilden in bezug auf die mengentheoretische Inklusion $\subset$ eine Halbordnung. Dabei bedeutet $a \subset b$, daß jedes Element von a auch ein Element von b ist. — Dieses wichtige Beispiel wird im nächsten Paragraphen auf beliebige Verbände verallgemeinert.

Im Hinblick auf das letzte Beispiel nennt man auch in beliebigen Halbordnungen die Relation $\subset$ *Inklusion* und liest $a \subset b$: *a ist in b enthalten*, oder auch: *a liegt unter b*, bzw. *b liegt über a*.

Eine beliebige Teilmenge H' einer Halbordnung H ist in bezug auf die aus H übernommene Inklusion natürlich wieder eine Halbordnung. Ein derartiger Übergang von H zu H' heißt *Relativierung*.

H sei eine Halbordnung in bezug auf $\subset$. Es ist nützlich, die folgenden Begriffe einzuführen. *a umfaßt b*, symbolisch $a \supset b$, falls $b \subset a$. *b liegt zwischen a und c*, wenn $a \subset b \subset c$ (d. h. $a \subset b$ und $b \subset c$). *a ist echt in b enthalten*, symbolisch $a \subset\!\!\!\cdot\; b$, falls $a \subset b$ und $a \neq b$[3]; analog $a \supset\!\!\!\!\cdot\;\, b$. *b liegt echt zwischen a und c*, wenn $a \subset\!\!\!\cdot\; b \subset\!\!\!\cdot\; c$. Wenn a echt in b enthalten ist, und es kein c in H gibt, das echt zwischen a und b liegt, so heißt a ein *unterer Nachbar* von b, b ein *oberer Nachbar* von a, und a und b heißen *benachbart*.

[1] synonym: *teilweise geordnete* (*halbgeordnete*) *Menge*. Im Englischen *partial ordered set*. Die später eingeführten *Ordnungen* und *Wohlordnungen* sind spezielle Halbordnungen. Neuerdings schlagen einige Autoren vor, die Terme *Halbordnung* bzw. *Ordnung* resp. zu ersetzen durch die Terme *Ordnung, strenge Ordnung*.

[2] Zur Bezeichnung „Antisymmetrie" vgl. S. 194, Anm. 1.

[3] Man findet in der Literatur oft die Bezeichnungen $a \subsetneq b$, $a \subset b$ für die Bezeichnungen $a \subset b$, $a \subset\!\!\!\cdot\; b$ dieses Buches. Es empfiehlt sich jedoch, die am häufigsten auftretende Relation, die Inklusion, mit dem einfachsten Zeichen zu notieren.

In Halbordnungen gilt wie in Verbänden ein *Dualitätsprinzip*. Aus einer ordnungstheoretischen Aussage $\mathfrak{a}$ (die als einzigen nicht-logischen Bestandteil die Inklusion enthält)[1], erhält man die *duale Aussage* $\mathfrak{D}(\mathfrak{a})$, indem man überall $\subset$ durch $\supset$ ersetzt. Die Aussagen (R), (T), (A) sind (zum Teil in erweitertem Sinne; vgl. § 1) zu sich selbst dual. Aus Symmetriegründen gilt das

Dualitätsprinzip für Halbordnungen: *Die duale Aussage eines Satzes der Theorie der Halbordnungen ist ebenfalls ein Satz dieser Theorie.*

So folgt z. B. aus dem für beliebige Halbordnungen gültigen Gesetz:

$$a \subset b \text{ genau dann, wenn für alle } s \in H \text{ gilt: } s \subset a \rightarrow s \subset b \tag{2.1}$$

die Gültigkeit der dualen Aussage:

$$a \subset b \text{ genau dann, wenn für alle } s \in H \text{ gilt: } b \subset s \rightarrow a \subset s. \tag{2.1D}$$

Daß die linke Seite von (2.1) die rechte impliziert, folgt aus (T). Setzt man umgekehrt voraus, daß für jedes $s \in H$ gilt: $s \subset a \rightarrow s \subset b$, so folgt für $s = a$, daß $a \subset b$.

Mit Hilfe von (A) kann man (2.1) und (2.1D) sofort verschärfen zu:

$$a = b \text{ genau dann, wenn für alle } s \in H \text{ gilt: } s \subset a \leftrightarrow s \subset b, \tag{2.2}$$

$$a = b \text{ genau dann, wenn für alle } s \in H \text{ gilt: } a \subset s \leftrightarrow b \subset s. \tag{2.2D}$$

Erklärt man für die Elemente einer Halbordnung H_1 mit der Inklusion $\subset_1$ die Operation $\subset_2$ durch

$$a \subset_2 b \leftrightarrow b \subset_1 a,$$

so erhält man eine Halbordnung H_2, die die zu H_1 *duale Halbordnung* heißt und mit $\mathfrak{D}(H_1)$ bezeichnet wird. Es ist $\mathfrak{D}(\mathfrak{D}(H_1)) = H_1$. Gilt in H_1 eine Aussage $\mathfrak{a}$, so in $\mathfrak{D}(H_1)$ die duale Aussage $\mathfrak{D}(\mathfrak{a})$.

a und b heißen *vergleichbar*, wenn $a \subset b$ oder $b \subset a$. Die angegebenen Beispiele zeigen, daß es im allgemeinen unvergleichbare Elemente gibt. Eine Halbordnung, für die zusätzlich

4. Das *Gesetz der Vergleichbarkeit*:

$$\text{(V)} \quad a \subset b \quad \text{oder} \quad b \subset a$$

gilt, heißt eine *Ordnung* oder eine *Kette*. Ein Beispiel liefern die natürlichen Zahlen in bezug auf die Relation $\leqq$. Auch für die Theorie der Ketten gilt das Dualitätsprinzip, da (V) zu sich selbst dual ist.

Eine Ordnung O heißt eine *Wohlordnung*, wenn es in jeder nichtleeren Teilmenge M von O ein Element m_0 gibt, so daß $m_0 \subset m$ für jedes $m \in M$.

---

[1] Der Begriff der ordnungstheoretischen Aussage ist völlig analog zum Begriff der verbandstheoretischen Aussage, der in § 1 eingeführt wurde.

Ein Element einer Halbordnung H, das kein anderes umfaßt, heißt *minimal*. Minimal sind die kinderlosen Menschen in Beispiel 2.1. Ein Element, das in jedem Element von H enthalten ist, heißt *kleinstes Element* oder *Nullelement* von H[1]. Sind a und b Nullelemente, so gilt $a \subset b$ und $b \subset a$, also $a = b$ auf Grund des Gesetzes der Identität. Es gibt also höchstens ein Nullelement. Beispiel 2.1 gibt eine Halbordnung ohne Nullelement. In einer Halbordnung mit Nullelement wird dieses meist mit 0 bezeichnet. In einer solchen Halbordnung ist 0 das einzige minimale Element. Die oberen Nachbarn von 0 heißen *Atome*, die oberen Nachbarn der Atome *Hyperatome*.

Dual zu den soeben eingeführten Begriffen minimal, Nullelement 0, Atom, sind die Begriffe *maximal*, *größtes Element* oder *Einselement* 1, *Antiatom*. Ein Einselement braucht nicht zu existieren; wenn es existiert, ist es eindeutig festgelegt und einziges maximales Element.

Eine nichtleere endliche Halbordnung H besitzt wenigstens ein maximales Element. Dies zeigt man leicht durch Induktion: Das Element einer *ein*elementigen Halbordnung ist maximal. Durch Wegnahme eines beliebigen Elementes x einer $(n+1)$-elementigen Halbordnung H entsteht eine n-elementige Halbordnung H' (Relativierung), die nach Induktionsvoraussetzung ein maximales Element y hat. y ist auch maximal in H, außer wenn $y \subset x$; dann ist aber x in H maximal.

Jede nichtleere endliche Halbordnung H läßt sich durch ein *Diagramm*[2] darstellen. Die Elemente von H werden durch Punkte wiedergegeben. Sind a, b Elemente von H, und ist b oberer Nachbar von a, so wird der b entsprechende Punkt P_b oberhalb des a entsprechenden Punktes P_a aufgetragen (wobei seitliche Verschiebung zugelassen ist) und mit P_a durch eine Strecke verbunden. Diese Vorschrift ist stets durchführbar: Eine einelementige Halbordnung H wird durch einen einzelnen Punkt repräsentiert. Besitzt H $n+1$ Elemente, so gibt es ein maximales Element x, durch dessen Wegnahme eine Halbordnung H' entsteht, die nach Induktionsvoraussetzung durch ein Diagramm Δ' darstellbar ist. Oberhalb aller Punkte von Δ' wähle man einen weiteren Punkt P_x und verbinde ihn mit allen Punkten P_y, für die x oberer Nachbar von y ist (ein derartiges y braucht nicht zu existieren). Damit erhält man ein Diagramm Δ für H.

Man überzeugt sich leicht davon, daß $x \subseteq y$ für zwei Elemente von H genau dann gilt, wenn man in einem H darstellenden Diagramm von P_x aus auf einem dauernd steigenden Streckenzug zu P_y gelangen kann.

Stellt man ein Diagramm für eine Halbordnung H auf den Kopf, so erhält man ein Diagramm für $\mathfrak{D}(H)$.

---

[1] Die Terme *minimales* Element und *kleinstes Element* sind also *nicht* synonym. Ebenso nicht die weiter unten eingeführten Terme *maximales Element* und *größtes Element*.

[2] Auch HASSE-Diagramm genannt.

Abb. 2.1 gibt einfache Diagramme für Halbordnungen mit kleinen Elementezahlen.

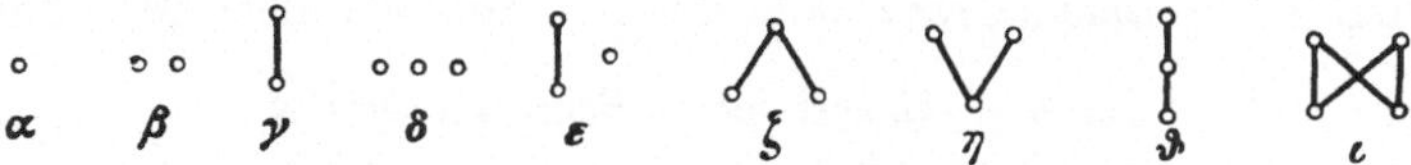

Abb. 2.1. Diagramme für einfache Halbordnungen.

Beispiel 2.4. In der weiter oben in Beispiel 2.3 betrachteten Halbordnung $\mathfrak{P}(m)$ ist die leere Teilmenge 0 von m das Nullelement, die Menge m selbst das Einselement. Die genau ein Element bzw. zwei Elemente aus m enthaltenden Teilmengen von m sind die Atome bzw. Hyperatome. Eine Teilmenge von m ist Antiatom, wenn sie genau ein Element von m *nicht* enthält. Abb. 2.2 gibt Diagramme für $\mathfrak{P}(m)$ für null- bis dreielementiges m. (Zum Namen BOOLE*sche Algebra* vgl. § 10.)

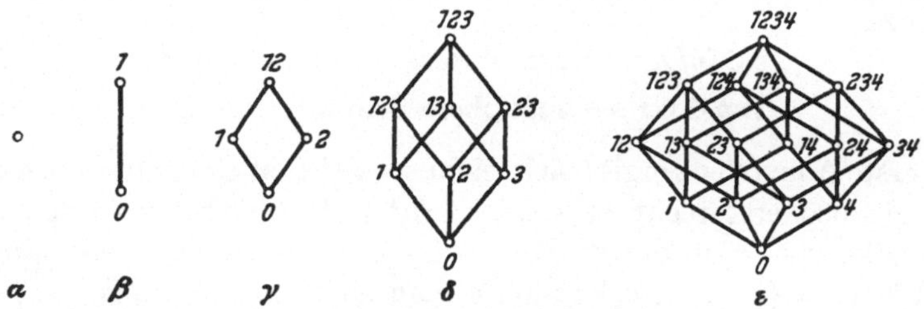

Abb. 2.2. Die einfachsten BOOLEschen Algebren.
In Diagramm δ bedeutet z. B. 13 die Teilmenge {1, 3} von {1, 2, 3}.

Die aus der reellen Analysis her bekannten Begriffe der Schranke und der Grenze lassen sich mit denselben Definitionen auch für beliebige Halbordnungen bilden und spielen hier eine ebenso wichtige Rolle.

Sei A eine beliebige Teilmenge der Halbordnung H. Dann heißt ein Element s aus H eine *obere Schranke* von A, wenn $a \subset s$ für jedes Element a aus A. Dual heißt s eine *untere Schranke* von A, wenn $s \subset a$ für jedes Element a aus A. Man überzeugt sich leicht an Beispielen (vgl. Aufg. 2.3) davon, daß eine Menge A weder eine obere noch eine untere Schranke zu besitzen braucht. Jedes Element von H ist obere und untere Schranke der leeren Teilmenge L von H, da in diesem Falle die Schrankenbedingung nichts verlangt. Die (uneigentliche) Teilmenge H von H besitzt genau dann eine untere (obere) Schranke, wenn H ein Nullelement (Einselement) hat, und dieses ist dann die betreffende Schranke. Wenn A eine obere Schranke besitzt, so heißt A *nach oben beschränkt*. Entsprechend wird der Begriff einer *nach unten beschränkten Menge* eingeführt. A heißt *beschränkt*, wenn A nach oben und nach unten beschränkt ist.

$\overline{S}(A)$ sei die Menge der oberen Schranken von A. $\overline{S}(A)$ ist wie H eine Halbordnung (Relativierung). Wenn $\overline{S}(A)$ ein kleinstes Element besitzt (das braucht nicht der Fall zu sein; vgl. Aufg. 2.3), so ist dieses eindeutig bestimmt und heißt die *obere Grenze* oder *das Supremum* von A. Dual ist die *untere Grenze* oder das *Infimum* definiert. Man hat also

$$sup A = \textit{kleinste obere Schranke} \text{ von } A, \tag{2.3'}$$

$$inf A = \textit{größte untere Schranke} \text{ von } A. \tag{2.3''}$$

Für $A = L$ bzw. $A = H$ folgt hieraus:

$$sup L = 0, \; inf L = 1; \quad sup H = 1, \; inf H = 0, \tag{2.4}$$

und diese Grenzen existieren genau dann, wenn H ein Null- bzw. Einselement besitzt.

Zur Schreibweise $\bigcap A$ für $inf A$ und $\bigcup A$ für $sup A$ vgl. § 6.

In Beweisen verwendet man oft mit Nutzen die dualen Äquivalenzen:

$$s \subset inf A \longleftrightarrow s \text{ ist untere Schranke von } A, \tag{2.5'}$$

$$sup A \subset s \longleftrightarrow s \text{ ist obere Schranke von } A. \tag{2.5''}$$

Die erste Äquivalenz ergibt sich leicht so: $inf A$ ist eine untere Schranke von A, also erst recht s, wenn $s \subset inf A$. Umgekehrt ist jede untere Schranke von A in der größten unteren Schranke $inf A$ enthalten.

Für $A = \{a_1, \ldots, a_n\}$ schreibt man auch $inf A = inf(a_1, \ldots, a_n)$, $sup A = sup(a_1, \ldots, a_n)$. Dann wird aus (2.5′) bzw. (2.5″)

$$s \subset inf(a_1, \ldots, a_n) \longleftrightarrow s \subset a_1 \wedge \cdots \wedge s \subset a_n, \tag{2.5*}$$

$$sup(a_1, \ldots, a_n) \subset s \longleftrightarrow a_1 \subset s \wedge \cdots \wedge a_n \subset s. \tag{2.5**}$$

Von den folgenden einfachen Beziehungen

$$inf(a, a) = a, \qquad sup(a, a) = a \tag{2.6}$$

$$inf(a, b) = inf(b, a), \qquad sup(a, b) = sup(b, a) \tag{2.7}$$

(ebenso für mehrere Komponenten)

$$a \subset b \rightarrow inf(a, b) = a, \qquad a \subset b \rightarrow sup(a, b) = b \tag{2.8}$$

$$inf(a, inf(b, c)) = inf(a, b, c), \quad sup(a, sup(b, c)) = sup(a, b, c) \tag{2.9}$$

$$inf(a, sup(a, b)) = a, \qquad sup(a, inf(a, b)) = a \tag{2.10}$$

sollen hier nur die linken Seiten von (2.8), (2.9), (2.10) bewiesen werden. Ist $a \subset b$, so ist a eine untere Schranke von a, b; ist s eine beliebige untere Schranke von a, b, so $s \subset a$; also ist a die größte untere Schranke von a, b, wie in (2.8) behauptet. (2.9) ergibt sich mit (2.2) und (2.5*) so:

$$\begin{aligned} s \subset inf(a, inf(b, c)) &\longleftrightarrow s \subset a \wedge s \subset inf(b, c) \\ &\longleftrightarrow s \subset a \wedge s \subset b \wedge s \subset c \longleftrightarrow s \subset inf(a, b, c). \end{aligned}$$

Wegen $a \subset sup(a, b)$ folgt (2.10) aus (2.8).

Weiteres über obere und untere Grenzen findet man in § 6.

In einer Halbordnung H gilt die *absteigende Kettenbedingung*, wenn jede Kette $a_1 \supset a_2 \supset \ldots$ von Elementen aus H nach endlich vielen Schritten abbricht. Dual ist die *aufsteigende Kettenbedingung* erklärt.

Aufgaben. 2.1. Man suche in Abb. 2.1 die minimalen Elemente auf; desgl. die maximalen Elemente, Nullelemente, Einselemente, Nachbarn, unvergleichbaren Elemente, Atome, Hyperatome, Antiatome.

2.2. Man beweise, daß $a \subseteq b$ genau dann, wenn man im Diagramm von P_a nach P_b auf einem dauernd steigenden Streckenzug gelangen kann.

2.3. Man zeige, daß in Abb. 2.1 α, γ, δ jede Teilmenge ein Infimum und ein Supremum besitzt, während es in allen anderen Beispielen Teilmengen ohne Supremum *und* Teilmengen ohne Infimum gibt.

2.4. Man zeige ausführlich, daß die Aussagen $a = inf(b, c)$ und $a = sup(b, c)$ zueinander dual sind.

2.5. Man beweise: $a \subset inf(a, b) \longleftrightarrow a \subset b$, $sup(a, b) \subset b \longleftrightarrow a \subset b$.

2.6. Sei $a \subset b$. Man zeige, daß sogar $a = b$, wenn a und b Atome, oder wenn a und b Hyperatome sind.

§ 3. Ordnungstheoretische Charakterisierung der Verbände.

Es besteht eine enge Beziehung zwischen den Verbänden und speziellen Halbordnungen, die dazu führt, daß man in einem gewissen Sinne die Verbände mit diesen Halbordnungen identifizieren kann. Diese Beziehung soll jetzt näher untersucht werden.

Die in Frage kommenden Halbordnungen sind dadurch charakterisiert, daß in ihnen jede zweielementige Teilmenge eine untere und eine obere Grenze besitzt, so daß man immer $inf(a, b)$ und $sup(a, b)$ bilden kann (auch falls $a = b$; vgl. § 2 (2.6)). Die angekündigte Beziehung wird hergestellt durch eine umkehrbar eindeutige Abbildung zwischen den Verbänden und diesen Halbordnungen. Diese Abbildung wird so gewonnen: (1) Es wird jedem Verband V eine solche Halbordnung $\mathfrak{H}(V)$ eindeutig zugeordnet. (2) Ebenso wird jeder derartigen Halbordnung H ein Verband $\mathfrak{V}(H)$ zugeordnet. (3) Man zeigt, daß $V = \mathfrak{V}(\mathfrak{H}(V))$ und $H = \mathfrak{H}(\mathfrak{V}(H))$. Im *Anhang* ist näher ausgeführt, wie aus (1), (2), (3) folgt, daß die Abbildung $\mathfrak{H}$ die Verbände umkehrbar eindeutig auf diese Halbordnungen abbildet, und daß $\mathfrak{V}$ die Umkehrabbildung ist.

Definition 1: V sei ein Verband. Man erkläre in der Menge V eine Relation $a \subset b$ durch die Festsetzung:

$$a \subset b \longleftrightarrow a \cap b = a. \tag{3.1}$$

Das durch die Menge V und die so eingeführte Relation $\subset$ gegebene Relativ[1] nenne man $\mathfrak{H}(V)$.

Es sei bemerkt, daß man wegen (1.3) ebenfalls schreiben kann:

$$a \subset b \longleftrightarrow a \cup b = b. \tag{3.1'}$$

[1] Zum Begriff *Relativ* vgl. den Anhang!

In einem Verband ist dual zur Aussage $a \subset b$ *die Aussage* $b \subset a$. Geht man nämlich auf die Grundbegriffe zurück, so bedeutet $a \subset b$, daß $a \frown b = a$. Die Dualisierung ergibt $a \smile b = a$, oder äquivalent $b \smile a = a$; dies besagt aber nach (3.1′), daß $b \subset a$.

Hilfssatz 1. Das Relativ $\mathfrak{H}(V)$ ist eine Halbordnung, in der je zwei Elemente eine untere und eine obere Grenze besitzen. Es gilt $\mathit{inf}(a, b) = a \frown b$, $\mathit{sup}(a, b) = a \smile b$.

Beweis: Zunächst gelten die Halbordnungsaxiome (R), (T), (A) aus § 2. (R) besagt $a \frown a = a$. (T) folgt so: Sei $a \subset b$, $b \subset c$, also $a \frown b = a, b \frown c = b$. Dann ist $a \frown c = (a \frown b) \frown c = a \frown (b \frown c) = a \frown b = a$, also $a \subset c$. Sei $a \subset b$, $b \subset a$, also $a \frown b = a$, $b \frown a = b$; hieraus folgt $a = b$, womit (A) bewiesen ist.

Die Elemente a, b haben $a \frown b$ als untere und $a \smile b$ als obere Grenze. Dazu ist zu zeigen:

$$a \frown b \subset a, \quad a \frown b \subset b, \qquad a \subset a \smile b, \quad b \subset a \smile b, \tag{3.2}$$

$$c \subset a \wedge c \subset b \rightarrow c \subset a \frown b, \qquad a \subset c \wedge b \subset c \rightarrow a \smile b \subset c. \tag{3.3}$$

Es ist $(a \frown b) \smile a = a \smile (a \frown b) = a$, also $a \frown b \subset a$; ebenso einfach folgt die zweite Behauptung aus (3.2); die beiden letzten sind zu den ersten dual.

Sei $c \subset a$ und $c \subset b$, also $c \frown a = c$ und $c \frown b = c$; es folgt $c \frown (a \frown b) = (c \frown c) \frown (a \frown b) = (c \frown a) \frown (c \frown b) = c \frown c = c$, also $c \subset a \frown b$, womit der erste Teil von (3.3) bewiesen ist. Der zweite Teil ist zum ersten dual.

Aus $c \subset a \frown b$ folgt also a fortiori $c \subset a$, und ebenso $c \subset b$. Daher läßt sich (3.3) umkehren und als Äquivalenz schreiben, ebenso wie die duale Formel:

$$c \subset a \wedge c \subset b \leftrightarrow c \subset a \frown b, \quad a \subset c \wedge b \subset c \leftrightarrow a \smile b \subset c. \tag{3.4}$$

Definition 2. H sei eine Halbordnung, in der je zwei Elemente eine untere und eine obere Grenze haben. Man erkläre in der Menge H zwei Operationen $\frown, \smile$ durch die Festsetzungen:

$$a \frown b = \mathit{inf}(a, b), \qquad a \smile b = \mathit{sup}(a, b). \tag{3.5}$$

Die durch die Menge H und die so eingeführten Operationen erklärte Algebra nenne man $\mathfrak{V}(H)$.

Hilfssatz 2. Die Algebra $\mathfrak{V}(H)$ ist ein Verband.

Beweis: Die Verbandsaxiome sind eine unmittelbare Folge der Identitäten (2.6), (2.7), (2.9), (2.10). So verlangt etwa ($A_\frown$), daß $\mathit{inf}(\mathit{inf}(a, b), c) = \mathit{inf}(a, \mathit{inf}(b, c))$; beide Seiten stimmen aber nach (2.7), (2.9) mit $\mathit{inf}(a, b, c)$ überein.

Hilfssatz 3. $V = \mathfrak{V}(\mathfrak{H}(V))$.

Beweis. Sei $H = \mathfrak{H}(V)$, $V_1 = \mathfrak{V}(H)$. V und V_1 sind Algebren über derselben Menge. Es ist zu zeigen, daß die Grundoperationen $\frown_1$, $\smile_1$ von V_1 mit den Grundoperationen $\frown$, $\smile$ von V übereinstimmen. Man kann sich aus Dualitätsgründen beschränken auf den Nachweis für $a \frown_1 b = a \frown b$. Beiderseits stehen Elemente von H, deren Gleichheit nach (2.2) aus

$$s \subset a \frown_1 b \longleftrightarrow s \subset a \frown b \tag{3.6}$$

folgt. (3.6) ergibt sich so:

$$\begin{aligned} s \subset a \frown_1 b &\longleftrightarrow s \subset \mathit{inf}(a, b) && \text{(Definition von } \frown_1) \\ &\longleftrightarrow s \subset a \wedge s \subset b && (2.5^*) \\ &\longleftrightarrow s \subset a \frown b. && (3.4) \end{aligned}$$

Hilfssatz 4. $H = \mathfrak{H}(\mathfrak{V}(H))$.

Beweis. Sei $V = \mathfrak{V}(H)$, $H_1 = \mathfrak{H}(V)$. H und H_1 sind Relative über derselben Menge. Es ist zu zeigen, daß die Inklusion $\subset_1$ aus H_1 mit der Inklusion $\subset$ aus H übereinstimmt.

Es gilt:

$$\begin{aligned} a \subset_1 b &\longleftrightarrow a \frown b = a && \text{(Definition von } \subset_1) \\ &\longleftrightarrow \mathit{inf}(a, b) = a && \text{(Definition von } \frown) \\ &\longleftrightarrow \textit{Für alle } s\colon\ s \subset \mathit{inf}(a, b) \longleftrightarrow s \subset a && (2.2) \\ &\longleftrightarrow \textit{Für alle } s\colon\ s \subset a \wedge s \subset b \longleftrightarrow s \subset a && (2.5^*) \\ &\longleftrightarrow \textit{Für alle } s\colon\ s \subset a \longrightarrow s \subset b && \\ &\longleftrightarrow a \subset b. && (2.1) \end{aligned}$$

Damit ist die behauptete eindeutige Beziehung zwischen den Verbänden und den betrachteten Halbordnungen hergestellt. Es ist üblich, diesen Übergang stillschweigend zu vollziehen und die Verbände mit diesen Halbordnungen zu *identifizieren*. Im Sinne dieser Konvention kann man die Ergebnisse zusammenfassen in dem

Satz. *Die Verbände stimmen überein mit den Halbordnungen, bei denen je zwei Elemente eine obere und untere Grenze besitzen.*

Insbesondere gilt

$$\left.\begin{aligned} & a \subset b \longleftrightarrow a \frown b = a \longleftrightarrow a \smile b = b, \\ & a \frown b = \mathit{inf}(a, b), \qquad a \smile b = \mathit{sup}(a, b), \\ & s \subset a \wedge s \subset b \longleftrightarrow s \subset a \frown b, \qquad a \subset s \wedge b \subset s \longleftrightarrow a \smile b \subset s. \end{aligned}\right\} \tag{3.7}$$

Warnung: Bei der Anwendung von Begriffen, die der im *Anhang* betrachteten Theorie der Algebren und Relative angehören, darf man die soeben durchgeführte Identifizierung nicht immer vornehmen. Vgl. etwa den im nächsten Paragraphen behandelten Begriff des Homomorphismus.

Aus dem bewiesenen Satze ergibt sich insbesondere, daß sich endliche Verbände durch Diagramme darstellen lassen.

Beispiel 3.1. Die im Verbande $\mathfrak{P}(m)$ erklärte Inklusion $a \subset b$ besagt, daß $a \frown b = a$, daß also ein Element $\xi \in m$ genau dann sowohl zu a als auch zu b gehört, wenn es Element von a ist. Das ist gleichbedeutend damit, daß jedes Element von a auch ein Element von b ist. Die dem Verbande $\mathfrak{P}(m)$ zugeordnete Halbordnung ist demnach dieselbe, die in Beispiel 2.3 betrachtet wurde. Abb. 2.2 stellt also *Verbände* dar.

In Abb. 3.1 sind Verbände mit 1 bis 6 Elementen dargestellt. Wesentlich andere Verbände mit diesen Elementezahlen gibt es nicht (d. h. jeder solche Verband ist mit einem der dargestellten isomorph (Aufg. 4.1)).

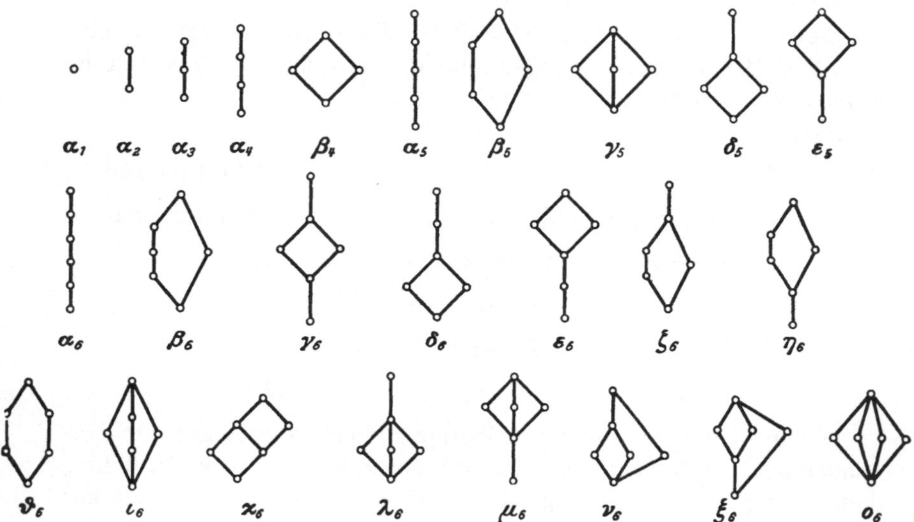

Abb. 3.1. Die einfachsten Verbände.

Beispiel 3.2. Eine *geordnete Menge* H ist ein *Verband*. Sind a, b zwei beliebige Elemente aus H, so ist $a \subset b$ (oder umgekehrt), also nach (2.8) $\mathit{inf}(a, b) = a$ und $\mathit{sup}(a, b) = b$.

Gelegentlich verwendet man mit Vorteil den Begriff der *gerichteten Menge*, bei der teils weniger, teils mehr als bei einer Halbordnung verlangt wird: Eine Menge M, in der eine Relation $\subset$ erklärt ist, heißt eine in bezug auf diese Relation gerichtete Menge, wenn (1) $\subset$ transitiv ist und wenn es (2) zu jedem $x, y \in M$ ein $z \in M$ gibt, derart, daß sowohl $x \subset z$ als auch $y \subset z$.

Man kann in diesem Falle genauer von einer nach *oben gerichteten Menge* sprechen, um diesen Begriff zu unterscheiden von dem dualen der nach *unten gerichteten Menge*, bei dem an Stelle von (2) gefordert wird, daß es zu jedem $x, y \in M$ ein z gibt, so daß $z \subset x$ und $z \subset y$ gilt. Ein Verband ist sowohl nach oben als auch nach unten gerichtet.

Eine Aussage $\mathfrak{a}$ in $\cap$, $\cup$, $\subset$ über Elemente eines Verbandes läßt sich als verbandstheoretische und als ordnungstheoretische Aussage auffassen, und in beiden Fällen dualisieren. Man überzeugt sich leicht davon, daß die beiden Dualisierungen gleich sind. Ebenso erkennt man: Sind der Verband V und die Halbordnung H zu identifizieren, so auch $\mathfrak{D}(V)$ und $\mathfrak{D}(H)$.

Aufgaben. 3.1. Man beweise die letzte Behauptung des Textes.

3.2. Welche der in Abb. 2.1 dargestellten Halbordnungen sind Verbände?

3.3. Man beweise, daß jeder *endliche* Verband ein Null- und ein Einselement besitzt. Man gebe ein Beispiel für einen unendlichen Verband ohne 0 und 1.

3.4. Man weise nach, daß in einem Verbande jedes minimale Element das Nullelement ist.

3.5. Ist in einem Verbande $a \neq b$, und c oberer Nachbar von a und von b, so $c = a \cup b$.

3.6. Man zeige

$$a \subset b \rightarrow a \cap c \subset b \cap c, \qquad a \subset b \rightarrow a \cup c \subset b \cup c,$$

$$a \subset b \wedge c \subset d \rightarrow a \cap c \subset b \cap d, \quad a \subset b \wedge c \subset d \rightarrow a \cup c \subset b \cup d.$$

3.7. Sind H_1 und H_2 elementefremde Halbordnungen mit den Inklusionen $\subset_1$ und $\subset_2$, so kann man die Vereinigungsmenge von H_1 und H_2 zu einer Halbordnung $H = H_1 + H_2$ machen durch die Festsetzung: Für $a, b \in H$ soll $a \subset b$ genau dann gelten, wenn (1) $a, b \in H_1$ und $a \subset_1 b$, oder (2) $a, b \in H_2$ und $a \subset_2 b$, oder (3) $a \in H_1$ und $b \in H_2$. Man zeige, daß H bzgl. $\subset$ eine Halbordnung ist, und daß mit H_1 und H_2 auch H ein Verband ist, dessen Diagramm im Falle endlicher H_1 und H_2 durch Superposition des Diagramms von H_2 über H_1 und Verbindung der das Einselement von H_1 und das Nullelement von H_2 repräsentierenden Punkte entsteht. Man suche in Abb. 3.1 nach Beispielen für diese Operation. Man zeige als Anwendung, daß man zu einem Verband ein Element als neues Nullelement und ein Element als neues Einselement adjungieren kann.

3.8. E und F seien Teilmengen einer Menge M, die den folgenden Bedingungen genügen:

a) Der mengentheoretische Durchschnitt $E \cap F$ ist leer.

b) Die mengentheoretische Vereinigung $E \cup F$ ist von M verschieden.

c) F enthält wenigstens zwei Elemente.

Mit Hilfe von E und F wird für die Elemente von M eine zweistellige Relation $\subset$ definiert:

$$n \subset m \leftrightarrow n \in E \vee m \in F.$$

Man zeige, daß M in bezug auf $\subset$ eine nach oben gerichtete Menge bildet, und daß die Relation $\subset$ weder das Gesetz der Reflexivität noch das Gesetz der Identität erfüllt.

§ 4. Isomorphismen und Homomorphismen.

Auf Grund der in § 1 und § 2 gegebenen Definitionen gehören die Verbände zu den Algebren und die Halbordnungen zu den Relativen.

Damit sind die im *Anhang* behandelten und aus anderen abstrakten Disziplinen der Mathematik bekannten allgemeinen Begriffe ohne weiteres auch auf Verbände und Halbordnungen anwendbar. Man kann z. B. das direkte Produkt von Verbänden bzw. von Halbordnungen bilden und erhält wieder Verbände bzw. Halbordnungen. Nach § 3 kann man Verbände als Halbordnungen auffassen; man überzeugt sich leicht davon, daß es auf dasselbe herauskommt, ob man von zwei Verbänden V_1 und V_2 das direkte Produkt im Sinne der Algebren bildet, oder aber im Sinne der Relative.

Man darf jedoch nicht glauben, daß dies selbstverständlich ist. So muß man bei der Betrachtung von Homomorphismen Verbände streng von den zugeordneten Halbordnungen unterscheiden. Hiervon und von vereinfachten Kennzeichnungen der Isomorphismen von Verbänden soll dieser Paragraph handeln. Die Teilbildung wird im nächsten Paragraphen besprochen.

Zunächst wiederholen wir der Bequemlichkeit halber die bereits im Anhang gegebenen Definitionen für den vorliegenden Fall:

Eine Abbildung φ eines Verbandes V_1 in einen Verband V_2 heißt ein *Verbandshomomorphismus*, wenn für alle $a, b \in V_1$ gilt:

$$\varphi(a \frown b) = \varphi(a) \frown \varphi(b), \qquad \varphi(a \smile b) = \varphi(a) \smile \varphi(b) \tag{4.1}$$

(der Einfachheit halber ist der Durchschnitt (die Vereinigung) in *beiden* Verbänden mit demselben Zeichen $\frown$ ($\smile$) bezeichnet; Mißverständnisse sind nicht möglich). Ein umkehrbar eindeutiger Verbandshomomorphismus von V_1 *auf* V_2 heißt ein *Verbandsisomorphismus* von V_1 auf V_2.

Eine Abbildung φ einer Halbordnung H_1 in eine Halbordnung H_2 heißt ein *Ordnungshomomorphismus*, wenn für alle $a, b \in H_1$ gilt:

$$a \subset b \rightarrow \varphi(a) \subset \varphi(b). \tag{4.2}$$

Ein umkehrbar eindeutiger Ordnungshomomorphismus von H_1 *auf* H_2 heißt ein *Ordnungsisomorphismus*, wenn für alle $c, d \in H_2$ gilt:

$$c \subset d \rightarrow \varphi^{-1}(c) \subset \varphi^{-1}(d). \tag{4.3}$$

Neben den Verbandshomomorphismen sollen noch betrachtet werden die $\frown$- *bzw.* $\smile$-*Homomorphismen*, die durch die Abschwächung der Forderung (4.1) zu

$$\varphi(a \frown b) = \varphi(a) \frown \varphi(b) \tag{4.1$_\frown$}$$

$$\text{bzw.}\quad \varphi(a \smile b) = \varphi(a) \smile \varphi(b) \tag{4.1$_\smile$}$$

definiert sind. In Analogie zu dieser Bezeichnungsweise soll im folgenden ein Verbandshomomorphismus auch kurz $\frown$, $\smile$-*Homomorphismus*, und ein Ordnungshomomorphismus kurz *Homomorphismus* (ohne weiteren Zusatz) genannt werden. Unter einem Homomorphismus von Verbänden versteht man natürlich einen Homomorphismus der zugehörigen Halbordnungen. Die zwischen den verschiedenen Homomorphismen geltenden Beziehungen lassen sich übersichtlich durch das folgende Schema veranschaulichen:

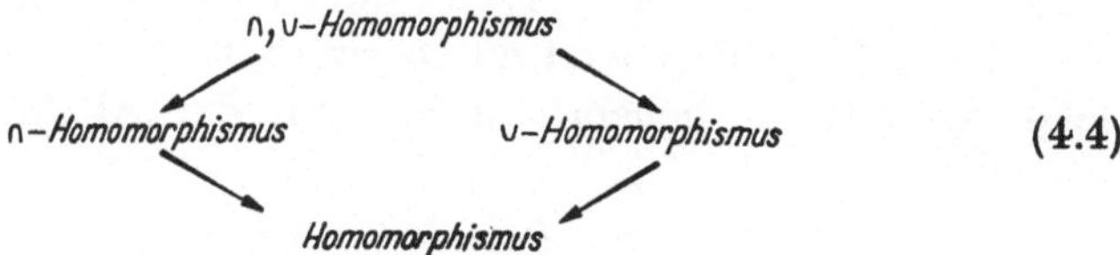

(4.4)

Es braucht nur bewiesen zu werden, daß ein $\cap$-Homomorphismus ein Homomorphismus ist[1]. Es ist also zu zeigen, daß (4.2) aus (4.1$_\cap$) folgt. a, b seien beliebige Elemente aus V. Dann gilt:

$$\begin{aligned} a \subset_1 b &\rightarrow a \cap_1 b = a \\ &\rightarrow \varphi(a \cap_1 b) = \varphi(a) \\ &\rightarrow \varphi(a) \cap_2 \varphi(b) = \varphi(a) \\ &\rightarrow \varphi(a) \subset_2 \varphi(b). \end{aligned}$$

Keine der Behauptungen (4.4) *kann umgekehrt werden*: Abb. 4.1 gibt ein Beispiel für einen Homomorphismus φ, der weder ein $\cap$- noch ein $\cup$-Homomorphismus ist, denn $\varphi(a \cap b) = \varphi(0) \neq \varphi(a) = \varphi(a) \cap \varphi(b)$ und $\varphi(a \cup b) = \varphi(1) \neq \varphi(b) = \varphi(a) \cup \varphi(b)$. Abb. 4.1 gibt ferner ein Beispiel für einen $\cap$-Homomorphismus ψ, der kein $\cup$-, also auch kein $\cap, \cup$-Homomorphismus ist, denn es ist $\psi(a \cup b) = \psi(1) \neq \psi(0) = \psi(a) \cup \psi(b)$.

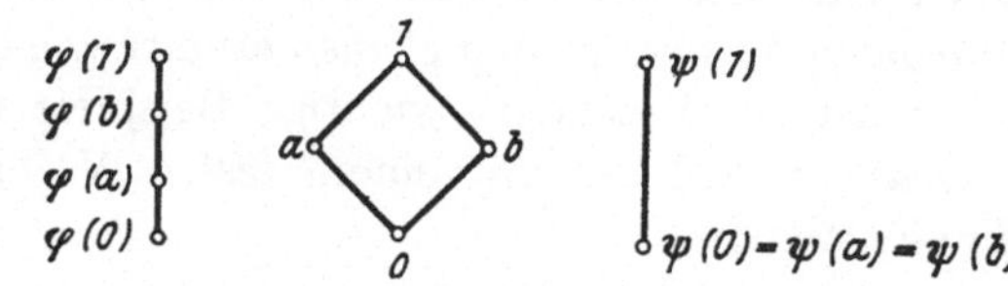

Abb. 4.1. Beispiele von Homomorphismen.

Das Beispiel φ aus Abb. 4.1 zeigt gleichzeitig, daß man bei der Definition für den Ordnungsisomorphismus die Bedingung (4.3) nicht weglassen kann. Es sind nämlich für φ alle dort angegebenen Bedingungen für einen Ordnungsisomorphismus erfüllt bis auf (4.3), denn für $c = \varphi(a)$, $d = \varphi(b)$ ist zwar $c \subset d$, aber nicht $\varphi^{-1}(c) \subset \varphi^{-1}(d)$.

Bei den *Isomorphismen* sind die Verhältnisse wesentlich *einfacher*. Dies ergibt sich aus dem

Satz. *Für Verbände stimmen die* $\cap, \cup$*-Isomorphismen mit den Ordnungsisomorphismen überein. Eine umkehrbar eindeutige Abbildung* φ *zwischen zwei Verbänden ist genau dann ein solcher Isomorphismus, wenn wenigstens eine der drei Bedingungen* (4.1$_\cap$), (4.1$_\cup$), (4.2) *mit* (4.3) *erfüllt ist.*

[1] Die Behauptung für den $\cup$-Homomorphismus beweist man analog. Man kann sie auch *dual* zur ersten nennen, muß aber dann das Dualitätsprinzip der §§ 1, 2 entsprechend allgemeiner formulieren.

Daß (4.2) aus ($4.1_\frown$) folgt, wurde bereits gezeigt. Im *Anhang* ist allgemein ein Satz bewiesen, der im Spezialfall der $\frown$-Isomorphismen lautet: $\varphi^{-1}(c \frown d) = \varphi^{-1}(c) \frown \varphi^{-1}(d)$. Hieraus folgt (4.3), wie (4.2) aus ($4.1_\frown$). Es genügt jetzt zu zeigen, daß ($4.1_\smile$) aus (4.2) und (4.3) folgt. Es gilt für beliebige a, b, s mit der Abkürzung $t = \varphi^{-1}(s)$, also $s = \varphi(t)$:

$$\begin{aligned}\varphi(a \smile b) \subset s &\longleftrightarrow a \smile b \subset t \\ &\longleftrightarrow a \subset t \wedge b \subset t \\ &\longleftrightarrow \varphi(a) \subset s \wedge \varphi(b) \subset s \\ &\longleftrightarrow \varphi(a) \smile \varphi(b) \subset s,\end{aligned}$$

woraus sich ($4.1_\smile$) nach (2.2D) ergibt.

Es sei noch bemerkt, daß für einen Homomorphismus φ stets gilt:

$$\varphi(x \frown y) \subset \varphi(x) \frown \varphi(y), \qquad \varphi(x) \smile \varphi(y) \subset \varphi(x \smile y). \tag{4.5}$$

Es ist nämlich $x \frown y \subset x$, also $\varphi(x \frown y) \subset \varphi(x)$, und ebenso $\varphi(x \frown y) \subset \varphi(y)$, also $\varphi(x \frown y) \subset \varphi(x) \frown \varphi(y)$.

Man kann auf Grund des letzten Satzes unzweideutig von *Isomorphismen* ohne weiteren Zusatz sprechen.

Es sei erwähnt, daß eine ordnungshomomorphe Abbildung auch *monotone* (oder *isotone*) *Abbildung* genannt wird. Monotone Abbildungen einer Halbordnung in sich heißen *Endomorphismen*. Die $\frown$-, $\smile$-, $\frown,\smile$-*Endomorphismen* werden ebenso erklärt wie die entsprechenden Homomorphismen. Besonders wichtige Beispiele für *Endomorphismen eines Verbandes* sind die mit einem festen Verbandselement a gebildeten Funktionen:

$$\varphi(x) = a \frown x \quad \text{und} \quad \psi(x) = x \smile a. \tag{4.6}$$

φ ist sogar ein $\frown$- und ψ ein $\smile$-Endomorphismus. Es gilt z. B.

$$\varphi(x \frown y) = a \frown (x \frown y) = (a \frown x) \frown (a \frown y) = \varphi(x) \frown \varphi(y).$$

φ und ψ sind im allgemeinen keine $\frown,\smile$-Endomorphismen. Zum Beispiel ist in Abb. 4.2 $\varphi(b \smile c) = \varphi(1) = a \frown 1 = a \neq 0 = 0 \smile 0 = (a \frown b) \smile (a \frown c) = \varphi(b) \smile \varphi(c)$. (Man kann leicht zeigen, daß die wichtige Klasse der in § 8 eingeführten distributiven Verbände sich charakterisieren läßt durch die Tatsache, daß für jedes a die Abbildung φ auch ein $\smile$-Endomorphismus ist.)

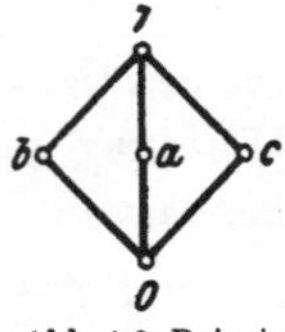

Abb. 4.2. Beispiel für einen $\frown$-Homomorphismus: $\varphi(x) = a \frown x$.

Aus gegebenen Homomorphismen von Halbordnungen bzw. Verbänden kann man weitere Homomorphismen bilden mit Hilfe der folgenden Prozesse. Sind φ, ψ Homomorphismen, so auch $\varphi\psi, \varphi \frown \psi, \varphi \smile \psi$. Diese Abbildungen sind erklärt durch:

$$\left.\begin{aligned}(\varphi\psi)(x) &= \varphi(\psi(x)),\\ (\varphi\frown\psi)(x) &= \varphi(x)\frown\psi(x),\\ (\varphi\smile\psi)(x) &= \varphi(x)\smile\psi(x).\end{aligned}\right\}\qquad(4.7)$$

Der Beweis ist einfach: Aus $x \subset y$ folgt der Reihe nach $\psi(x) \subset \psi(y)$, $\varphi(\psi(x)) \subset \varphi(\psi(y))$. Aus $x \subset y$ folgt $\varphi(x) \subset \varphi(y)$ und $\psi(x) \subset \psi(y)$; hieraus ergibt sich (vgl. Aufg. 3.6):

$$(\varphi\frown\psi)(x) = \varphi(x)\frown\psi(x) \subset \varphi(y)\frown\psi(y) = (\varphi\frown\psi)(y).$$

Analog gewinnt man die dritte Behauptung.

Sind φ, ψ $\frown$-Homomorphismen, so auch $\varphi\psi$ und $\varphi\frown\psi$. Denn es gilt:

$$(\varphi\psi)(x\frown y) = \varphi(\psi(x\frown y)) = \varphi(\psi(x)\frown\psi(y)) = \varphi(\psi(x))\frown\varphi(\psi(y)),$$

und

$$\begin{aligned}(\varphi\frown\psi)(x\frown y) &= \varphi(x\frown y)\frown\psi(x\frown y)\\ &= (\varphi(x)\frown\varphi(y))\frown(\psi(x)\frown\psi(y))\\ &= (\varphi(x)\frown\psi(x))\frown(\varphi(y)\frown\psi(y))\\ &= (\varphi\frown\psi)(x)\frown(\varphi\frown\psi)(y).\end{aligned}$$

Dual gilt: Sind φ, ψ $\smile$-Homomorphismen, so auch $\varphi\psi$ und $\varphi\smile\psi$. Mit φ, ψ ist also auch $\varphi\psi$ ein Verbandshomomorphismus. Dagegen sind $\varphi\frown\psi$ und $\varphi\smile\psi$ i. a. keine Verbandshomomorphismen (vgl. Aufg. 4.3).

Aufgaben 4.1. Man zeige, daß jeder Verband von 1 bis zu 6 Elementen zu einem der in Abb. 3.1 dargestellten Verbände isomorph ist.

4.2. Man zeige, daß der in Abb. 3.1 β_4 dargestellte Verband das direkte Produkt von α_2 mit sich selbst ist. Weiterhin suche man in Abb. 3.1 das direkte Produkt von α_2 mit α_3 auf.

4.3. Man gebe für den Verband β_4 (Abb 3.1) zwei Verbandshomomorphismen φ, ψ an, für welche weder $\varphi\frown\psi$ noch $\varphi\smile\psi$ ein Verbandshomomorphismus ist.

§ 5. Teilverbände und Teilbünde; Perspektivitäten.

In diesem Paragraphen soll die bereits in § 4 begonnene Betrachtung von Begriffen aus der Theorie der Algebren und Relative[1] für die Verbände und Halbordnungen fortgesetzt werden mit der Diskussion der Teilbildung.

Eine in bezug auf $\frown$ und $\smile$ abgeschlossene Teilmenge eines Verbandes heißt ein *Teilverband*. Beispiele für Teilverbände eines Verbandes V sind: (1) jede einelementige Teilmenge; (2) jede Teilmenge mit zwei Elementen a, b, falls $a \subset b$; (3) für zwei beliebige Elemente a, b die Menge $\{a, b, a\frown b, a\smile b\}$; (4) die Menge der in einem festen a enthaltenen (bzw. die Menge der ein festes a umfassenden) Elemente von V; (5) die Menge b/a der zwischen a und b liegenden Elemente,

[1] Vgl. den *Anhang*.

falls $a \subset b$. b/a heißt ein *Zwischenverband* von V. Ein derartiger Zwischenverband ist die Verallgemeinerung eines beschränkten und abgeschlossenen Intervalls der reellen Zahlengeraden.

H_0 sei eine Halbordnung. H sei eine Teilmenge von H_0. Dann ist H ebenfalls eine Halbordnung. Es kann sogar sein, daß H ein Verband ist. Dann heißt H ein *Teilbund* von H_0.

An dieser Stelle muß auf eine wichtige Erscheinung aufmerksam gemacht werden, die vielleicht zunächst überraschen mag. Es sei vorausgesetzt, daß H_0 selbst ein *Verband* ist. *Dann braucht ein Teilbund H von H_0 kein Teilverband von H_0 zu sein* (während natürlich trivialerweise jeder Teilverband von H_0 ein Teilbund ist). Dies zeigt das einfache Beispiel des in Abb. 5.1 dargestellten Verbandes H_0. Die Menge H der durch Vollpunkte markierten Elemente aus H_0 ist zu dem in Abb. 3.1 β_4 dargestellten Verbande isomorph, also ein Teilbund von H_0. Dagegen ist H kein Teilverband von H_0: H enthält z. B. zwar a und b, aber nicht $a \cup b = c$.

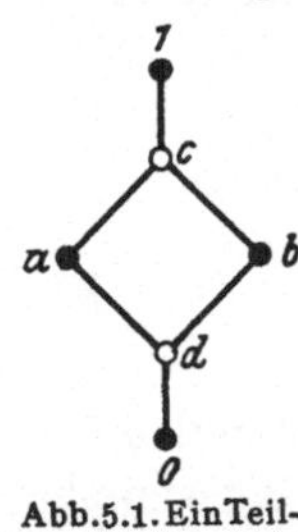

Abb. 5.1. Ein Teilbund, der kein Teilverband ist.

Man darf sich nicht irreleiten lassen durch den folgenden *Trugschluß*; a, b sind Elemente von H; also muß, da H ein Verband sein soll, auch die Vereinigung von a und b, d. h. $a \cup b$, in H liegen. Der Irrtum wird offenbar, wenn man sich überlegt, daß die Verbandseigenschaft der Halbordnung H nach § 3 nur bedeuten kann, daß *in* H je zwei Elemente eine obere und eine untere Grenze besitzen; auf das vorliegende Beispiel angewandt, folgt hieraus, daß unter den *in H gebildeten* oberen Schranken von a, b eine kleinste existiert, und in der Tat ist im betrachteten Beispiel 1 die einzige, also die kleinste obere Schranke. Die Vereinigung von a und b im Verbande H ist also 1. Dagegen ist die Vereinigung von a und b im Verbande H_0 die kleinste unter den *in H_0 gebildeten* oberen Schranken von a und b, also das Element c.

Die Verbandsoperationen in H müssen daher von den Operationen $\cap, \cup$ in H_0 unterschieden werden; sie sollen hier durch $\cap_H$ und $\cup_H$ bezeichnet werden. Man kann in Verallgemeinerung des obigen Beispiels generell sagen: $a \cup b$ ist das kleinste der Elemente *aus* H_0, die a und b übertreffen, dagegen $a \cup_H b$ das kleinste der Elemente *aus* H, die a und b übertreffen. $a \cup_H b$ ist also jedenfalls eine obere Schranke von a und b in H_0, woraus sich

$$a \cup b \subset a \cup_H b \quad \text{und analog} \quad a \cap_H b \subset a \cap b \tag{5.1}$$

ergibt. *Beim Übergang zu Teilbünden wird also die Vereinigung zweier Elemente im allgemeinen größer, der Durchschnitt kleiner.*

In Spezialfällen kann es natürlich sein, daß z. B. $\cap_H$ mit $\cap$ übereinstimmt. In § 7 wird gezeigt, daß viele wichtige Verbände in dieser Weise als Teilbünde von Verbänden $\mathfrak{P}(m)$ auftreten.

Ein Teilbund H soll ein $\frown$-*Teilbund* heißen, wenn $\frown_H = \frown$, ein $\smile$-*Teilbund*, wenn $\smile_H = \smile$. Die Teilverbände stimmen überein mit den Teilbünden, die sowohl $\smile$-, als auch $\frown$-Teilbünde sind.

Der Begriff des Teilbundes kann illustriert werden durch die Untersuchung spezieller Abbildungen in Halbordnungen, der sog. *Perspektivitäten*. Der Name stammt aus der Geometrie; vgl. weiter unten Beispiel 5.2[1].

φ und ψ seien Endomorphismen einer Halbordnung H. Wenn für zwei Elemente $x, y \in H$ *gleichzeitig* $x = \varphi(y)$ und $y = \psi(x)$ gilt, so sagt man, daß x und y in dieser Reihenfolge *perspektiv* relativ zu φ und ψ liegen; dies soll durch das Symbol $x(\varphi, \psi)y$ ausgedrückt werden. Man hat also als

Definition der Perspektivität:

$$x(\varphi, \psi)y \quad \longleftrightarrow \quad x = \varphi(y) \text{ und } y = \psi(x). \tag{5.2}$$

Eine Perspektivität (φ, ψ) ist nach der Definition eine zwischen den Elementen der Halbordnung H erklärte *Relation*[2]. Aus (5.2) folgt unmittelbar, daß es zu einem vorgegebenen x höchstens ein y geben kann, so daß $x(\varphi, \psi)y$, denn es muß jedenfalls $y = \psi(x)$ sein. Ebenso gibt es zu einem vorgegebenen y höchstens ein x, so daß $x(\varphi, \psi)y$. Wir wollen im folgenden den Vorbereich von (φ, ψ) mit A und den Nachbereich mit B bezeichnen. (φ, ψ) definiert also *eine umkehrbar eindeutige Abbildung von A auf B*. Dabei ist $\psi(x)$ das Bild eines Elementes $x \in A$ und $\varphi(y)$ das Urbild eines Elementes $y \in B$. ψ ist sogar ein Isomorphismus von A auf B (und entsprechend φ ein Isomorphismus von B auf A); denn ψ ist nach Voraussetzung ein Endomorphismus, und es gilt für $x_1, x_2 \in A$: Ist $\psi(x_1) \subset \psi(x_2)$, so $\varphi(\psi(x_1)) \subset \varphi(\psi(x_2))$, also $x_1 \subset x_2$.

A und B können leer sein. Ist z. B. für die durch $\leqq$ in der Menge der reellen Zahlen definierte Halbordnung der Endomorphismus φ durch $\varphi(x) = x - 1$ definiert, so gilt offenbar nie $x(\varphi, \varphi)y$. Nichttriviale Beispiele für Perspektivitäten werden wir weiter unten kennenlernen. Zuvor wollen wir zeigen: *Der Vorbereich A der Perspektivität* (φ, ψ) ist die Menge der *Fixelemente*[3] der Abbildung $\varphi\psi$, der Nachbereich B die Menge der *Fixelemente der Abbildung $\psi\varphi$*.

Sei x ein beliebiges Element aus dem Vorbereich A. Zu x gibt es ein y, so daß $x = \varphi y$ und $y = \psi x$. Es folgt $x = \varphi\psi x$. x ist also Fixelement von $\varphi\psi$. Sei nun umgekehrt x ein Fixelement von $\varphi\psi$. Wir

[1] Der Rest des Paragraphen kann beim ersten Lesen überschlagen werden.

[2] Zum Begriff der *Relation* vgl. den *Anhang*. Ebenso zum Begriff des *Vorbereiches* und des *Nachbereiches* einer Relation.

[3] Zum Begriff des *Fixelementes* siehe den *Anhang*. Im folgenden sol abkürzend $x = \varphi y$ für $x = \varphi(y)$ usf. geschrieben werden.

setzen $y = \psi x$. Dann ist $\varphi y = \varphi \psi x = x$, also $x(\varphi, \psi) y$. A enthält also genau die Fixelemente von $\varphi \psi$. Die Behauptung für B folgt entsprechend.

Unter *zusätzlichen Voraussetzungen* für die Endomorphismen φ und ψ lassen sich A und B genauer charakterisieren. Zunächst wollen wir annehmen, daß

$$\varphi \psi \varphi \psi = \varphi \psi \quad \text{und} \quad \psi \varphi \psi \varphi = \psi \varphi. \tag{5.3}$$

Durchläuft nun x die gesamte Halbordnung H, so $\varphi \psi x$ den gesamten Vorbereich A (und entsprechend $\psi \varphi x$ den Nachbereich B). Denn es ist $\varphi \psi x$ nach (5.3) ein Fixelement von $\varphi \psi$; und ist umgekehrt z ein Fixelement von $\varphi \psi$, so ist $z = \varphi \psi z$, also in der angegebenen Form darstellbar.

Die Annahme (5.3) kann man herleiten aus den stärkeren Voraussetzungen

$$\varphi \varphi = \varphi, \ \psi \psi = \psi; \qquad \varphi x \subset x, \ x \subset \psi x^{1}. \tag{5.4}$$

In der Tat ergibt sich hieraus z. B. die erste Gleichung (5.3) wie folgt:

$$\begin{array}{ll} \varphi \psi x \subset \psi \varphi \psi x, & \varphi \psi x \subset \psi x, \\ \varphi \varphi \psi x \subset \varphi \psi \varphi \psi x, & \psi \varphi \psi x \subset \psi \psi x = \psi x, \\ \varphi \psi x \subset \varphi \psi \varphi \psi x. & \varphi \psi \varphi \psi x \subset \varphi \psi x. \end{array}$$

Setzt man nun weiter voraus, daß H ein *Verband* in bezug auf $\frown, \smile$ ist, so ergibt sich mit (5.3): *A und B sind Teilbünde von H; für die zugehörigen Verbandsoperationen gilt*:

$$\left. \begin{array}{ll} x \frown_A y = \varphi \psi (x \frown y), & x \smile_A y = \varphi \psi (x \smile y), \\ x \frown_B y = \psi \varphi (x \frown y), & x \smile_B y = \psi \varphi (x \smile y). \end{array} \right\} \tag{5.5}$$

Es genügt, die erste Behauptung für A zu beweisen. Es ist zu zeigen, daß für $x, y \in A$ das Element $\varphi \psi (x \frown y)$ das größte in x und y enthaltene Element von A ist. $\varphi \psi (x \frown y)$ liegt in A, wie oben aus (5.3) geschlossen wurde; aus $x \frown y \subset x$ und der Monotonie von $\varphi \psi$ folgt $\varphi \psi (x \frown y) \subset \varphi \psi x = x$, ebenso $\varphi \psi (x \frown y) \subset y$, so daß $\varphi \psi (x \frown y)$ eine untere Schranke von x und y in A ist. Ist umgekehrt z ein in x und y enthaltenes Element von A, so $z \subset x \frown y$ und damit $z = \varphi \psi z \subset \varphi \psi (x \frown y)$.

Außer (5.4) wollen wir nun voraussetzen:

φ ist *ein $\frown$-Endomorphismus, ψ ist ein $\smile$-Endomorphismus.* (5.6)

Dann können wir (5.5) verschärfen zu:

$$x \frown_A y = x \frown y, \qquad x \smile_B y = x \smile y. \tag{5.7}$$

A ist also ein $\frown$-, und B ein $\smile$-Teilbund von H.

---

[1] In der in § 6 eingeführten Terminologie ist ψ durch (5.4) charakterisiert als eine „Hüllenoperation" (bis auf die dort geforderte Vollständigkeit des Verbandes).

Zum Nachweis der ersten Gleichung brauchen wir im Hinblick auf (5.5) und (5.1) nur zu zeigen, daß für je zwei Elemente $x, y \in A$ die Beziehung $x \frown y \subset \varphi\psi(x \frown y)$ gilt:

Nach (5.4) ist $x \frown y \subset \psi(x \frown y)$ und damit $\varphi(x \frown y) \subset \varphi\psi(x \frown y)$ wegen der Monotonie von φ. Weiter ist wegen $x = \varphi\psi x$ und $y = \varphi\psi y$ mit (5.6) und (5.4):

$$\varphi(x \frown y) = \varphi x \frown \varphi y = \varphi\varphi\psi x \frown \varphi\varphi\psi y = \varphi\psi x \frown \varphi\psi y = x \frown y.$$

V sei ein Verband. a und b seien Elemente von V. Die Voraussetzungen (5.4) und (5.6) treffen zu auf die bereits im letzten Paragraphen betrachteten Endomorphismen:

$$\varphi(x) = a \frown x, \qquad \psi(x) = x \smile b. \tag{5.8}$$

Für die Abbildungen (5.8) ist zudem $\varphi\psi a = a \frown (a \smile b) = a$ und $\varphi\psi(a \frown b) = a \frown ((a \frown b) \smile b) = a \frown b$. Also gehören a und $a \frown b$ zu A, und ebenso b und $a \smile b$ zu B. Ist ferner x ein beliebiges Element von A, so $x = a \frown (x \smile b)$, also $a \frown b \subset x \subset a$. A ist daher im Zwischenverband $a/a \frown b$ enthalten und ebenso B im Zwischenverband $a \smile b/b$.—

Wir fassen die letzten Resultate zusammen in dem

Satz: *Die Endomorphismen* $\varphi(x) = a \frown x$ und $\psi(x) = x \smile b$ *in einem Verbande* V *bestimmen einen Isomorphismus* (φ, ψ), *der festgelegt ist durch*

$$x(\varphi, \psi)y \longleftrightarrow x = a \frown y \quad \textit{und} \quad y = x \smile b. \tag{5.9}$$

Der Vorbereich A *von* (φ, ψ) *ist ein* $\frown$*-Teilbund des Zwischenverbandes* $a/a \frown b$ *mit dem größten Element* a *und dem kleinsten Element* $a \frown b$. *Entsprechend ist der Nachbereich* B *von* (φ, ψ) *ein* $\smile$*-Teilbund des Zwischenverbandes* $a \smile b/b$ *mit dem kleinsten Element* b *und dem größten Element* $a \smile b$. *Die Operationen in* A *bzw.* B *sind gegeben durch die Gleichungen:*

$$\left.\begin{aligned} x \frown_A y &= x \frown y, & x \smile_A y &= a \frown (b \smile x \smile y), \\ x \frown_B y &= (a \frown x \frown y) \smile b, & x \smile_B y &= x \smile y. \end{aligned}\right\} \tag{5.10}$$

Beispiel 5.1. In Abb. 5.2 ist ein Verband V mit den ausgezeichneten Elementen a, b dargestellt. Man erkennt, daß Vor- und Nachbereich der Perspektivität (5.9) Teilbünde bilden. Der Nachbereich B ist sogar ein Teilverband, der Vorbereich A jedoch nur ein $\frown$-Teilbund, da c nicht zu A gehört.

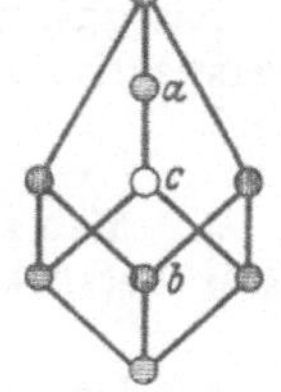

Abb. 5.2. Die Perspektivität (φ, ψ) mit $\varphi(x) = a \frown x$, $\psi(x) = x \smile b$. Die zum Vorbereich gehörenden Elemente sind waagerecht, die zum Nachbereich gehörenden senkrecht schraffiert.

Beispiel 5.2. Die Teilräume einer projektiven Ebene sind die Punkte und Geraden dieser Ebene, wozu als Grenzfälle noch der leere Teilraum und die Gesamtebene kommen. Wie in § 14 ausführlich gezeigt werden wird, bilden diese Teilräume einen

Verband V; dabei sind die Verbandsoperationen grundlegende geometrische Operationen: $a \frown b$ ist der durch *Schneiden*, $a \smile b$ der durch *Verbinden* von a und b entstandene Teilraum. Sind z. B. a und b verschiedene Geraden, so ist $a \frown b$ der Schnittpunkt dieser Geraden; sind a und b verschiedene Punkte, so ist $a \smile b$ die durch diese Punkte gehende Gerade. Die Inklusion in V ist die mengentheoretische Inklusion.

In V seien nun eine Gerade a und ein nicht auf ihr liegender Punkt b ausgezeichnet (vgl. Abb. 5.3). Zum Vorbereich A der hierdurch gegebenen Perspektivität (5.9) können nur Teilräume von a, zum Nachbereich B nur b umfassende Räume gehören. Man überzeugt sich leicht davon, daß *jeder* Teilraum von a zu A (und ebenso jeder b umfassende Teilraum zu B) gehört. Dies ist für a selbst und den leeren Teilraum $a \frown b$ auf Grund des letzten Satzes von vornherein klar. Ist schließlich x ein beliebiger auf a gelegener Punkt, so ist $y = \psi(x) = x \smile b$ die durch x und b gehende Gerade, $\varphi\psi x = \varphi y = a \frown y$ der Schnittpunkt dieser Geraden mit a, also wieder der Punkt x; damit ist gezeigt, daß x zum Vorbereich der Perspektivität gehört. Dieses Beispiel erklärt den Namen „Perspektivität". Es läßt sich auf beliebige projektive Räume erweitern. Jede Perspektivität (5.9) in einem projektiven Raum hat wie in unserem Beispiel die Eigenschaft, daß Vor- und Nachbereich sogar *Teilverbände sind, die mit den Zwischenverbänden* $a/a \frown b$ bzw. $a \smile b/b$ *übereinstimmen.* Diese Eigenschaft ist charakteristisch für die wichtige Klasse der modularen Verbände (vgl. § 13).

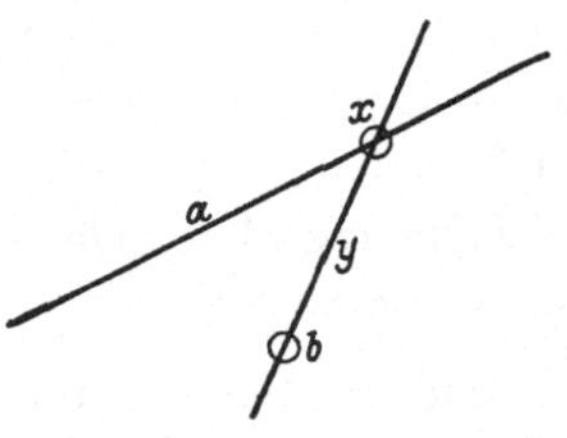

Abb. 5.3. Eine Perspektivität in der Geometrie.

Die projektiven Teilräume bilden einen $\frown$-Teilbund des Verbandes aller Teilmengen der projektiven Ebene. Auch diese Eigenschaft gilt für beliebige projektive Geometrien. Vgl. § 6 und § 14.

Aufgaben. 5.1. Man diskutiere in der Geometrie aus Beispiel 5.2 die Perspektivität (5.9) für den Fall, daß a und b zwei verschiedene Geraden sind.

5.2. Man zeige, daß in einem *endlichen* Verband V Vor- und Nachbereich *jeder* Perspektivität Teilbünde von V sind.

5.3. Man gebe ein Beispiel für eine Perspektivität in einem unendlichen Verband V, deren Vorbereich kein Teilbund von V ist.

Literatur.

Schwan, W.: Perspektivitäten in allgemeinen Verbänden. Math. Zeitschrift Bd. 51 (1948) S. 126—134.

§ 6. Vollständige Verbände.

H sei eine Halbordnung. In § 2 haben wir für beliebige Teilmengen A von H die untere Grenze $\mathit{inf}\, A$ und die obere Grenze $\mathit{sup}\, A$ eingeführt. Im allgemeinen existieren diese Grenzen nicht für jede Teilmenge. Einige Sonderfälle haben wir bereits untersucht. Wir haben gesehen, daß für die leere Teilmenge L die untere (obere) Grenze genau dann existiert, wenn H ein Eins-(Null-) Element besitzt, und dann gilt $\mathit{inf}\, L = 1$, $\mathit{sup}\, L = 0$. Für eine einelementige Menge $A = \{a\}$ ist natürlich $\mathit{inf}\, A = \mathit{sup}\, A = a$. In § 3 haben wir gezeigt, daß die Halbordnungen, in denen für beliebige *zweielementige* Mengen eine untere und eine obere Grenze existiert, mit den Verbänden übereinstimmen, und es gilt dann

$$\mathit{inf}(a, b) = a \frown b, \qquad \mathit{sup}(a, b) = a \smile b. \tag{6.1}$$

Sobald jede zweielementige Menge ein Supremum und ein Infimum besitzt, gilt dies auch für jede *endliche* Menge $A = \{a_1, \ldots, a_n\}$. Man beweist in der Tat leicht durch Induktion, daß

$$\mathit{inf}(a_1, \ldots, a_n) = a_1 \frown \cdots \frown a_n, \; \mathit{sup}(a_1, \ldots, a_n) = a_1 \smile \cdots \smile a_n. \tag{6.2}$$

Dagegen wird eine *unendliche* Menge auch in diesem Falle im allgemeinen keine obere und untere Grenze besitzen. Bekannt ist das Beispiel der durch $\leqq$ geordneten Menge der rationalen Zahlen; hier besitzt die Teilmenge der Zahlen, deren Quadrat kleiner ist als 2, weder eine obere, noch eine untere Grenze.

Wenn in einer Halbordnung für eine Teilmenge A eine untere bzw. obere Grenze existiert, so schreibt man in Anlehnung an die Symbole für Verbandsoperationen:

$$\bigcap A = \mathit{inf}\, A, \qquad \bigcup A = \mathit{sup}\, A, \tag{6.3}$$

so daß insbesondere in einem Verband gilt:

$$\bigcap \{a, b\} = a \frown b, \qquad \bigcup \{a, b\} = a \smile b. \tag{6.4}$$

Sind die Elemente der Teilmenge A durch eine Eigenschaft $\mathfrak{E}(x)$ charakterisiert, so schreibt man oft:

$$\bigcap_{\mathfrak{E}(x)} x = \bigcap A, \qquad \bigcup_{\mathfrak{E}(x)} x = \bigcup A. \tag{6.5}$$

Für $\mathfrak{E}(x) \longleftrightarrow x \in A$ hat man also:

$$\bigcap A = \bigcap_{x \in A} x, \qquad \bigcup A = \bigcup_{x \in A} x. \tag{6.6}$$

Eine Funktion x_α, die für alle Indizes α einer Indexmenge erklärt ist, und deren Werte in einer Halbordnung H liegen, hat einen Bildbereich A, der eine Teilmenge von H ist. In diesem Fall empfiehlt sich oft die Schreibweise

$$\bigcap x_\alpha = \bigcap A, \qquad \bigcup x_\alpha = \bigcup A. \tag{6.7}$$

Die Halbordnungen, in denen zu *jeder* Teilmenge A ein $\mathit{inf} A$ und ein $\mathit{sup} A$ existieren, heißen *vollständig*. Solche Halbordnungen sind automatisch Verbände, so daß man meistens von *vollständigen Verbänden* spricht. Vollständige Verbände V enthalten 0 und 1, da $\mathit{sup}\, V = 1$ und $\mathit{inf}\, V = 0$. Da die Forderung, daß zu jeder Teilmenge A eine untere Grenze existiert, zur Forderung der Existenz der oberen Grenzen dual ist, gilt für die vollständigen Verbände das Dualitätsprinzip. *Jeder endliche Verband ist vollständig*, da die oberen und unteren Grenzen nur für endliche Mengen zu bilden sind.

Beispiel 6.1. In den Beispielen 1.1 und 2.3 haben wir den Verband $\mathfrak{P}(m)$ aller Teilmengen einer Menge m betrachtet. Dieser Verband ist vollständig. Ist A eine Teilmenge von $\mathfrak{P}(m)$, also eine Menge von Teilmengen von m, so sind die untere und die obere Grenze von A Teilmengen von m, die charakterisiert sind durch die für alle Elemente $\xi \in m$ geltenden Äquivalenzen:

$$\xi \in \bigcap A \longleftrightarrow \xi \in a \quad \text{für alle} \quad a \in A, \tag{6.8'}$$

$$\xi \in \bigcup A \longleftrightarrow \xi \in a \quad \text{für wenigstens ein} \quad a \in A. \tag{6.8''}$$

Wir begnügen uns mit dem Beweis von (6.8'). u sei die Menge der Elemente $\xi \in m$, welche die auf der rechten Seite von (6.8') formulierte Eigenschaft haben. Wir müssen zeigen, daß $\bigcap A = u$. Nach Gleichung (2.2) genügt es, zu zeigen, daß $s \subset \bigcap A \longleftrightarrow s \subset u$ für jede Teilmenge s von m. In der Tat gilt:

$s \subset u \longleftrightarrow$	Für alle ξ: $\xi \in s \rightarrow \xi \in u$	(Beispiel 2.3)
$\longleftrightarrow$	Für alle ξ und $a \in A$: $\xi \in s \rightarrow \xi \in a$	(Definition von u)
$\longleftrightarrow$	Für alle $a \in A$: $s \subset a$	(Beispiel 2.3)
$\longleftrightarrow$	$s \subset \bigcap A$.	(Definition von $\bigcap A$)

Beispiel 6.2. Der in Beispiel 1.2 eingeführte Relationenverband $\mathfrak{R}(m)$ ist vollständig, da (mit den dort eingeführten Bezeichnungen) $\mathfrak{R}(m) = \mathfrak{P}(p)$, und weil $\mathfrak{P}(p)$ nach dem vorangehenden Beispiel vollständig ist.

Beispiel 6.3. R sei der Verband der geordneten Menge der reellen Zahlen, zu dem als kleinstes Element $-\infty$ und als größtes Element $+\infty$ adjungiert worden ist. R ist vollständig: In der reellen Analysis wird gezeigt, daß jede nach oben (unten) beschränkte Menge reeller Zahlen eine reelle Zahl als obere (untere) Grenze besitzt. Für die nach oben bzw. nach unten unbeschränkten Mengen von reellen Zahlen sind $+\infty$ bzw. $-\infty$ diese Grenzen.

Die entsprechend durch $\pm\infty$ ergänzte Halbordnung der rationalen Zahlen ist nicht vollständig, wie wir bereits oben gesehen haben. Der bekannte Aufbau der reellen Zahlen nach DEDEKIND führt also (wenn wir hier von den algebraischen Aussagen absehen) von einem Verband zu einem vollständigen Verband. Man kann dieselbe Konstruktion verwenden, um zu einem beliebigen Verband V einen vollständigen Verband V' zu bilden, so daß V Teilverband von V' ist. Darauf werden wir in § 12 näher eingehen.

Im Bereich der reellen Zahlen sind die monoton steigenden Funktionen eingehend untersucht worden. Wir wollen hier einen einfachen Satz beweisen, der schon in beliebigen vollständigen Verbänden gilt.

Fixpunktsatz. Jeder Endomorphismus φ eines vollständigen Verbandes V besitzt wenigstens einen Fixpunkt; d.h., es gibt ein $a \in V$, so daß $a = \varphi(a)$.

Beweis. Wir bilden die Menge X derjenigen Elemente $x \in V$, für die $x \subset \varphi(x)$. Sei $a = \sup X$. Wir wollen zeigen, daß a ein Fixpunkt von φ ist. Zunächst ist $x \subset a$ für jedes $x \in X$. Aus der Monotonie von φ folgt $\varphi(x) \subset \varphi(a)$, also erst recht $x \subset \varphi(a)$, da $x \subset \varphi(x)$. $\varphi(a)$ ist also eine obere Schranke für X. Es folgt, daß die obere Grenze a von X in $\varphi(a)$ enthalten ist. Um die noch fehlende umgekehrte Inklusion zu zeigen, schließen wir aus $a \subset \varphi(a)$ zunächst $\varphi(a) \subset \varphi(\varphi(a))$; auf Grund der Definition von X gilt also $\varphi(a) \in X$. Dann muß aber $\varphi(a)$ in der oberen Grenze a von X enthalten sein, was zu beweisen war.

Sei φ eine isomorphe Abbildung eines vollständigen Verbandes V_1 auf einen (dann natürlich ebenfalls vollständigen) Verband V_2. A sei eine Teilmenge von V_1 und $\varphi(A)$ die Teilmenge von V_2, die aus den φ-Bildern der Elemente von A besteht. Dann gilt:

$$\varphi(\bigcap A) = \bigcap \varphi(A), \qquad \varphi(\bigcup A) = \bigcup \varphi(A).$$

Wir beweisen die erste Gleichung. Man hat:

$$\begin{aligned} x \subset \varphi(\bigcap A) &\longleftrightarrow \varphi\varphi^{-1} x \subset \varphi(\bigcap A) \\ &\longleftrightarrow \varphi^{-1} x \subset \bigcap A \\ &\longleftrightarrow \text{Für jedes } a \in A\colon\ \varphi^{-1} x \subset a \\ &\longleftrightarrow \text{Für jedes } a \in A\colon\ x \subset \varphi a \\ &\longleftrightarrow x \subset \bigcap_{a \in A} \varphi a, \end{aligned}$$

und es ist $\bigcap_{a \in A} \varphi a$ nur eine andere Schreibweise für $\bigcap \varphi(A)$. Die hergeleitete Äquivalenz zeigt in Verbindung mit (2.2) die Behauptung.

Im folgenden wollen wir uns mit Methoden beschäftigen, die es gestatten, die Vollständigkeit eines Verbandes nachzuweisen bzw. vollständige Verbände zu konstruieren. Ein Vollständigkeitsbeweis wird erleichtert durch

Satz 6.1. *Eine Halbordnung H ist schon dann ein vollständiger Verband, wenn jede Teilmenge A von H eine untere Grenze $\inf A$ besitzt.*

Zum Beweis bleibt zu zeigen, daß eine beliebige Teilmenge A von H auch eine *obere* Grenze besitzt. Man bilde die Menge S der oberen Schranken von A (S kann leer sein). Nach Voraussetzung existiert $\inf S = s_0$. Wir wollen nun zeigen, daß s_0 die gesuchte obere Grenze von A ist. Ein beliebiges Element von A ist in jedem Element von S, also in $s_0 = \inf S$ enthalten. s_0 ist also jedenfalls eine obere Schranke von A. Ist s eine beliebige obere Schranke von A, so ist $s \in S$, also $s_0 \subset s$, da $s_0 = \inf S$. s_0 ist also die kleinste obere Schranke, d.h. die obere Grenze von A.

Dieser Satz erleichtert es, ein Diagramm einer endlichen Halbordnung darauf zu prüfen, ob die dargestellte Halbordnung ein Verband ist. Ein endlicher Verband muß vollständig sein. Daher stellt ein derartiges Diagramm genau dann einen Verband dar, wenn jede Teilmenge von Punkten des Diagramms eine untere Grenze besitzt. Vgl. Aufgabe **6.5.**

Die meisten in der Praxis auftretenden vollständigen Verbände sind Teilverbände des in Beispiel **6.1** betrachteten vollständigen Verbandes $\mathfrak{P}(m)$. Darauf wollen wir im nächsten Paragraphen eingehen. Hier wollen wir einige prinzipielle Vorüberlegungen anstellen.

Zunächst erinnern wir an die Betrachtungen des vorangehenden Paragraphen. Dort haben wir gesehen, daß eine Teilmenge eines Verbandes ein Verband sein kann, ohne daß sie ein Teilverband zu sein braucht. Eine analoge Überlegung können wir hier anstellen. V sei ein vollständiger Verband. A sei ein Teilverband von V. Schließlich sei A selbst ein vollständiger Verband. Im Begriff des Teilverbandes liegt es, daß für je zwei Elemente $a, b \in A$ die in A gebildete Vereinigung bzw. der in A gebildete Durchschnitt mit der in V gebildeten Vereinigung bzw. dem in V gebildeten Durchschnitt übereinstimmt. *Dagegen braucht dies nicht zu gelten für Vereinigung und Durchschnitt einer unendlichen Teilmenge M von A.* Dies zeigt das besonders einfache

Beispiel **6.4.** Zu dem im vorangehenden Beispiel betrachteten vollständigen Verband R der durch $\pm\infty$ ergänzten Menge der reellen Zahlen nehme man zwei neue Elemente $\pm\infty'$ hinzu und setze fest, daß $+\infty'$ oberhalb von $+\infty$ und $-\infty'$ unterhalb von $-\infty$ liegen soll. Es entsteht ein vollständiger Verband V. Entfernt man aus V die Elemente $\pm\infty$, so erhält man einen Teilverband A von V. A ist isomorph zu R, also selbst vollständig. M sei die Menge der eigentlichen reellen Zahlen. Die obere bzw. untere Grenze von M ist $\pm\infty$ in V, aber $\pm\infty'$ in A. — (Weniger trivial ist Beispiel **6.5.**)

Die vorangehenden Überlegungen rechtfertigen die folgenden Begriffsbildungen. V sei ein vollständiger Verband, und A eine Teilmenge von V. A sei selbst ein vollständiger Verband in bezug auf die von V übernommene Inklusion. Dann heißt A ein *vollständiger Teilverband* von V, wenn die in A gebildeten oberen und unteren Grenzen der Teilmengen von A mit den in V gebildeten Grenzen übereinstimmen. Entsprechend heißt A ein *vollständiger* $\frown$-*Teilbund* von V, wenn nur gilt, daß die in A gebildeten *unteren* Grenzen der Teilmengen von A mit den in V gebildeten unteren Grenzen übereinstimmen. Dual ist der Begriff des *vollständigen* $\smile$-*Teilbundes*. Von diesen Begriffen ist praktisch am wichtigsten der Begriff des vollständigen $\frown$-Teilbundes.

In diesem Zusammenhang wollen wir noch den Begriff der Einbettbarkeit betrachten, obwohl wir uns in diesem Paragraphen nicht weiter damit beschäftigen werden. Ein Teilverband V_2 eines Verbandes V_1 heißt in V_1 *eingebettet*. V_2 heißt in V_1 *vollständig eingebettet*, wenn darüber hinaus gilt: Ist M eine beliebige Teilmenge von V_2, für die der in V_2 gebildete Durchschnitt d (bzw. die in V_2 gebildete Vereinigung v) existiert, so ist d auch der Durchschnitt von M in V_1 (bzw. v die Vereinigung von M in V_1).

Bei den im vorletzten Abschnitt gegebenen Definitionen haben wir vorausgesetzt, daß A ein vollständiger Verband ist. Die beiden folgenden Kriterien enthalten diese Voraussetzung nicht.

Satz 6.2. Eine Teilmenge A eines vollständigen Verbandes V ist genau dann ein vollständiger Teilverband von V, wenn für jede Teilmenge M von A die in V gebildeten Elemente $\bigcap M$ und $\bigcup M$ Elemente von A sind.

Der Beweis ist einfach. M sei eine Teilmenge von A und $a = \bigcap M$ die untere Grenze von M in V. Nach Voraussetzung ist $a \in A$. a ist enthalten in jedem Element von M. Jedes Element x *aus* V, das in allen Elementen von M enthalten ist, ist auch enthalten in a. Dies gilt erst recht für jedes Element x *aus* A. Also ist a auch die untere Grenze von M in A. Ebenso sieht man, daß die in V gebildete obere Grenze $\bigcup M$ von M auch die obere Grenze von M in A ist. Dies zeigt, daß A vollständig ist, und zugleich, daß A ein vollständiger Teilverband von V ist.

Zu jedem vollständigen Teilverband A von V gehört das Nullelement 0 und das Einselement 1 von V. Denn für die leere Teilmenge L von A ist $\bigcap_A L = \bigcap_V L = 1$, und ebenso $\bigcup_A L = \bigcup_V L = 0$.

Bevor wir einen zu Satz 6.2 analogen Satz für die vollständigen $\frown$-Teilbünde formulieren, geben wir die

Definition. Eine Teilmenge A eines vollständigen Verbandes V heißt ein *Hüllensystem* in V, wenn für jede Teilmenge M von A der in V gebildete Durchschnitt $\bigcap M$ sogar ein Element von A ist.

Der Name „Hüllensystem" deutet auf den Zusammenhang mit den Hüllenoperationen, die wir weiter unten besprechen werden.

Zu jedem Hüllensystem A gehört das Einselement von V, da $1 = \bigcap L$ für die in A enthaltene leere Menge L.

Satz 6.3. Eine Teilmenge A eines vollständigen Verbandes V ist genau dann ein vollständiger $\frown$-Teilbund von V, wenn A ein Hüllensystem ist.

Es ist klar, daß ein vollständiger $\frown$-Teilbund von V ein Hüllensystem in V ist.

Daß in einem Hüllensystem A beliebige Durchschnitte gebildet werden können, folgt ebenso, wie bei dem Beweis des letzten Satzes. Auf Grund von Satz 6.1 ergibt sich aus der Existenz beliebiger Durchschnitte in A, daß A ein vollständiger Verband ist. Faßt man diese Überlegungen zusammen, so sieht man, daß A ein vollständiger $\frown$-Teilbund von V ist.

Man kann die Hüllensysteme auch *$\frown$-Hüllensysteme* nennen und den dazu dualen Begriff des *$\smile$-Hüllensystems* bilden. Eine Teilmenge A von V heißt also ein $\smile$-Hüllensystem, wenn die (in V gebildete) Vereinigung einer beliebigen Teilmenge M von A sogar ein Element von A ist. Die $\smile$-Hüllensysteme von V stimmen überein mit den vollständigen $\smile$-Teilbünden von V. In den Anwendungen spielen die $\frown$-Hüllensysteme, die meist in Verbänden $\mathfrak{P}(m)$ gebildet werden, eine ungleich größere Rolle als die $\smile$-Hüllensysteme; wir haben sie daher kurz Hüllensysteme genannt.

Beispiel 6.5. Der mengentheoretische Durchschnitt beliebig vieler topologisch abgeschlossener Teilmengen eines topologischen Raumes m ist bekanntlich wieder abgeschlossen. Die abgeschlossenen Teilmengen bilden also ein Hüllensystem und damit einen vollständigen $\frown$-Teilbund A im vollständigen Verband $\mathfrak{P}(m)$[1]. Entsprechend gilt, daß die offenen Teilmengen von m einen vollständigen $\smile$-Teilbund von $\mathfrak{P}(m)$ bilden.

Beispiel 6.6. Die endlichen Teilmengen einer unendlichen Menge m bilden keinen vollständigen $\frown$-Teilbund von $\mathfrak{P}(m)$, denn der Durchschnitt einer Menge M von endlichen Teilmengen von m ist nur dann endlich, wenn M nicht leer ist; für leeres M ist $\bigcap M = m$ nicht endlich. Man erhält einen vollständigen $\frown$-Teilbund, wenn man zu den endlichen Mengen die Gesamtmenge m hinzunimmt.

Bei den meisten Anwendungen wird ein Hüllensystem A eines vollständigen Verbandes V durch einen Endomorphismus τ von V erzeugt. Ein Element $x \in V$ heiße *abgeschlossen* in bezug auf einen Endomorphismus τ, wenn $\tau(x) \subset x$. Dann gilt der

Satz 6.4. Die Menge A der in bezug auf einen Endomorphismus τ abgeschlossenen Elemente eines vollständigen Verbandes V bildet ein Hüllensystem in V.

---

[1] Da die mengentheoretische Vereinigung zweier abgeschlossener Mengen von m wieder abgeschlossen ist, ist A auch ein $\smile$-Teilbund (sogar ein Teilverband) von $\mathfrak{P}(m)$. A ist jedoch kein vollständiger $\smile$-Teilbund von $\mathfrak{P}(m)$. Vgl. Aufgabe 6.2.

Beweis: Sei M eine Teilmenge von A und $x_0 = \bigcap M$. Es ist zu zeigen, daß $\tau(x_0) \subset x_0$. Für ein beliebiges Element $x \in M$ gilt $x_0 \subset x$, also $\tau(x_0) \subset \tau(x) \subset x$. $\tau(x_0)$ ist also eine untere Schranke für M, und als solche in x_0 enthalten.

Jeder Endomorphismus τ eines vollständigen Verbandes V erzeugt also ein Hüllensystem $A = \mathfrak{A}(\tau)$ in V. Verschiedene Endomorphismen können dabei dasselbe Hüllensystem liefern, wie Beispiele zeigen (vgl. Aufgabe 6.3). Die Abbildung $\mathfrak{A}$ ist also im allgemeinen nicht umkehrbar. Man kann jedoch spezielle Endomorphismen charakterisieren, die wir „Hüllenoperationen" nennen wollen, so daß die Abbildung $\mathfrak{A}$ diesen Hüllenoperationen umkehrbar eindeutig Hüllensysteme zuordnet. Darüber hinaus läßt sich zeigen, daß man *jedes* Hüllensystem in V als $\mathfrak{A}$-Bild einer geeigneten Hüllenoperation gewinnen kann. Man darf auf Grund dieses Sachverhaltes die Hüllensysteme mit den Hüllenoperationen identifizieren. Wir werden den Beweis führen mit Hilfe einer weiteren Abbildung $\tau = \mathfrak{T}(A)$, die jedem Hüllensystem A von V eine Hüllenoperation $\mathfrak{T}(A)$ aus V zuordnet. Es gilt $A = \mathfrak{A}(\mathfrak{T}(A))$ und $\tau = \mathfrak{T}(\mathfrak{A}(\tau))$, wie in den nachstehenden Hilfssätzen bewiesen wird. Im *Anhang* ist ausgeführt, wie aus diesen beiden Gleichungen folgt, daß sich die Hüllensysteme und Hüllenoperationen umkehrbar eindeutig entsprechen.

Bei einer Hüllenoperation τ ist es üblich, $\tau(x)$ durch $\bar{x}$ abzukürzen. Wir geben die

Definition. Ein Endomorphismus $\bar{x}$ eines vollständigen Verbandes V heißt eine *Hüllenoperation* von V, wenn für jedes Element $x \in V$ die beiden folgenden Forderungen erfüllt sind:

$$x \subset \bar{x}, \tag{6.9}$$

$$\bar{\bar{x}} \subset \bar{x}. \tag{6.10}$$

Mit Hilfe von (6.9) kann man (6.10) zu $\bar{\bar{x}} = \bar{x}$ verschärfen. $\bar{x}$ heißt *die Hülle von* x. Der Name wird durch (6.9) gerechtfertigt.

Generell soll ein Element $x \in V$ eine *Hülle* heißen, wenn $\bar{x} = x$. Es genügt wegen (6.9), $\bar{x} \subset x$ zu fordern. Die Hülle $\bar{x}$ eines Elementes x ist nach (6.10) stets eine Hülle. Die Hüllen sind die Elemente von V, die wir oben in bezug auf den vorliegenden Endomorphismus als abgeschlossen bezeichnet haben.

Wir wollen nun jedem Hüllensystem A des vollständigen Verbandes V eine Hüllenoperation $\mathfrak{T}(A)$ zuordnen. Die Hülle von x in bezug auf $\mathfrak{T}(A)$ wollen wir der Einfachheit halber wieder mit $\bar{x}$ bezeichnen. *Wir definieren $\bar{x}$ als den Durchschnitt aller x umfassenden Elemente von A.* Wir zeigen, daß $\bar{x}$ eine Hüllenoperation ist. (1) Wenn $x \subset y$, so umfaßt jedes y umfassende Element von A auch x, so daß $\bar{x} \subset \bar{y}$. $\bar{x}$ ist also ein

Endomorphismus. (2) x ist eine untere Schranke aller x umfassenden Elemente von A. x ist also enthalten im Durchschnitt $\bar{x}$ dieser Elemente von A, womit (6.9) bewiesen ist. (3) $\bar{x}$ ist als Durchschnitt von Elementen des Hüllensystems A wieder ein Element aus A. $\bar{x}$ ist also eines der Elemente, die bei der Bildung der Hülle von $\bar{x}$ zum Durchschnitt gebracht werden. Also ist die Hülle $\bar{\bar{x}}$ von $\bar{x}$ in $\bar{x}$ enthalten, wie es in (6.10) verlangt wird.

Es bleiben zwei Hilfssätze zu beweisen.

Hilfssatz 1.

$$A = \mathfrak{A}\bigl(\mathfrak{T}(A)\bigr).$$

Beweis. Wir gehen aus von dem Hüllensystem A. Die A zugeordnete Hüllenoperation $\mathfrak{T}(A)$ wollen wir mit $\tau(x)$ oder $\bar{x}$ bezeichnen. x ist offenbar genau dann ein Element von A, wenn der Durchschnitt aller x umfassenden Elemente von A in x enthalten ist. Das bedeutet, daß $\bar{x} \subset x$. Durch diese Eigenschaft sind aber die Elemente von $\mathfrak{A}(\tau)$ definiert. Es ist also $A = \mathfrak{A}(\tau)$, was zu beweisen war.

Hilfssatz 2.

$$\tau = \mathfrak{T}\bigl(\mathfrak{A}(\tau)\bigr).$$

Beweis. Für $\tau(x)$ schreiben wir kurz $\bar{x}$. Das der Hüllenoperation τ zugeordnete Hüllensystem $\mathfrak{A}(\tau)$ wollen wir mit A bezeichnen. Wegen $\bar{\bar{x}} \subset \bar{x}$ liegt $\bar{x}$ in A. Ist y ein Element von A und $x \subset y$, so $\bar{x} \subset \bar{y} \subset y$. $\bar{x}$ ist also das kleinste x umfassende Element von A. Durch diese Eigenschaft ist aber der Endomorphismus $\mathfrak{T}(A)$ definiert. Also gilt $\tau = \mathfrak{T}(A)$, was zu beweisen war.

Damit ist der Beweis vollständig durchgeführt, und wir haben den

Satz 6.5. Man kann die Hüllenoperationen in einem vollständigen Verband mit den Hüllensystemen identifizieren.

Satz 6.6: Ist τ eine Hüllenoperation in einem vollständigen Verband, so bilden die Elemente x von V, für die $\tau x = x$, einen vollständigen $\frown$-Teilbund V_0 von V. Die Vereinigung $\bigcup_0 x_\alpha$ in V_0 läßt sich ausdrücken durch die Vereinigung $\bigcup x_\alpha$ in V mittels der Formel

$$\bigcup_0 x_\alpha = \tau\left(\bigcup x_\alpha\right).$$

Beweis: Auf Grund der vorangehenden Überlegungen genügt es, die genannte Formel zu beweisen. Wir müssen zeigen, daß $x = \tau\left(\bigcup x_\alpha\right)$ das kleinste Element von V_0 ist, das alle x_α umfaßt.

Wegen $\tau\tau = \tau$ ist $x \in V_0$. Ist ferner y ein Element von V_0, das alle x_α umfaßt, so umfaßt y auch $\bigcup x_\alpha$, und damit gilt: $x = \tau\left(\bigcup x_\alpha\right) \subset \tau(y)$, da τ ein Endomorphismus ist, und es ist $\tau(y) = y$.

Bemerkung: Ist σ eine innere Abbildung eines vollständigen Verbandes V, für die gilt:

$$(1)\quad x \subset \sigma\sigma x$$

$$(2)\quad x \subset y \rightarrow \sigma y \subset \sigma x,$$

so ist $\sigma\sigma$ eine Hüllenoperation[1].

Zum Nachweis von (6.10) braucht man nur in (1) x durch σx zu ersetzen und (2) anzuwenden.

Aufgaben. 6.1. Man beweise durch Induktion Formel (6.2).

6.2. Man zeige, daß die abgeschlossenen Teilmengen eines topologischen Raumes m im allgemeinen keinen vollständigen $\cup$-Teilbund von $\mathfrak{P}(m)$ bilden.

6.3. Man gebe in einem vollständigen Verband Beispiele für Endomorphismen an, für die (a) weder (6.9) noch (6.10), (b) genau eine der genannten Formeln gilt. Aus jedem dieser Beispiele kann man folgern, daß es verschiedene Endomorphismen gibt, die dasselbe Hüllensystem erzeugen.

6.4. Man beweise Gleichung (6.8'').

6.5. Eine endliche Halbordnung ist schon dann ein Verband, wenn sie ein Einselement hat, und wenn je zwei Elemente eine untere Grenze besitzen.

Literatur.

SCHMIDT, J.: Einige grundlegende Begriffe und Sätze aus der Theorie der Hüllenoperatoren. Ber. Math. Tagung, Berlin 1953.

§ 7. Der Verband der Teilalgebren einer Algebra.

Wir wollen hier die Ergebnisse des letzten Paragraphen anwenden, um vollständige $\cap$-Teilbünde A des Verbandes $\mathfrak{P}(m)$ aller Teilmengen einer Menge m zu erzeugen. Wir setzen dazu voraus, daß in m gewisse Operationen oder gewisse Relationen erklärt sind. Es soll sich also um eine Algebra m oder um ein Relativ m handeln[2]. Eine Teilmenge m' von m soll genau dann zu A gehören, wenn sie in bezug auf die vorliegenden Operationen bzw. Relationen abgeschlossen ist[2]. Im Algebrenfall ist also A die Menge der Teilalgebren der Algebra m. Wir wollen in jedem Falle zeigen, daß A ein vollständiger $\cap$-Teilbund von $\mathfrak{P}(m)$ ist. Darüber hinaus wollen wir die Verbände A, die auf solche Art erzeugt werden können, rein verbandstheoretisch charakterisieren.

Es ist dabei gleichgültig, ob wir annehmen, daß in m Operationen oder Relationen gegeben sind. Es gilt nämlich: (1) Zu jeder in m gegebenen Menge von Operationen gibt es eine Menge von in m erklärten

[1] (2) charakterisiert σ als einen „Antiendomorphismus".

[2] Zu den Begriffen „Algebra" bzw. „Relativ" und zum Abgeschlossenheitsbegriff vgl. den *Anhang*. Für die Betrachtungen dieses Paragraphen kommt es nicht darauf an, daß die Menge der Operationen der Algebra bzw. der Relationen des Relativs wohlgeordnet ist.

Relationen, die gemäß der oben angegebenen Definition dieselbe Menge A erzeugt. Hierzu braucht man nur jede gegebene Operation φ als eine Relation R aufzufassen, wie es im *Anhang* geschieht. Man überzeugt sich leicht davon, daß eine Teilmenge m' von m gleichzeitig in bezug auf φ und R abgeschlossen ist. (2) Umgekehrt gibt es zu jeder in m gegebenen Menge von Relationen eine Menge von in m erklärten Operationen, die dieselbe Menge A erzeugt. Ist R eine dieser Relationen und gilt $R\eta_1 \ldots \eta_k \eta$, so betrachte man die in m erklärte Operation φ, die definiert ist durch:

$$\varphi(\xi_1, \ldots, \xi_k) = \begin{cases} \eta, & \text{falls} \quad \xi_1 = \eta_1, \ldots, \xi_k = \eta_k, \\ \xi_1 & \text{sonst.} \end{cases}$$

Wieder sieht man leicht ein, daß eine Teilmenge m' von m abgeschlossen ist in bezug auf die Menge aller zu den verschiedenen $R, \eta_1, \ldots, \eta_k, \eta$ auf diese Weise erhaltenen Operationen, wenn sie abgeschlossen ist in bezug auf die ursprünglich gegebenen Relationen R, und umgekehrt.

Wir werden die nachstehenden Sätze für Relationen beweisen, und die äquivalenten Ergebnisse für Algebren als Korollare aussprechen.

Satz 7.1. *In einer Menge m seien beliebig viele Relationen gegeben. Dann bildet die Menge A der gegenüber allen diesen Relationen abgeschlossenen Teilmengen von m einen vollständigen $\frown$-Teilbund von $\mathfrak{P}(m)$.*

Beweis. Wegen Satz 6.3 genügt es zu zeigen, daß A ein Hüllensystem in m ist. Wir müssen also nachweisen, daß für jede Relation R die Menge $\bigcap M$ abgeschlossen ist, wenn alle Mengen aus M in bezug auf R abgeschlossen sind. Sei $\xi_1, \ldots, \xi_k \in \bigcap M$ und gelte $R\xi_1 \ldots \xi_k \xi$. Dann liegen $\xi_1, \ldots, \xi_k$ in jedem Element m' von M, so daß wegen der Abgeschlossenheit von m' auch ξ in jedem Element m' von M liegt. Daher liegt ξ auch in $\bigcap M$. $\bigcap M$ ist also in bezug auf R abgeschlossen.

Korollar. *Die Teilalgebren einer Algebra m bilden einen vollständigen $\frown$-Teilbund von $\mathfrak{P}(m)$.*

Beispiel 7.1. Die Untergruppen einer Gruppe g bilden einen vollständigen Verband, bei dem die Durchschnittsbildung mit der mengentheoretischen Durchschnittsbildung übereinstimmt. Dabei muß man folgendes beachten: (1) Faßt man eine Gruppe auf als eine Algebra mit der zweistelligen Produktbildung als einziger Operation, so gibt es außer den Untergruppen im allgemeinen noch andere Teilalgebren in dem im *Anhang* besprochenen allgemeinen Sinne. Es ist daher zweckmäßig, auch die Inversenbildung als definierende einstellige Operation hinzuzunehmen. (2) Auch dann stimmen die Teilalgebren noch nicht mit den Untergruppen überein, denn die leere Teilmenge einer so definierten Gruppe ist zwar Teilalgebra, aber keine Untergruppe. Man kann dies dadurch in Ordnung bringen, daß man als (uneigentliche) nullstellige

Operation das Einheitselement hinzunimmt, wobei nach der im *Anhang* gegebenen Definition die Abgeschlossenheit einer Teilmenge in bezug auf diese Operation verlangt, daß das Einheitselement in der Teilmenge liegt. Wenn man also eine Gruppe als eine Algebra mit den angegebenen drei Operationen auffaßt, so stimmen die Teilalgebren genau mit den Untergruppen überein. Adjungiert man zu einer Gruppe g die einstelligen Abbildungen

$$\varphi(\xi) = \alpha \xi \alpha^{-1}$$

für alle $\alpha \in g$, so stimmen die Teilalgebren der so definierten Algebra überein mit den Normalteilern von g. Daher bilden auch die Normalteiler einer Gruppe g einen vollständigen $\frown$-Teilbund von $\mathfrak{P}(g)$.

Durch entsprechende geeignete Definitionen kann man auf Grund von Satz 7.1 nachweisen, daß z. B. die Teilringe und die Ideale eines Ringes, die linearen Teilräume eines affinen oder eines projektiven Raumes, die Teilverbände, die $\frown$-Ideale und die $\smile$-Ideale eines Verbandes vollständige Verbände bilden, bei denen die Durchschnittsbildung mit der mengentheoretischen Durchschnittsbildung übereinstimmt.

Beispiel 7.2. In der euklidischen Ebene E (oder allgemeiner in einem n-dimensionalen euklidischen Raum) ist die Zwischenrelation $Z\alpha\beta\gamma$ erklärt. $Z\alpha\beta\gamma$ soll bedeuten, daß der Punkt γ zwischen den Punkten α und β liegt. Die in bezug auf die Zwischenrelation abgeschlossenen Mengen sind die *konvexen Mengen*. Die konvexen Mengen bilden also einen vollständigen $\frown$-Teilbund von $\mathfrak{P}(E)$.

Als Vorbereitung zur rein verbandstheoretischen Charakterisierung der Verbände, die man auf Grund von Satz 7.1 erhalten kann, beweisen wir

Satz 7.2. A sei ein vollständiger $\frown$-Teilbund von $\mathfrak{P}(m)$. Folgende Bedingungen sind untereinander äquivalent:

(a) Es gibt eine Menge von Relationen, die in m erklärt sind, so daß eine Teilmenge von m genau dann in A liegt, wenn sie gegenüber allen diesen Relationen abgeschlossen ist.

(b) Für jede in A enthaltene *gerichtete* Menge M[1] liegt auch die mengentheoretische Vereinigung $\bigcup M$ in A.

Man beachte hierzu, daß in einem vollständigen $\frown$-Teilbund A von $\mathfrak{P}(m)$ nicht für jede Teilmenge M die *mengen*theoretische Vereinigung $\bigcup M$ in A liegt.

Wir haben zweierlei zu zeigen:

(1) In m seien gewisse Relationen gegeben, und es sei M eine gerichtete Menge von (in bezug auf diese Relationen) abgeschlossenen

[1] Zum Begriff der *gerichteten Menge* vgl. § 3.

Teilmengen von m. Es ist zu zeigen, daß $\bigcup M$ abgeschlossen ist in bezug auf jede der vorliegenden Relationen R. Wir nehmen also an, daß $\xi_1, \ldots, \xi_k \in \bigcup M$, und daß $R\xi_1 \ldots \xi_k\xi$ gilt. Da $\bigcup M$ die mengentheoretische Vereinigung sein soll, liegt ξ_1 in einer zu M gehörenden Teilmenge m_1 von m; entsprechend gilt $\xi_2 \in m_2, \ldots, \xi_k \in m_k$. Die Menge M ist nach Voraussetzung gerichtet. Daher gibt es zu den *endlich* vielen $m_1, \ldots, m_k \in M$ ein $m' \in M$, so daß $m_1 \subset m', \ldots, m_k \subset m'$. Es folgt, daß $\xi_1, \ldots, \xi_k \in m'$, und damit auch $\xi \in m'$ wegen der Abgeschlossenheit von m'. Hieraus ergibt sich unmittelbar, daß $\xi \in \bigcup M$, was zu beweisen war.

(2) A sei ein vollständiger $\frown$-Teilbund von m, und für jede gerichtete Teilmenge M von A sei die mengentheoretische Vereinigung $\bigcup M$ ein Element von A. Wir wollen in m Relationen einführen, so daß eine Teilmenge x von m genau dann gegenüber diesen Relationen abgeschlossen ist, wenn $x \in A$.

Zunächst erinnern wir daran, daß wir nach § 6 jeder Teilmenge x von m als Hülle $\bar{x}$ den Durchschnitt aller x umfassenden Elemente von A zuordnen können. Sei nun e irgendeine endliche Teilmenge von m und sei $\alpha \in \bar{e} - e$.[1] Sei $e = \{\alpha_1, \ldots, \alpha_k\}$ mit paarweise verschiedenen Elementen $\alpha_1, \ldots, \alpha_k$. ($e$ kann auch leer sein.) Wir betrachten die $(k+1)$-stellige Relation R, die definiert ist durch

$$R\xi_1 \ldots \xi_k\xi \longleftrightarrow \xi_1 = \alpha_1 \wedge \ldots \wedge \xi_k = \alpha_k \wedge \xi = \alpha.^2$$

Jede Menge $x \in A$ ist gegenüber allen diesen Relationen abgeschlossen. Sei nämlich $R\xi_1 \ldots \xi_k\xi$ und $\xi_1, \ldots, \xi_k \in x$. Sei $e = \{\xi_1, \ldots, \xi_k\}$. Es folgt $e \subset x$, also $\bar{e} \subset \bar{x}$. Nun ist aber $\bar{x} = x$, also $\bar{e} \subset x$ und damit wegen $\alpha \in \bar{e}$ auch $\alpha \in x$.

Es bleibt zu zeigen, daß eine gegenüber allen diesen Relationen R abgeschlossene Menge x zu A gehört. Sei e eine endliche Teilmenge von x und $\alpha \in \bar{e} - e$. Die Abgeschlossenheit von x in bezug auf die e und α zugeordnete Relation R besagt, daß $\alpha \in x$. Es muß daher jedes Element von $\bar{e} - e$ in x liegen. $\bar{e}$ ist also in x enthalten. Durchläuft nun e alle endlichen Teilmengen von x, so gilt für die mengentheoretische Vereinigung $\bigcup \bar{e} \subset x$. Andererseits ist natürlich jedes Element von x in einer endlichen Teilmenge $e \subset x$ enthalten, so daß $x \subset \bigcup \bar{e}$ und damit:

$$\bigcup \bar{e} = x. \tag{7.1}$$

Mit e_1 und e_2 ist auch die mengentheoretische Vereinigung $e_1 \cup e_2$ eine endliche Teilmenge von x. Es gilt $\bar{e}_1 \subset \overline{e_1 \cup e_2}$ und $\bar{e}_2 \subset \overline{e_1 \cup e_2}$. Daher bildet die Menge aller zu den endlichen Teilmengen von x gebildeten $\bar{e}$

[1] Das heißt $\alpha \in \bar{e}$ und nicht $\alpha \in e$.

[2] Falls e leer ist, so ist natürlich $R\xi \longleftrightarrow \xi = \alpha$.

ein gerichtetes System von Elementen aus A. Nach Voraussetzung ist dann auch $\bigcup \bar{e}$ ein Element aus A. $\bigcup \bar{e}$ ist aber nach (7.1) gleich x.

Korollar. Ein vollständiger $\cap$-Teilbund A von $\mathfrak{P}(m)$ läßt sich genau dann als Verband der Teilalgebren einer über m erklärten Algebra auffassen, wenn für jede in A enthaltene gerichtete Menge M die mengentheoretische Vereinigung $\bigcup M$ in A liegt.

In Verbänden von Teilmengen einer Menge m, die auf Grund der beiden letzten Sätze gewonnen werden können, läßt sich die Vereinigung von unendlich vielen Verbandselementen zurückführen auf die Vereinigung von je endlich vielen. Dies ergibt sich aus dem

Satz 7.3. V sei eine Menge von Teilmengen einer Menge m und in bezug auf die mengentheoretische Inklusion ein vollständiger Verband. Die Vereinigung jeder *gerichteten* Menge von Elementen aus V sei mengentheoretisch zu bilden. Dann ist in V die Vereinigung einer *beliebigen* Teilmenge A von V gleich der mengentheoretischen Vereinigung der verbandstheoretischen Vereinigungen von je endlich vielen Elementen von A.

Beweis. B sei die Menge der verbandstheoretischen Vereinigungen von je endlich vielen Elementen von A. Dann ist selbstverständlich $\bigcup A = \bigcup B$, wobei beiderseits die Vereinigungen in V zu bilden sind. Wir wollen zeigen, daß $\bigcup B$ mit der mengentheoretischen Vereinigung von B übereinstimmt. Hierzu braucht man sich nur zu überlegen, daß B eine gerichtete Menge ist. Das ergibt sich leicht wie folgt. Seien b und b' Elemente aus B. Es genügt zu beweisen, daß $b \cup b' \in B$. Es ist $b = a_1 \cup \cdots \cup a_r$, $b' = a'_1 \cup \cdots \cup a'_s$ mit Elementen a_ν, $a'_\mu \in A$. Es folgt $b \cup b' = a_1 \cup \cdots \cup a_r \cup a'_1 \cup \cdots \cup a'_s \in B$.

Für das Folgende[1] benötigen wir zwei Definitionen. Zunächst ein Beispiel. V sei der vollständige Verband der reellen Zahlen, wozu wir noch ∞ und ein noch größeres Element ∞' adjungieren. Dann ist jedes von ∞' verschiedene Element als Vereinigung einer Kette von kleineren Elementen darstellbar, ∞' dagegen nicht. Wir nennen ∞' (von unten) unzugänglich, und geben allgemein die

Definition. Ein Element a einer beliebigen Halbordnung H heißt (von unten) *zugänglich*, wenn es eine gerichtete Teilmenge A von H gibt, so daß $a \notin A$ und $\bigcup A = a$.

Definition. Ein Verband V heißt *nach oben* bzw. *nach unten stetig* genau dann, wenn er vollständig ist, und wenn ($7.2_\cap$) bzw. ($7.2_\cup$) gilt. V heißt *stetig*, wenn V nach oben und nach unten stetig ist (zur Bezeichnung „stetig" vgl. Aufg. 7.5).

[1] Der Rest dieses Paragraphen kann beim ersten Lesen überschlagen werden.

$$x \frown \bigcup y_\varrho = \bigcup (x \frown y_\varrho) \tag{7.2$_\frown$}$$

für jedes $x \in V$ und jede nach *oben* gerichtete Menge von Elementen $y_\varrho \in V$.

$$x \smile \bigcap y_\varrho = \bigcap (x \smile y_\varrho) \tag{7.2$_\smile$}$$

für jedes $x \in V$ und jede nach *unten* gerichtete Menge von Elementen $y_\varrho \in V$.

(7.2$_\frown$) und (7.2$_\smile$) sind spezielle distributive Gesetze (vgl. auch § 24). (Sie sind trivial, wenn die vorkommende nach oben (unten) gerichtete Menge leer ist.)

Satz 7.4. *V* sei ein Verband. Zu *V* gibt es genau dann eine Menge m und in m erklärte Relationen, derart daß *V* isomorph ist zum Verbande aller gegenüber diesen Relationen abgeschlossenen Teilmengen von m, wenn *V* die beiden folgenden Bedingungen erfüllt:

(1) *V* ist nach oben stetig.

(2) Jedes Element von *V* ist Vereinigung einer Menge von (von unten) unzugänglichen Elementen.

Zum Beweis von Satz 7.4 wollen wir zunächst zeigen, daß die angegebenen Bedingungen *notwendig* sind. Die Vollständigkeit des Verbandes A der gegenüber einer Menge von Relationen abgeschlossenen Teilmengen einer Menge m haben wir bereits gezeigt. In *jedem* vollständigen Verband gilt $y_\varrho \subset \bigcup y_\varrho$, $x \frown y_\varrho \subset x \frown \bigcup y_\varrho$, also $\bigcup (x \frown y_\varrho) \subset x \frown \bigcup y_\varrho$, so daß nur zu zeigen ist, daß die linke Seite von (7.2$_\frown$) in der rechten enthalten ist. Nach Satz 7.2 ist $\bigcup y_\varrho$ gleich der mengentheoretischen Vereinigung. Da auch der Durchschnitt mengentheoretisch zu bilden ist, gilt für ein beliebiges $\alpha \in m$:

$$\begin{aligned} \alpha \in x \frown \bigcup y_\varrho &\rightarrow \alpha \in x \wedge \alpha \in \bigcup y_\varrho \\ &\rightarrow \alpha \in x \wedge \alpha \in y_\varrho \quad \text{für einen geeigneten Index } \varrho \\ &\rightarrow \alpha \in x \frown y_\varrho \quad \text{für einen geeigneten Index } \varrho \\ &\rightarrow \alpha \in \bigcup (x \frown y_\varrho). \end{aligned}$$

Zum Nachweis von (2) betrachten wir die Mengen $\overline{\{\alpha\}}$ für $\alpha \in m$[1]. Dabei ist wieder generell $\overline{y}$ das kleinste y umfassende Element von A. Für ein $x \in A$ gilt offenbar $x = \bigcup \overline{\{\alpha\}}$, wobei α die gesamte Menge x durchläuft. Bedingung (2) ist daher nachgewiesen, sobald wir gezeigt haben, daß jedes $\overline{\{\alpha\}}$ unzugänglich ist. Sei $\overline{\{\alpha\}} = \bigcup y_\varrho$ für eine gerichtete Menge mit den Elementen y_ϱ, wobei $y_\varrho \in A$. Nach Satz 7.2 ist $\bigcup y_\varrho$ mengentheoretisch zu bilden. Das Element α liegt in $\bigcup y_\varrho$, also in wenigstens einem y_ϱ. Es folgt nun $\overline{\{\alpha\}} \subset \overline{y}_\varrho \subset y_\varrho$, also $\overline{\{\alpha\}} = y_\varrho$, da

[1] Im Algebrenfall nennt man $\overline{\{\alpha\}}$ *die durch* α *erzeugte Teilalgebra.*

$y_\varrho \subset \overline{\{\alpha\}}$ wegen $\overline{\{\alpha\}} = \bigcup y_\varrho$. Damit ist die Unzugänglichkeit von $\overline{\{\alpha\}}$ nachgewiesen.

Umgekehrt wollen wir jetzt annehmen, daß ein Verband V die angegebenen Bedingungen (1), (2) erfüllt. Wir müssen eine Menge m angeben und in m Relationen definieren, so daß V isomorph ist zu dem Verband A der gegenüber diesen Relationen abgeschlossenen Teilmengen von m.

Als Menge m wählen wir die Menge der unzugänglichen Elemente in V. Wir führen in m abzählbar viele Relationen R_n ein durch die Definitionen:

$$R_n u_1 \ldots u_n u \longleftrightarrow u \subset u_1 \cup \ldots \cup u_n \quad (n = 2, \ldots). \tag{7.3}$$

(Man könnte übrigens im folgenden mit der Relation R_2 auskommen; vgl. Aufgabe 7.5.)

Jedem Element $a \in V$ ordnen wir die Menge $\varphi(a)$ der in a enthaltenen unzugänglichen Elemente von V zu. Wir wollen zeigen, daß diese Zuordnung einen Isomorphismus zwischen V und dem Verband der gegenüber allen R_n abgeschlossenen Teilmengen von m herstellt. Nach §4 genügt es hierzu, zu zeigen: (a) φ ist umkehrbar eindeutig. (b) $\varphi(a \cap b) = \varphi(a) \cap \varphi(b)$. (c) Für jedes a ist $\varphi(a)$ eine abgeschlossene Teilmenge von m. (d) Zu jeder abgeschlossenen Teilmenge m' von m gibt es ein $a \in V$, so daß $\varphi(a) = m'$. Im folgenden soll der Buchstabe „u" stets ein unzugängliches Element von V andeuten.

(a) Nach (2) ist $a \in V$ als Vereinigung von unzugänglichen Elementen darstellbar. Diese Elemente müssen natürlich in a enthalten sein. Ist nun m' die Menge *aller* in a enthaltenen unzugänglichen Elemente, so gilt a fortiori $a = \bigcup m'$, also $a = \bigcup \varphi(a)$. Jetzt folgt aus $\varphi(a) = \varphi(b)$, daß $a = \bigcup \varphi(a) = \bigcup \varphi(b) = b$.

(b) Der rechtsseitige Durchschnitt ist mengentheoretisch zu bilden. Es ist also zu zeigen, daß ein beliebiges u genau dann in $a \cap b$ enthalten ist, wenn es sowohl in a, als auch in b enthalten ist. Dies gilt sogar für *jedes* Verbandselement u.

(c) Um die Abgeschlossenheit von $\varphi(a)$ in bezug auf R_n zu zeigen, setzen wir voraus, daß $u_1, \ldots, u_n$ Elemente von $\varphi(a)$ sind, und daß die Relation $R_n u_1 \ldots u_n u$ besteht. Dann gilt $u \subset u_1 \cup \ldots \cup u_n \subset a$. u liegt also auch in $\varphi(a)$.

(d) Wir setzen $a = \bigcup m'$ und wollen zeigen, daß $\varphi(a) = m'$. Sicherlich ist jedes Element von m' in $\bigcup m'$ enthalten, also $m' \subset \varphi(a)$. Um die umgekehrte Inklusion nachzuweisen, betrachten wir alle (verbandstheoretischen) Vereinigungen von je endlich vielen Elementen aus m'. y_ϱ durchlaufe die Menge dieser Vereinigungen. Die y_ϱ bilden eine gerichtete Menge, denn aus $y_{\varrho_1} = \bigcup e_1$, $y_{\varrho_2} = \bigcup e_2$ folgt, daß sowohl y_{ϱ_1} als auch y_{ϱ_2} in der Vereinigung der (mengentheoretischen) Vereinigung von e_1 und e_2 enthalten sind. Jedes Element von m' ist in einem y_ϱ, also in $\bigcup y_\varrho$ enthalten, und damit hat man $\bigcup m' \subset \bigcup y_\varrho$ (es ist sogar $\bigcup m' = \bigcup y_\varrho$). Wir haben noch zu zeigen, daß $\varphi(\bigcup m') \subset m'$, mit anderen Worten, daß jedes in $\bigcup m'$ enthaltene u ein Element von m' ist. Für $u \subset \bigcup m'$ gilt $u \subset \bigcup y_\varrho$, also $u = u \frown \bigcup y_\varrho = \bigcup (u \frown y_\varrho)$ wegen (1). Man überzeugt sich sofort davon, daß die $u \frown y_\varrho$ ebenso wie die y_ϱ eine gerichtete Menge bilden. Damit folgt aus der letzten Gleichung $u = u \frown y_\varrho$ für einen geeignet gewählten Index ϱ. Für dieses ϱ gilt dann $u \subset y_\varrho$. Nun ist aber definitionsgemäß $y_\varrho = u_1 \smile \cdots \smile u_n$ mit Elementen $u_1, \cdots, u_n \in m'$. Jetzt kann man aber aus der Abgeschlossenheit von m' in bezug auf R_n unmittelbar schließen, daß $u \in m'$, was zu beweisen war.

Korollar. Die im letzten Satz formulierten Bedingungen (1), (2) charakterisieren die Teilalgebrenverbände von Algebren.

Aufgaben. 7.1. Man beweise ausführlich, daß die Ideale eines Ringes r einen vollständigen $\frown$-Teilbund von $\mathfrak{P}(r)$ bilden. Ebenso zeige man die Gültigkeit der übrigen Behauptungen am Schlusse von Beispiel 7.1.

7.2. Man definiere mit Hilfe der Operationen einer Algebra m einen Endomorphismus τ von $\mathfrak{P}(m)$, so daß die Teilalgebren von m mit den gegenüber τ abgeschlossenen Teilmengen von m übereinstimmen.

7.3. Man beweise, daß im Verbande A aller Teilalgebren einer Algebra m die unzugänglichen Elemente übereinstimmen mit den Teilalgebren, die endlich viele Erzeugenden besitzen.

7.4. Man gebe ein Beispiel für einen Verband mit unzugänglichen Elementen u_1, u_2, so daß $u_1 \smile u_2$ zugänglich ist.

7.5. V sei ein vollständiger Verband, R eine (nach oben) gerichtete Indexmenge. Eine Abbildung von R in V heiße eine R-Folge. $\varrho \in R$ werde dabei auf a_ϱ abgebildet. Eine solche Folge $\{a_\varrho\}_{\varrho \in R}$ heißt gegen a konvergent, kurz: $\lim a_\varrho = a$, wenn $a = \bigcap_{\varrho \in R} \bigcup_{\varrho \subset \lambda} a_\lambda = \bigcup_{\varrho \in R} \bigcap_{\varrho \subset \lambda} a_\lambda$. Seien R und S gerichtet. Dann sei $R \times S$ die gerichtete Menge, welche aus den geordneten Paaren $\langle r, s\rangle$ mit $r \in R$ und $s \in S$ besteht, und für welche $\langle \varrho_1, \sigma_1\rangle \subset \langle \varrho_2, \sigma_2\rangle$ genau dann, wenn $\varrho_1 \subset \varrho_2$ und $\sigma_1 \subset \sigma_2$. Aus den Folgen $\{a_\varrho\}_{\varrho\in R}$ und $\{b_\sigma\}_{\sigma \in S}$ kann man die Folgen $\{a_\varrho \frown b_\sigma\}_{\langle\varrho,\sigma\rangle \in R\times S}$ und $\{a_\varrho \smile b_\sigma\}_{\langle\varrho,\sigma\rangle\in R\times S}$ bilden. Man zeige: (a) Ist V nach oben (unten) stetig, so folgt $\lim (a_\varrho \frown b_\sigma) = a \frown b$ ($\lim (a_\varrho \smile b_\sigma) = a \smile b$) aus $\lim a_\varrho = a$ und $\lim b_\sigma = b$. (b) Ist V der in Beispiel 6.3 eingeführte Verband $\bar{R}$ der reellen Zahlen, so stimmt die oben eingeführte Konvergenz mit der in der Analysis üblichen überein (wobei auch Konvergenz gegen $\pm\infty$ zugelassen ist).

Zweites Kapitel.

Die einfachsten Verbandsklassen.

In diesem Kapitel sollen die wichtigsten Verbandsklassen definiert und einige ihrer einfachsten Eigenschaften abgeleitet werden. Das genauere Studium der modularen und distributiven Verbände ist späteren Kapiteln vorbehalten.

§ 8. Distributive und modulare Verbände.

In vielen Verbänden gelten außer den grundlegenden in § 1 angegebenen Verbandsgesetzen weitere Identitäten, von denen die wichtigsten die distributiven Gesetze, und als Abschwächung der distributiven Gesetze das modulare Gesetz sind.

Definition. Ein Verband V heißt *distributiv*, wenn für beliebige a, b, c aus V gelten:

Die beiden *distributiven Gesetze*:

$$(D_\frown) \qquad a \frown (b \smile c) = (a \frown b) \smile (a \frown c),$$

$$(D_\smile) \qquad a \smile (b \frown c) = (a \smile b) \frown (a \smile c).$$

Im Gegensatz zur üblichen Algebra (Ringtheorie) gelten hier distributive Gesetze für *beide* Operationen. $(D_\frown)$ und $(D_\smile)$ erlauben es, einen „Faktor“ von links her auf die Glieder einer Klammer zu verteilen. Wegen der kommutativen Gesetze kann man die distributiven Gesetze natürlich auch auf einen rechts stehenden Faktor anwenden.

Ein Verband ist schon dann distributiv, wenn *nur eins* der beiden Gesetze $(D_\frown)$, $(D_\smile)$ gilt. Es genügt zu zeigen, daß $(D_\smile)$ aus $(D_\frown)$ folgt, da die Umkehrung hierzu dual ist. Wendet man zweimal $(D_\frown)$ an, so ergibt sich:

$$\begin{aligned}(a \smile b) \frown (a \smile c) &= [(a \smile b) \frown a] \smile [(a \smile b) \frown c]\\ &= a \smile [(a \smile b) \frown c]\\ &= a \smile [(a \frown c) \smile (b \frown c)]\\ &= [a \smile (a \frown c)] \smile (b \frown c)\\ &= a \smile (b \frown c).\end{aligned}$$

Die Distributivität folgt schon aus jeder der beiden nachstehenden abgeschwächten Forderungen:

$$(D'_\frown) \quad a \frown (b \smile c) \subset (a \frown b) \smile (a \frown c), \quad (D'_\smile) \quad (a \smile b) \frown (a \smile c) \subset a \smile (b \frown c).$$

Die umgekehrten Inklusionen gelten nämlich in beliebigen Verbänden. Zum Beispiel ist sowohl $a \frown b$, als auch $a \frown c$ in a und in $b \smile c$ enthalten, woraus sich sofort mit Hilfe von (3.4) ergibt, daß $(a \frown b) \smile (a \frown c) \subset a \frown (b \smile c)$.

Man kann die distributiven Verbände auch charakterisieren durch die selbstduale Gleichung:

$$(D) \qquad (a \frown b) \smile (b \frown c) \smile (c \frown a) = (a \smile b) \frown (b \smile c) \frown (c \smile a).$$

In *jedem Verband ist die linke Seite von* (D) *in der rechten enthalten*, da z. B. $a \frown b$ in jeder der drei rechts stehenden Komponenten enthalten ist, so daß man (D) auch abschwächen kann zu

$$(D') \qquad (a \smile b) \frown (b \smile c) \frown (c \smile a) \subset (a \frown b) \smile (b \frown c) \smile (c \frown a).$$

Wir zeigen zunächst, daß (D) aus ($D_\frown$) folgt:

$$\begin{aligned}[(a \cup b) \cap (b \cup c)] \cap (c \cup a) &= [(a \cup b) \cap (b \cup c) \cap c] \cup [(a \cup b) \cap (b \cup c) \cap a \\ &= [(a \cup b) \cap c] \cup [a \cap (b \cup c)] \\ &= [(a \cap c) \cup (b \cap c)] \cup [(a \cap b) \cup (a \cap c)] \\ &= (a \cap b) \cup (b \cap c) \cup (c \cap a).\end{aligned}$$

Es genügt nun, aus (D) die Forderung ($D_\smile$) herzuleiten. Man setze in (D) $a = (A \cup B) \cap (A \cup C)$, $b = B \cup C$, $c = A$. Dann ergibt sich für die *linke Seite von* (D):

$$[(A \cup B) \cap (A \cup C) \cap (B \cup C)] \cup [(B \cup C) \cap A] \cup [A \cap (A \cup B) \cap (A \cup C)].$$

Hier kann man mehrfach das Verschmelzungsgesetz ($V_\frown$) anwenden und erhält:

$$[(A \cup B) \cap (B \cup C) \cap (C \cup A)] \cup A.$$

Rechnet man jetzt die eckige Klammer nach (D) um, so ergibt sich mit ($V_\smile$):

$$A \cup (B \cap C). \qquad (*)$$

Aus der *rechten Seite von* (D) entsteht nach der Einsetzung:

$$\begin{aligned}&[((A \cup B) \cap (A \cup C)) \cup (B \cup C)] \cap [(B \cup C) \cup A] \cap [A \cup ((A \cup B) \cap (A \cup C))] \\ &= [((A \cup B) \cap (A \cup C)) \cup (B \cup C)] \cap [A \cup B \cup C] \cap [(A \cup B) \cap (A \cup C)] \\ &= [((A \cup B) \cap (A \cup C)) \cup (B \cup C)] \cap [(A \cup B) \cap (A \cup C)] \\ &= (A \cup B) \cap (A \cup C). \qquad (**)\end{aligned}$$

Damit hat man das distributive Gesetz ($D_\smile$).

($D_\frown$) und ($D_\smile$) sind zueinander dual. Mit derselben Begründung wie bei allgemeinen Verbänden folgt hieraus, daß *für die distributiven Verbände das Dualitätsprinzip gilt.* Der zu einem distributiven Verband duale Verband ist distributiv. Aus der Tatsache, daß man die distributiven Verbände durch Gleichungen charakterisieren kann, kann man schließen (vgl. den *Anhang*): Ein Teilverband (nicht: Teilbund!) eines distributiven Verbandes ist wieder distributiv; ebenso ein $\cap, \cup$-homomorphes Bild, sowie das direkte Produkt distributiver Verbände. Mit V_1 und V_2 ist auch die Summe $V_1 + V_2$ distributiv (vgl. Aufgabe 3.7): Wir zeigen, daß für beliebige a, b, c die Behauptung (D) gilt. Da V_1 und V_2 nach Voraussetzung distributiv sind, und da (D) symmetrisch in a, b, c ist, braucht man nur zwei Fälle zu betrachten: (1) $a, b \in V_1$, $c \in V_2$, und (2) $a \in V_1$, $b, c \in V_2$. Im ersten Falle gilt $a \subset c$, $b \subset c$, woraus man schließt, daß beide Seiten von (D) gleich $a \cup b$ sind. Im zweiten Falle sind beide Seiten von (D) gleich $b \cap c$.

Beispiel 8.1. *Der Verband $\mathfrak{P}(m)$ aller Teilmengen einer festen Menge m ist distributiv.* Das beruht auf der Gültigkeit der distributiven Gesetze für die aussagenlogischen Verknüpfungen *und* und *oder*. Will man für $\mathfrak{P}(m)$ z. B. $(D_\frown)$ beweisen, so hat man zu zeigen, daß die beiden Mengen $a \frown (b \smile c)$ und $(a \frown b) \smile (a \frown c)$ dieselben Elemente enthalten. Dies ergibt sich so:

$$\begin{aligned} \xi \in a \frown (b \smile c) &\longleftrightarrow \xi \in a \wedge \xi \in b \smile c \\ &\longleftrightarrow \xi \in a \wedge (\xi \in b \vee \xi \in c) \\ &\longleftrightarrow (\xi \in a \wedge \xi \in b) \vee (\xi \in a \wedge \xi \in c) \\ &\longleftrightarrow \xi \in a \frown b \vee \xi \in a \frown c \\ &\longleftrightarrow \xi \in (a \frown b) \smile (a \frown c). \end{aligned}$$

Beispiel 8.2. *Jede Kette ist distributiv* (vgl. § 2). Dann gilt nämlich immer $b \subset c$ bzw. $c \subset b$, und damit sind beide Seiten von $(D'_\frown)$ gleich $a \frown c$ bzw. $a \frown b$.

Beispiel 8.3. In Abb. 3.1 werden die Verbände mit kleinen Elementezahlen vollständig aufgezählt. Wir betrachten hier die Verbände mit weniger als sechs Elementen. $\alpha_1, \alpha_2, \alpha_3, \alpha_4, \alpha_5$ sind nach dem vorangehenden Beispiel als Ketten distributiv. Daraus folgt die Distributivität von $\beta_4 = \alpha_2 \times \alpha_2$, $\delta_5 = \beta_4 + \alpha_1$, $\varepsilon_5 = \alpha_1 + \beta_4$. Die beiden restlichen Verbände, die wir auch in Abb. 8.1 wiedergeben, sind nicht distributiv, also *die einzigen nichtdistributiven Verbände mit weniger als 6 Elementen.*

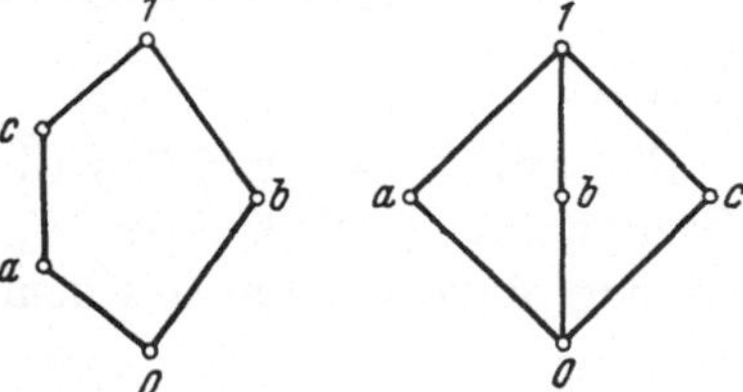

A: Der kleinste nichtmodulare Verband. B: Der kleinste modulare nichtdistributive Verband.

Abb. 8.1. Die kleinsten nichtdistributiven Verbände.

In beiden Fällen ist $a \smile (b \frown c) = a \neq (a \smile b) \frown (a \smile c)$.

Viele wichtige nichtdistributive Verbände genügen der abgeschwächten Forderung, die entsteht, wenn man $(D_\smile)$ nur unter der Voraussetzung $a \subset c$ verlangt. Dann kann man die rechte Seite von $(D_\smile)$ vereinfachen zu $(a \smile b) \frown c$.

Definition. Ein Verband V heißt *modular*, wenn für beliebige a, b, c aus V gilt:

Das *modulare Gesetz*:

(M) *Wenn* $a \subset c$, *so* $a \smile (b \frown c) = (a \smile b) \frown c$.

Jeder distributive Verband ist also modular.

Wie bei distributiven Verbänden kann man die Forderung (M) abschwächen zu

(M′) Wenn $a \subset c$, so $(a \smile b) \frown c \subset a \smile (b \frown c)$,

da die umgekehrte Inklusion generell in Verbänden gilt.

Die Forderung, daß $(D_\frown)$ unter der Voraussetzung $c \subset a$ gelten soll:

(M*) Wenn $c \subset a$, so $a \frown (b \smile c) = (a \frown b) \smile c$,

ist mit (M) gleichbedeutend.

(M) ist also zu sich selbst dual. Daher gilt auch *für die modularen Verbände das Dualitätsprinzip*. Der zu einem modularen Verband duale Verband ist modular. Auch die modularen Verbände kann man durch Gleichungen charakterisieren. Es gilt nämlich:

Ein Verband ist genau dann modular, wenn für ihn das Gesetz gilt:

$$a \cup (b \cap (a \cup c)) = (a \cup b) \cap (a \cup c). \tag{8.1}$$

Wegen $a \subset a \cup c$ ergibt sich (8.1) aus (M). Umgekehrt kann man unter der Voraussetzung $a \subset c$ in (8.1) $a \cup c$ durch c ersetzen und erhält so (M).

Aus dieser Bemerkung folgt wie bei den distributiven Verbänden, daß jeder Teilverband eines modularen Verbandes modular ist; ebenso ein $\cup$, $\cap$-homomorphes Bild, sowie das direkte Produkt modularer Verbände. Mit V_1 und V_2 ist auch die Summe $V_1 + V_2$ modular. Man braucht zum Nachweis von (M) nur die beiden Fälle zu betrachten: (1) $a, b \in V_1$, $c \in V_2$; (2) $a \in V_1$, $b, c \in V_2$. Die beiden Seiten der Gleichung (M) sind im ersten Fall gleich $a \cup b$, im zweiten Falle gleich $b \cap c$.

Beispiel 8.4. In § 7 wird gezeigt, daß die Untergruppen einer Gruppe einen (vollständigen) Verband bilden, in dem die Durchschnittsbildung übereinstimmt mit dem mengentheoretischen Durchschnitt. In

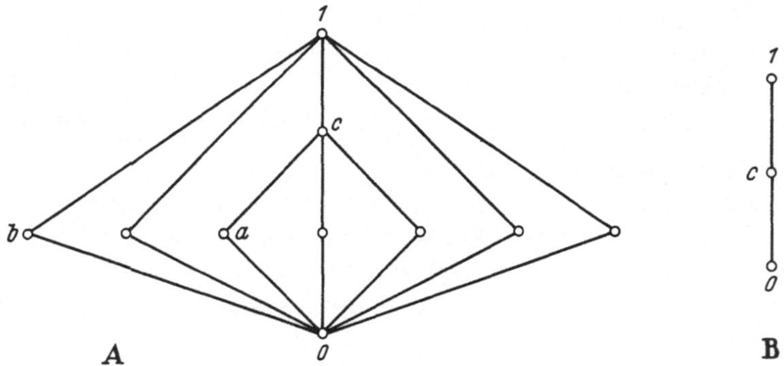

Abb. 8.2. Untergruppen der alternierenden Gruppe $\mathfrak{A}_4$. A: Verband der Untergruppen von $\mathfrak{A}_4$. B: Verband der Normalteiler von $\mathfrak{A}_4$. $1 = \mathfrak{A}_4$; $0 = \{E\}$ (E = identische Permutation); $a = \{E, (1\,2)\,(3\,4)\}$; $b = \{E, (1\,2\,3), (1\,3\,2)\}$; $c = \{E, (1\,2)\,(3\,4), (1\,3)\,(2\,4), (1\,4)\,(2\,3)\}$ (Kleinsche Vierergruppe)

Abb. 8.2 A ist als Beispiel dargestellt der Verband der Untergruppen der aus den geraden Permutationen der vier Elemente 1, 2, 3, 4 bestehenden alternierenden Gruppe $\mathfrak{A}_4$, wobei die Normalteiler besonders hervorgehoben sind. Es ist $a \subset c$, aber $a \cup (b \cap c) = a \neq c = (a \cup b) \cap c$; der Verband der Untergruppen ist also nicht modular. Dagegen ist der in Abb. 8.2 B dargestellte Verband der Normalteiler von $\mathfrak{A}_4$ modular. Wie in diesem Beispiel gilt allgemein der

Satz. *Der Verband der Normalteiler einer Gruppe ist modular.*

Beweis. In der Gruppentheorie wird gezeigt, daß für Normalteiler a und b der Komplex ab, der aus allen Produkten $\alpha \cdot \beta$ mit $\alpha \in a, \beta \in b$ besteht, der kleinste a und b umfassende Normalteiler ist. Also gilt $a \cup b = ab$. Zum Nachweis von (M′) setzen wir voraus, daß $a \subset c$. Sei $\gamma \in (ab) \cap c$, also $\gamma \in ab$ und $\gamma \in c$. Aus $\gamma \in ab$ folgt die Darstellung $\gamma = \alpha\beta$ mit $\alpha \in a$, $\beta \in b$. Wegen $a \subset c$ liegt α in c, und damit auch β in c, wegen $\beta = \alpha^{-1}\gamma$. β liegt also in $b \cap c$, und somit $\gamma = \alpha\beta$ in $a \cdot (b \cap c)$, was zu beweisen war.

Wichtige Sätze über Normalteiler in Gruppen sind verbandstheoretischer Natur und beruhen auf der soeben bewiesenen Eigenschaft der Normalteiler, einen modularen Verband zu bilden. Vgl. hierzu § 18, wo diese Untersuchungen in einem allgemeineren Zusammenhang durchgeführt werden.

Beispiel 8.5. In Beispiel 8.3 haben wir festgestellt, daß die beiden in Abb. 8.1 wiedergegebenen Verbände die einzigen nichtdistributiven Verbände mit weniger als sechs Elementen sind. Durch Ausrechnen kann man leicht zeigen, daß der Verband Abb. 8.1 B modular ist. Dagegen gilt in Abb. 8.1 A $a \subset c$, aber $a \cup (b \cap c) = a \neq c = (a \cup b) \cap c$; dieser Verband ist also nicht modular. Der in Abb. 8.1 A dargestellte Verband ist also *der einzige nichtmodulare Verband mit weniger als sechs Elementen.*

Für die beiden folgenden Sätze gelten auch die Umkehrungen, die wir im nächsten Paragraphen beweisen werden.

Satz. In einem distributiven Verband gilt:

$$\textit{Wenn } a \cap x = a \cap y \textit{ und } a \cup x = a \cup y, \textit{ so } x = y. \tag{8.2}$$

Beweis:

$$\begin{aligned} x &= x \cup (a \cap x) \\ &= x \cup (a \cap y) \\ &= (x \cup a) \cap (x \cup y) \\ &= (a \cup y) \cap (x \cup y) \\ &= (a \cap x) \cup y \\ &= (a \cap y) \cup y \\ &= y. \end{aligned}$$

Satz. In einem modularen Verband gilt:

$$\textit{Wenn } a \cap x = a \cap y \textit{ und } a \cup x = a \cup y, \textit{ sowie } x \subset y, \textit{ so } x = y. \tag{8.3}$$

Beweis:

$$x = x \cup (a \cap x) = x \cup (a \cap y) = (x \cup a) \cap y = (a \cup y) \cap y = y.$$

Aufgaben. 8.1. Man zeige ausführlich die Modularität des Verbandes Abb. 8.1 B.

8.2. Man prüfe die in Abb. 3.1 dargestellten Verbände auf Modularität und Distributivität (vgl. Beispiel 8.3).

8.3. Adjungiert man zu einem distributiven Verband neue Elemente als Null- bzw. Einselement, so bleibt der entstehende Verband distributiv (vgl. Aufgabe 3.7).

8.4. Man zeige, daß die Menge der natürlichen Zahlen 1, 2, 3, ... einen distributiven Verband bildet, wenn man festsetzt, daß $x \subset y$ genau dann gelten soll, wenn x ein Teiler von y ist. Insbesondere beweise man, daß $x \cap y = \text{g. g. T.}\ (x, y)$ und $x \cup y = \text{k. g. V.}\ (x, y)$. (Vgl. Beispiel 2.2.)

§ 9. Charakterisierung der modularen und distributiven Verbände durch ihre Teilverbände.

Im vorangehenden Paragraphen wurde gezeigt, daß der in Abb. 8.1 A dargestellte Verband der einzige nichtmodulare, und der in Abb. 8.1 B dargestellte Verband der einzige modulare und nichtdistributive Verband mit weniger als sechs Elementen ist. Diese Verbände kann man zu einer generellen Charakterisierung der modularen bzw. distributiven Verbände verwenden, die in vielen Fällen die Feststellung dieser Eigenschaften erleichtert.

Satz 9.1. Ein Verband V ist genau dann nicht modular, wenn V einen Teilverband besitzt, der isomorph ist zu dem in Abb. 8.1 A dargestellten Verband.

Satz 9.2. Ein modularer Verband V ist genau dann nicht distributiv, wenn V einen Teilverband besitzt, der isomorph ist zu dem in Abb. 8.1 B dargestellten Verband.

Satz 9.3. Ein Verband V ist genau dann nicht distributiv, wenn V einen Teilverband besitzt, der isomorph ist zu einem der in Abb. 8.1 dargestellten Verbände.

Satz 9.3. ist eine Folge der beiden ersten Sätze. Daß die in Satz 9.1 angegebene Eigenschaft hinreichend ist für die Nichtmodularität, folgt unmittelbar daraus, daß ein Teilverband eines modularen Verbandes wieder modular ist. Das Analoge gilt für Satz 9.2. Es bleibt zu zeigen:

(a) *Ein nichtmodularer Verband V besitzt einen zu Abb. 8.1 A isomorphen Teilverband V_0.*

Seien a, b, c Elemente aus V mit $a \subset c$ und $a \cup (b \cap c) \subsetneq (a \cup b) \cap c$. Man setze:

$$A = a \cup (b \cap c), \quad B = b, \quad C = (a \cup b) \cap c, \quad D = b \cap c, \; E = a \cup b.$$

Man verifiziert sofort: $D \subset A \subset C \subset E$ und $D \subset B \subset E$. Es ist $C \cap B = D$, also auch $A \cap B = D$. Endlich ist $A \cup B = E$, also auch $C \cup B = E$. Aus den angegebenen Beziehungen folgt unmittelbar, daß die Menge der Elemente A, B, C, D, E gegenüber den Operationen $\cap$ und $\cup$ abgeschlossen ist, also einen höchstens fünfelementigen Teilverband V_0

von V bildet. V_0 ist nicht modular, da zwar $A \subset C$, aber $A \cup (B \cap C) = A \neq C = (A \cup B) \cap C$. Nach Beispiel 8.5 ist V_0 isomorph zu dem in Abb. 8.1A dargestellten Verband. (Insbesondere folgt aus dieser Überlegung, daß die Elemente A, B, C, D, E paarweise verschieden sind.)

(b) *Ein modularer, aber nichtdistributiver Verband V besitzt einen zu Abb. 8.1B isomorphen Teilverband V_0.*

Nach § 8 gibt es in V Elemente a, b, c, so daß

$$(a \cap b) \cup (b \cap c) \cup (c \cap a) \subsetneq (a \cup b) \cap (b \cup c) \cap (c \cup a). \qquad (9.1)$$

Wir führen abkürzende Bezeichnungen ein:

$$l = (a \cap b) \cup (b \cap c) \cup (c \cap a), \quad r = (a \cup b) \cap (b \cup c) \cap (c \cup a), \qquad (9.2)$$

$$x = (a \cap r) \cup l, \quad y = (b \cap r) \cup l, \quad z = (c \cap r) \cup l. \qquad (9.3)$$

Es ist $a \cap r = a \cap (a \cup b) \cap (b \cup c) \cap (c \cup a) = a \cap (b \cup c)$. Hieraus und aus den entsprechenden Behauptungen für b und c folgt:

$$x = \big(a \cap (b \cup c)\big) \cup l, \; y = \big(b \cap (c \cup a)\big) \cup l, \; z = \big(c \cap (a \cup b)\big) \cup l. \qquad (9.4)$$

Mit zweimaliger Anwendung des modularen Gesetzes ergibt sich:

$$\begin{aligned} x \cup y &= [\big(a \cap (b \cup c)\big) \cup \big(b \cap (c \cup a)\big)] \cup l \\ &= [\big((a \cap (b \cup c)) \cup b\big) \cap (c \cup a)] \cup l \quad \big(\text{wegen } a \cap (b \cup c) \subset c \cup a\big) \\ &= [\big(b \cup (a \cap (b \cup c))\big) \cap (c \cup a)] \cup l \\ &= [\big((b \cup a) \cap (b \cup c)\big) \cap (c \cup a)] \cup l \quad (\text{wegen } b \subset b \cup c) \\ &= r \cup l = r. \end{aligned}$$

Man hat also:

$$x \cup y = y \cup z = z \cup x = r. \qquad (9.5)$$

Wegen $l \subset r$ folgt mit Hilfe des modularen Gesetzes die Beziehung: $x = (a \cap r) \cup l = l \cup (a \cap r) = (l \cup a) \cap r$. Damit hat man die Darstellungen:

$$x = (a \cup l) \cap r, \quad y = (b \cup l) \cap r, \quad z = (c \cup l) \cap r. \qquad (9.6)$$

Die Voraussetzung (9.1) ist zu sich selbst dual. Daher gilt mit (9.4) auch die zu (9.4) duale Aussage. Bei der Dualisierung sind natürlich l und r durch ihre Definitionen zu ersetzen. Nach (9.2) geht bei Dualisierung l in r über, und umgekehrt. Nach (9.3) geht bei Dualisierung x über in $(a \cup l) \cap r$, und dies ist nach (9.6) gleich x. Bei Dualisierung bleiben also x, y, z erhalten. Damit ergibt sich die zu (9.5) duale Aussage

$$x \cap y = y \cap z = z \cap x = l. \qquad (9.7)$$

Aus (9.5) und (9.7) folgt, daß die Menge der Elemente l, x, y, z, r gegenüber den Operationen $\cap$ und $\cup$ abgeschlossen ist, also einen höchstens fünfelementigen Teilverband V_0 von V bildet. V_0 ist als Teilverband von V modular. V_0 ist aber nicht distributiv, da

$$(x \frown y) \smile (y \frown z) \smile (z \frown x) = l \neq r = (x \smile y) \frown (y \smile z) \frown (z \smile x).$$

Nach den Beispielen 8.3 und 8.5 ist V_0 isomorph zu den im Abb. 8.1B dargestellten Verband.

Wir zeigen jetzt die Umkehrung der beiden Sätze des letzten Paragraphen.

Satz 9.4. Gilt für beliebige Elemente a, x, y eines Verbandes V:

Wenn $a \frown x = a \frown y$ *und* $a \smile x = a \smile y$, *so* $x = y$,

so ist V distributiv.

Beweis: Wäre V nicht distributiv, so hätte V einen Teilverband, der isomorph wäre zu einem der in Abb. 8 dargestellten Verbände. In beiden Fällen gilt $c \frown a = c \frown b = 0$, $c \smile a = c \smile b = 1$, aber es ist $a \neq b$.

Satz 9.5. Gilt für beliebige Elemente eines Verbandes V:

Wenn $a \frown x = a \frown y$ *und* $a \smile x = a \smile y$, *sowie* $x \subset y$, *so* $x = y$,

so ist V modular.

Beweis: Wäre V nicht modular, so hätte V einen zu dem in Abb. 8A dargestellten Verbande isomorphen Teilverband. Dort gilt $c \frown a = c \frown b = 0$, $c \smile a = c \smile b = 1$, $a \subset b$, aber es ist $a \neq b$.

§10. Komplementäre Verbände, Boolesche Algebren.

In der Mengenlehre spielt die Bildung von Komplementärmengen eine große Rolle. Der Komplementbegriff läßt sich ohne weiteres auf beliebige Verbände übertragen.

Definition. V sei ein Verband mit 0 und 1. Dann heißt das Element y *ein Komplement von* x. wenn zugleich gilt:

$$x \frown y = 0, \qquad x \smile y = 1. \tag{10.1}$$

V heißt *komplementär*, wenn jedes x wenigstens ein Komplement y besitzt.

Ist y ein Komplement von x, so ist auch umgekehrt x ein Komplement von y. 0 ist Komplement von 1 und umgekehrt. Ein Element x braucht kein Komplement zu haben. So besitzt ein von 0 und 1 verschiedenes Element x einer Kette kein Komplement, denn aus $x \frown y = 0$ folgt dann $y = 0$, also $x \smile y = x \neq 1$. Die in Abb. 8.1 dargestellten Verbände sind komplementär. In beiden sind a und b Komplemente von c. Das zeigt, daß die Komplemente im allgemeinen nicht eindeutig bestimmt sind.

Die Forderung, daß V die Elemente 0 und 1 enthalten soll und daß jedes Element von V ein Komplement besitzt, ist selbstdual. Daher *gilt in komplementären Verbänden das Dualitätsprinzip.*

Es ist zweckmäßig, neben dem soeben eingeführten „absoluten" Komplementbegriff noch relative Komplementbegriffe zu betrachten.

Definition. V sei ein beliebiger Verband. a und b seien Elemente aus V mit $a \subset b$. Dann heißt y *ein relatives Komplement von* x in bezug auf a und b, wenn

$$x \frown y = a, \qquad x \smile y = b \tag{10.2}$$

Diese Gleichungen können offenbar nur dann gelten, wenn x und y zwischen a und b liegen. V heißt *relativ komplementär*, wenn für beliebige $a, b \in V$ mit $a \subset b$ jedes zwischen a und b gelegene x ein relatives Komplement y in bezug auf a und b besitzt. Ein Verband V ist also genau dann relativ komplementär, wenn jeder Zwischenverband b/a von V komplementär ist. Wir wollen ferner einen Verband mit Nullelement *abschnittskomplementär* nennen, wenn jeder Zwischenverband $b/0$ komplementär ist.

In relativ komplementären Verbänden gilt das Dualitätsprinzip, da die Forderung der relativen Komplementarität zu sich selbst dual ist.

Ein relativ komplementärer Verband mit Nullelement ist abschnittskomplementär, ein abschnittskomplementärer Verband mit Einselement ist komplementär. Die Umkehrungen gelten aber nicht allgemein. Der in Abb. 8.1 A dargestellte komplementäre Verband hat den nichtkomplementären Abschnitt $b/0$. Der abschnittskomplementäre Verband Abb. 3.1 v_6 ist nicht relativ komplementär, da er eine dreielementige Kette als Teilverband besitzt. Dagegen gilt für *modulare* Verbände der

Satz 10.1. Ein komplementärer modularer Verband V ist abschnittskomplementär. Ein abschnittskomplementärer modularer Verband ist relativ komplementär. Insbesondere ist also *jeder komplementäre modulare Verband relativ komplementär.*

Beweis. (1) Sei V modular und komplementär, und sei $x \subset b$. Sei y ein Komplement von x in V. Dann ist $y \frown b$ ein Komplement von x in $b/0$. Denn es gilt $x \frown (y \frown b) = (x \frown y) \frown b = 0 \frown b = 0$, und wegen des modularen Gesetzes $x \smile (y \frown b) = (x \smile y) \frown b = 1 \frown b = b$. (2) Sei V modular und abschnittskomplementär, und sei $a \subset x \subset b$. Sei y ein Komplement von x in $b/0$. Dann ist $y \smile a$ ein Komplement von x in b/a. Denn es gilt $x \smile (y \smile a) = (x \smile y) \smile a = b \smile a = b$, und endlich wegen des modularen Gesetzes $x \frown (y \smile a) = (y \frown x) \smile a = 0 \smile a = a$.

Aus dem Beweis ergibt sich: Ist y ein Komplement von x in einem modularen Verband, und gilt $a \subset x \subset b$, so ist $(y \frown b) \smile a$ ein relatives Komplement von x in b/a.

Schon oben haben wir festgestellt, daß in einem modularen Verband, z. B. in dem Verband, der in Abb. 8.1 A dargestellt ist, die Komplemente nicht eindeutig zu sein brauchen. Es gilt jedoch der

Satz 10.2. *In einem distributiven Verband hat ein Element höchstens ein Komplement.*

Beweis. y_1 und y_2 seien Komplemente von x. Dann hat man

$$x \frown y_1 = x \frown y_2 \ (= 0),$$

$$x \smile y_1 = x \smile y_2 \ (= 1),$$

woraus nach einem Satz in § 8 $y_1 = y_2$ geschlossen werden kann.

Aus Satz 10.2 folgt, daß auch die relativen Komplemente in einem distributiven Verband eindeutig bestimmt sind, da ein Zwischenverband eines distributiven Verbandes wieder distributiv ist. Dieses Ergebnis läßt sich umkehren. Wir haben also den

Satz 10.3. Ein Verband V ist genau dann distributiv, wenn in V die relativen Komplemente eindeutig bestimmt sind[1].

Wir brauchen nur zu zeigen, daß es in einem nichtdistributiven Verband wenigstens einen Zwischenverband und ein Element dieses Zwischenverbandes gibt, das in diesem wenigstens zwei Komplemente besitzt. Nun hat aber, wie wir in § 9 gesehen haben, jeder nichtdistributive Verband wenigstens einen der beiden in Abb. 8.1 dargestellten Verbände als Teilverband. In beiden ist aber die Komplementbildung nicht eindeutig. Sie ist es infolgedessen auch nicht für den Zwischenverband von V, der durch das kleinste und größte Element eines solchen Teilverbandes erzeugt wird.

Die komplementären distributiven Verbände sind schon frühzeitig untersucht worden. Ihrer Wichtigkeit wegen hat man sie besonders benannt.

Definition. Ein komplementärer distributiver Verband heißt ein Booleſcher *Verband* oder eine Booleſche *Algebra*. Ein relativ komplementärer distributiver Verband heißt ein *verallgemeinerter* Booleſcher *Verband.*

Ein Boolescher Verband ist auch ein verallgemeinerter Boolescher Verband, wie sich aus Satz 10.1 ergibt. Komplemente und relative Komplemente sind eindeutig bestimmt. Es ist üblich, in einem Booleschen Verband *a' für das Komplement von a* zu schreiben.

Die Booleschen Verbände werden im Kapitel IV genauer untersucht. Hier ziehen wir nur einige einfache Folgerungen aus der Definition.

[1] Das heißt, wenn für alle $a, b \in V$ jedes Element x mit $a \subset x \subset b$ höchstens ein relatives Komplement in b/a hat.

Satz 10.4. In einem BOOLEschen Verband gilt:

(a) $0' = 1$, $1' = 0$,

(b) $x'' = x$,

(c) $x = y \leftrightarrow x' = y'$,

(d) $(x \cup y)' = x' \cap y'$, $(x \cap y)' = x' \cup y'$,

(e) $x \subset y \leftrightarrow y' \subset x'$,

(f) $x \subset y \leftrightarrow x \cap y' = 0 \leftrightarrow x' \cup y = 1$.

Beweis.

(a) $0 \cap 1 = 0$, $0 \cup 1 = 1$.

(b) Sowohl x als auch x'' sind Komplemente von x'. Aus der Eindeutigkeit der Komplemente ergibt sich $x = x''$.

(c) Ist $x' = y'$, so $x'' = y''$, also $x = y$ nach (b).

(d) $(x \cup y) \cap (x' \cap y') = (x \cap x' \cap y') \cup (y \cap x' \cap y') = 0 \cup 0 = 0$,

$(x \cup y) \cup (x' \cap y') = (x \cup y \cup x') \cap (x \cup y \cup y') = 1 \cap 1 = 1$.

Diese beiden Gleichungen zeigen, daß $x' \cap y'$ ein, also das Komplement von $x \cup y$ ist.

Die zweite Behauptung folgt ebenso.

(e) $x \subset y \leftrightarrow x \cup y = y \leftrightarrow (x \cup y)' = y' \leftrightarrow x' \cap y' = y' \leftrightarrow y' \subset x'$.

(f) Aus $x \subset y$ folgt sukzessive: $x \cap y' \subset y \cap y' = 0$, also $x \cap y' = 0$. Umgekehrt folgt aus $x \cap y' = 0$ der Reihe nach: $(x \cap y') \cup y = y$, $(x \cup y) \cap (y' \cup y) = y$, $x \cup y = y$, $x \subset y$. — Ebenso zeigt man die zweite Behauptung.

Aus (b) und (d) folgt, daß die Abbildung $\varphi(x) = x'$ den BOOLEschen Verband V isomorph auf den dualen Verband $\mathfrak{D}(V)$ abbildet.

Es ist zweckmäßig, einen BOOLEschen Verband als eine Algebra vom Typ $\langle 0, 0, 1, 2, 2\rangle$ mit den Operationen 0 (Nullelement), 1 (Einselement), $'$ (Komplementbildung), $\cap$ und $\cup$ aufzufassen. Offensichtlich kann man einen solchen Verband charakterisieren durch

Satz 10.5. Eine Algebra vom Typ $\langle 0, 0, 1, 2, 2\rangle$ mit den Operationen $0, 1, ', \cap, \cup$ ist genau dann ein BOOLEscher Verband, wenn außer den Verbandsaxiomen (§ 1) und einem Axiom der Distributivität (§ 8) die folgenden Forderungen erfüllt sind:

$$0 \cap x = 0, \quad 1 \cup x = 1, \quad x \cap x' = 0, \quad x \cup x' = 1. \qquad (*)$$

Beispiel 10.1. Für den in Beispiel 1.1 eingeführten Verband $\mathfrak{P}(m)$ haben wir bereits in Beispiel 8.1 die Distributivität nachgewiesen. Wir wollen zeigen, daß $\mathfrak{P}(m)$ sogar eine BOOLEsche Algebra ist. Es muß hierzu nur noch die Komplementarität bewiesen werden. Sei x eine Teilmenge von m. y sei die Menge der Elemente von m, die nicht zu x gehören. Dann ist $x \frown y$ die leere Teilmenge l von m, und $x \smile y$ stimmt mit m überein. Es gilt nämlich für jedes Element $\xi \in m$:

$$\xi \in x \frown y \leftrightarrow \xi \in x \wedge \xi \in y \leftrightarrow \xi \in x \wedge \neg \xi \in x \leftrightarrow \xi \in l,$$

$$\xi \in x \smile y \leftrightarrow \xi \in x \vee \xi \in y \leftrightarrow \xi \in x \vee \neg \xi \in x \leftrightarrow \xi \in m.$$

V sei ein verallgemeinerter BOOLEscher Verband mit Nullelement. x und y seien beliebige Elemente von V. Dann heißt das relative Komplement von y in $x \smile y/0$ die *Differenz von x und y*. Die Differenz wird mit $x - y$ bezeichnet. Zur Ersparung von Klammern wollen wir verabreden, daß „$-$“ stärker trennt, als „$\frown$“ und „$\smile$“, so daß man z. B. $x - y \frown z$ für $x - (y \frown z)$ schreiben kann.

Auf Grund der Definition der Differenz und der Eindeutigkeit relativer Komplemente hat man

Satz 10.6. In einem verallgemeinerten BOOLEschen Verband mit Nullelement gilt:

$$d \smile y = x \smile y \quad \text{und} \quad d \frown y = 0 \quad \leftrightarrow \quad d = x - y.$$

Einige wichtige Formeln für die Differenz fassen wir zusammen in

Satz 10.7. In einem verallgemeinerten BOOLEschen Verband mit Nullelement gilt:

(a) $(x - y) \smile y = x \smile y,$

(b) $(x - y) \frown y = 0,$

(c) $x \frown (x - y) = x - y,$

(d) $x \smile (x - y) = x,$

(e) $x - y \subset x,$

(f) $x - x = 0,$

(g) $x - (y - z) = (x - y) \smile (x \frown z),$

(h) $x - (x - y) = x \frown y,$

(i) $x - y_1 \frown y_2 = (x - y_1) \smile (x - y_2),$

(k) $x - y_1 \smile y_2 = (x - y_1) \frown (x - y_2).$

Beweis:

(a) und (b): Definition der Differenz.

(c) Es gilt:

$$(x \frown (x - y)) \smile y = (x \smile y) \frown ((x - y) \smile y) = (x \smile y) \frown (x \smile y) = x \smile y,$$

sowie:

$$(x \frown (x - y)) \frown y = x \frown ((x - y) \frown y) = x \frown 0 = 0.$$

Aus diesen beiden Gleichungen folgt (c) wegen Satz 10.6.

(d) und (e) bedeuten dasselbe wie (c).

(f) Aus (c) folgt $x - x = (x - x) \cap x$, und dies ist wegen (b) gleich 0.

(g) Auf Grund von Satz 10.6 genügt es, die beiden folgenden Gleichungen zu beweisen.

$$\begin{aligned}
&\big((x-y)\cup(x\cap z)\big)\cup(y-z)\\
&\quad=\big((x-y)\cup(y-z)\cup x\big)\cap\big((x-y)\cup(y-z)\cup z\big)\\
&\quad=\big(x\cup(y-z)\big)\cap\big((x-y)\cup y\cup z\big) && \text{(wegen (d), (a))}\\
&\quad=\big(x\cup(y-z)\big)\cap(x\cup y\cup z) && \text{(wegen (a))}\\
&\quad=x\cup(y-z). && \text{(wegen (e))}
\end{aligned}$$

$$\begin{aligned}
&\big((x-y)\cup(x\cap z)\big)\cap(y-z)\\
&\quad=\big((x-y)\cap(y-z)\big)\cup\big(x\cap z\cap(y-z)\big)=0,
\end{aligned}$$

unter Berücksichtigung von (e) und (b).

(h) folgt aus (g) mit Hilfe von (f).

(i) Auf Grund von Satz 10.6 genügt der Nachweis der beiden folgenden Gleichungen.

$$\begin{aligned}
&\big((x-y_1)\cup(x-y_2)\big)\cup(y_1\cap y_2)\\
&\quad=\big((x-y_1)\cup(x-y_2)\cup y_1\big)\cap\big((x-y_1)\cup(x-y_2)\cup y_2\big)\\
&\quad=\big(x\cup y_1\cup(x-y_2)\big)\cap\big((x-y_1)\cup x\cup y_2\big) && \text{(wegen (a))}\\
&\quad=(x\cup y_1)\cap(x\cup y_2) && \text{(wegen (e))}\\
&\quad=x\cup(y_1\cap y_2).
\end{aligned}$$

$$\begin{aligned}
&\big((x-y_1)\cup(x-y_2)\big)\cap(y_1\cap y_2)\\
&\quad=\big((x-y_1)\cap y_1\cap y_2\big)\cup\big((x-y_2)\cap y_1\cap y_2\big)=0.\\
&&& \text{(wegen (b))}
\end{aligned}$$

(k) Auf Grund von Satz 10.6 genügt der Nachweis der beiden folgenden Gleichungen.

$$\begin{aligned}
&\big((x-y_1)\cap(x-y_2)\big)\cup(y_1\cup y_2)\\
&\quad=\big((x-y_1)\cup y_1\cup y_2\big)\cap\big((x-y_2)\cup y_1\cup y_2\big)\\
&\quad=(x\cup y_1\cup y_2)\cap(x\cup y_1\cup y_2) && \text{(wegen (a))}\\
&\quad=x\cup y_1\cup y_2.
\end{aligned}$$

$$\begin{aligned}
&\big((x-y_1)\cap(x-y_2)\big)\cap(y_1\cup y_2)\\
&\quad=\big((x-y_1)\cap(x-y_2)\cap y_1\big)\cup\big((x-y_1)\cap(x-y_2)\cap y_2\big)=0\\
&&& \text{(wegen (b))}.
\end{aligned}$$

Satz 10.8. In einem BOOLEschen Verband gilt:

$$x - y = x \cap y'.$$

Beweis: Wegen Satz 10.6 genügt es zu zeigen:

$$(x \cap y') \cup y = x \cup y \quad \text{und} \quad (x \cap y') \cap y = 0.$$

Beides ist evident.

Beispiel 10.2. In $\mathfrak{P}(m)$ (vgl. Beispiel 10.1) enthält $x - y$ diejenigen Elemente von x, die nicht Element von y sind. Ist nämlich u die Menge dieser Elemente, so hat man

$$\begin{aligned} \xi \in u \cup y &\leftrightarrow \xi \in u \vee \xi \in y \leftrightarrow (\xi \in x \wedge \neg\, \xi \in y) \vee \xi \in y \\ &\leftrightarrow (\xi \in x \vee \xi \in y) \wedge (\neg\, \xi \in y \vee \xi \in y) \\ &\leftrightarrow \xi \in x \vee \xi \in y \\ &\leftrightarrow \xi \in x \cup y, \end{aligned}$$

sowie

$$\xi \in u \cap y \leftrightarrow \xi \in u \wedge \xi \in y \leftrightarrow \xi \in x \wedge \neg\, \xi \in y \wedge \xi \in y \leftrightarrow \xi \in l,$$

wobei l die leere Teilmenge von m ist. Diese Äquivalenzen zeigen, daß $u \cup y = x \cup y$ und daß $u \cap y = l$. Hieraus ergibt sich $u = x - y$ mit Hilfe von Satz 10.6.

Ein Teilverband von $\mathfrak{P}(m)$ heißt ein *Mengenring*. Ein Mengenring, der mit je zwei seiner Elemente auch stets ihre Differenz enthält, heißt ein *Mengenkörper*.

Aufgaben. 10.1. T_1 und T_2 seien zwei mit Hilfe von Variablen, 0, 1, $'$, $\cap$, $\cup$ gebildete Terme (zum Termbegriff vgl. den *Anhang*). Man gebe mit Hilfe von Formel (f) von Satz 10.4 einen Term T an, so daß die Termgleichung $T_1 = T_2$ in einer BOOLEschen Algebra äquivalent ist mit der Gleichung $T = 0$.

10.2. Man zeige, daß in einem verallgemeinerten BOOLEschen Verband mit Nullelement gilt:

$$s \subset x - y \leftrightarrow s \subset x \wedge s \cap y = 0.$$

Damit beweise man mit Hilfe von (2.2) direkt Satz 10.7(k).

10.3. Man zeige: Das $\cap$, $\cup$-homomorphe Bild eines komplementären bzw. BOOLEschen Verbandes ist wieder ein komplementärer bzw. BOOLEscher Verband. Das Entsprechende gilt für die direkten Produkte. Ein Teilverband eines komplementären Verbandes ist im allgemeinen nicht komplementär, selbst wenn er ein Null- und ein Einselement besitzt. Sind V_1 und V_2 komplementär, so ist $V_1 + V_2$ nicht komplementär, falls nicht V_1 und V_2 jeweils nur ein Element besitzen. Die Menge der komplementären Verbände läßt sich nicht durch Gleichungen definieren. (Zu $+$ vgl. Aufg. 3.7.)

10.4. Eine Menge von Teilmengen einer festen Menge m ist schon dann ein Mengenkörper, wenn sie mit je zwei ihrer Elemente auch stets ihre Vereinigung und Differenz enthält.

10.5. Man zeige, daß $x - y$ gleich dem relativen Komplement von $x \cap y$ in $x/0$ ist.

10.6. Ein Mengenring ist genau dann ein Mengenkörper, wenn er abschnittskomplementär ist.

Literatur.

DILWORTH, R. P.: Lattices with unique complements, Trans. Amer. math. Soc. Bd. 57 (1945) S. 123—154.

§ 11. Atomare Verbände.

Wir haben in § 2 die Atome als die oberen Nachbarn der Null eingeführt. In diesem Paragraphen soll die Abbildung untersucht werden, die einem Element a eines Verbandes die Menge $[a]$ aller in a enthaltenen Atome zuordnet. Diese Abbildung ist natürlich nur dann von Interesse, wenn der Verband Atome besitzt. Jeder endliche Verband mit wenigstens zwei Elementen hat Atome. Es gibt aber unendliche atomlose Verbände, wie die Kette der reellen Zahlen. Wir geben noch ein Beispiel für eine atomlose BOOLEsche Algebra.

Beispiel 11.1. m sei eine unendliche Menge. Für die Teilmengen von m, d. h. die Elemente der BOOLEschen Algebra $\mathfrak{P}(m)$ (vgl. Beispiel 1.1) führt man eine Relation $\equiv$ ein durch die Festsetzung:

$a \equiv b \leftrightarrow a$ *und* b *unterscheiden sich nur um endlich viele Elemente.*

Es ist leicht nachzuweisen, daß $\equiv$ eine Kongruenzrelation[1] in $\mathfrak{P}(m)$ ist. Der Restklassenverband V ist als $\frown$, $\smile$-homomorphes Bild von $\mathfrak{P}(m)$ eine BOOLEsche Algebra. Das Nullelement 0 von V besteht aus den endlichen Teilmengen von m. Ein beliebiges von Null verschiedenes Element a von V enthält also wenigstens eine unendliche Teilmenge m' von m. Man kann m', wie jede unendliche Menge, zerlegen in zwei elementfremde unendliche Teilmengen m'_1 und m'_2. m'_1 ist offenbar weder zur leeren Teilmenge von m noch zu m' kongruent, so daß m'_1 bei der Restklassenbildung ein von 0 verschiedenes Element von V erzeugt, das in a echt enthalten ist. a kann daher kein Atom sein.

Sei V ein beliebiger Verband und A die Menge aller Atome von V. Die Abbildung, die jedem $a \in V$ die Menge $[a]$ aller in a enthaltenen Atome zuordnet, ist eine Abbildung von V in die BOOLEsche Algebra $\mathfrak{P}(A)$.

Satz 11.1. Die Abbildung $[a]$ ist ein $\frown$-Homomorphismus von V in $\mathfrak{P}(A)$.

Beweis. Wir müssen zeigen, daß

$$[a \frown b] = [a] \frown [b], \tag{11.1}$$

wobei auf der rechten Seite der mengentheoretische Durchschnitt zu nehmen ist. Für jedes Atom p von V gilt aber[2]:

$$p \in [a \frown b] \leftrightarrow p \subset a \frown b \leftrightarrow p \subset a \wedge p \subset b \leftrightarrow p \in [a] \wedge p \in [b] \leftrightarrow p \in [a] \frown [b].$$

Die Abbildung $[a]$ ist im allgemeinen kein $\smile$-Homomorphismus, selbst nicht in einem komplementären modularen Verband (vgl. Auf-

[1] Zum Begriff der *Kongruenzrelation* vgl. den *Anhang* oder § 31.

[2] Im folgenden wird gar nicht benutzt, daß p ein Atom ist. Vgl. hierzu Aufgabe 11.1.

gabe 11.2). Dagegen gilt in einem *distributiven* Verband für ein Atom p:

$$p \subset a \cup b \leftrightarrow p \subset a \vee p \subset b, \tag{11.2}$$

was analog wie oben den Schluß gestattet, daß für einen distributiven Verband $[a]$ auch ein $\cup$-Homomorphismus ist. Wir haben so den

Satz 11.2. Die Abbildung $[a]$ ist ein $\cap,\cup$-Homomorphismus des distributiven Verbandes V auf einen Teilverband von $\mathfrak{P}(A)$.

Zum Nachweis von (11.2) brauchen wir nur zu zeigen, daß p nicht in $a \cup b$ enthalten sein kann, wenn p weder unter a, noch unter b liegt. Liegt nämlich p nicht unter a, so ist $p \cap a \Subset p$, also $p \cap a = 0$. Das Entsprechende gilt für b. Dann folgt aber mit Hilfe des distributiven Gesetzes $p \cap (a \cup b) = (p \cap a) \cup (p \cap b) = 0 \cup 0 = 0$, so daß p nicht unter $a \cup b$ liegen kann.

Wir wollen uns im folgenden mit Bedingungen beschäftigen, die die *Umkehrbarkeit* der Abbildung $[a]$ nach sich ziehen. Zunächst leiten wir eine notwendige Bedingung für die Umkehrbarkeit her: Hat V wenigstens zwei Elemente, so muß im Falle der Umkehrbarkeit A wenigstens ein Element besitzen, so daß es in V wenigstens ein Atom und damit auch ein Nullelement 0 geben muß. $[0]$ ist die leere Atommenge. Für $a \neq 0$ muß daher $[a]$ wenigstens ein Atom enthalten.

Definition. Ein Verband V heißt *atomar*, wenn jedes von Null verschiedene Element von V wenigstens ein Atom umfaßt[1].
Ein nichtleerer atomarer Verband besitzt ein Nullelement.

Beispiel 11.2. Ein endlicher Verband ist atomar. Ist nämlich $a \neq 0$, und ist a kein Atom, so gibt es ein echt zwischen 0 und a gelegenes Element a_1. Wenn a_1 kein Atom ist, gibt es entsprechend ein echt zwischen 0 und a_1 gelegenes Element a_2, usw. Eine Kette $a \supset a_1 \supset a_2 \supset \ldots$ muß nach endlich vielen Schritten mit einem Atom $p = a_n$ abbrechen. Für dieses Atom gilt $p \subset a$.

Beispiel 11.3. Der in Beispiel 1.1 eingeführte Verband $\mathfrak{P}(m)$ aller Teilmengen einer Menge m ist atomar, denn in jeder nichtleeren Teilmenge von m ist eine einelementige Teilmenge enthalten, und eine einelementige Teilmenge ist ein Atom.

Notwendig für die Umkehrbarkeit von $[a]$ ist also die *Atomarität* von V[2]. Diese Bedingung ist jedoch keineswegs hinreichend. Dies zeigt der in Abb. 3.1 ε_5 dargestellte vollständige, distributive und atomare Verband, der nur ein Atom enthält. Dieser Verband ist nicht komple-

[1] Der Begriff „atomarer Verband" wird in der Literatur auch auf andere Weise definiert, die nicht zu der oben gegebenen äquivalent ist.

[2] Das gilt trivialerweise auch für den einelementigen Verband.

mentär. Die beiden folgenden Sätze geben Kriterien für die Umkehrbarkeit mit Komplementaritätsvoraussetzungen.

Satz 11.3. V sei ein abschnittskomplementärer atomarer Verband. A sei die Menge der Atome von V. Dann ist die Abbildung von $a \in V$ auf die Menge $[a]$ aller in a enthaltenen Atome ein Isomorphismus von V auf einen vollständigen $\frown$-Teilbund von $\mathfrak{P}(A)$. Insbesondere gilt:

$$a = \bigcup [a]. \tag{11.3}$$

Der wesentliche Teil des Beweises besteht im Nachweis von Formel (11.3). Dabei ist zu beachten, daß wir nicht vorausgesetzt haben, daß V vollständig ist, so daß die Existenz von $\bigcup [a]$ nicht von vornherein feststeht. (11.3) zieht die Eindeutigkeit der Abbildung nach sich, denn aus $[a] = [b]$ folgt $\bigcup [a] = \bigcup [b]$, und mit (11.3) $a = b$. Aus (11.1) folgt, daß es sich um einen Isomorphismus handelt, und daß im Bildbereich endliche Durchschnitte mengentheoretisch zu bilden sind. Diese Überlegungen lassen sich ohne weiteres auf unendliche Durchschnitte übertragen. Der Bildbereich ist also ein vollständiger $\frown$-Teilbund von $\mathfrak{P}(A)$.

Wir beweisen nun (11.3). a umfaßt jedes unter a gelegene Atom. Also ist a eine obere Schranke von $[a]$. Wäre a nicht die obere Grenze von $[a]$, so gäbe es eine obere Schranke b von $[a]$, in der a nicht enthalten ist. $x = a \frown b$ ist dann eine echt unter a gelegene obere Schranke von $[a]$. x besitzt in $a/0$ ein Komplement y. Wegen $x \subset\!\!\!\cdot\; a$ ist $y \neq 0$, so daß ein Atom p unter y existiert. Es folgt $p \subset a$, also $p \in [a]$, so daß p unter der oberen Schranke x von $[a]$ liegen müßte, was $x \frown y = 0$ widerspricht.

Abschließend leiten wir ein besonders weitgehendes Resultat her.

Satz 11.4. *Ein atomarer Verband V mit 0 und 1, in dem jedes Element a ein und nur ein Komplement a' besitzt, ist isomorph zu einem Mengenkörper.*

Wir führen den Beweis in mehreren Schritten. Im folgenden bedeuten p, q stets Atome, und a, b beliebige Elemente von V. $[a]$ ist wie oben die Menge der unter a liegenden Atome. Unter $[a] \frown [b]$ bzw. $[a] \smile [b]$ soll der *mengentheoretische* Durchschnitt bzw. die *mengentheoretische* Vereinigung der beiden Mengen $[a]$ und $[b]$ verstanden werden. Wir wollen zeigen:

(a) Es gilt nicht zugleich $p \subset a$, $p \subset a'$.

(b) p' ist ein Antiatom.

(c) $p \neq q \rightarrow q \subset p'$.

(d) $a \subset\!\!\!\cdot\; b \rightarrow [a] \neq [b]$.

(e) $[a] = [b] \rightarrow a = b$.

(f) $[a \frown b] = [a] \frown [b]$.

(g) $[a \smile b] = [a] \smile [b]$.

(e) besagt, daß die Abbildung, die jedem Element $a \in V$ die Menge $[a]$ zuordnet, eine umkehrbar eindeutige Abbildung von V ist. (f) und (g) zeigen, daß der verbandstheoretische Durchschnitt bzw. die verbandstheoretische Vereinigung von a und b abgebildet werden auf den mengentheoretischen Durchschnitt bzw. die mengentheoretische Vereinigung der Bilder von a und b. Die Abbildung ist also ein Isomorphismus von V auf einen Teilverband $\mathfrak{B}$ des Verbandes $\mathfrak{P}(A)$ aller Teilmengen der Menge A der Atome von V. $\mathfrak{B}$ ist ein Mengenring, also insbesondere distributiv. Die leere Teilmenge L von A gehört zu $\mathfrak{B}$, da $L = [0]$. $\mathfrak{B}$ ist als isomorphes Bild von V komplementär, und daher auch abschnittskomplementär (Satz 10.1). Aus diesen Bemerkungen folgt, daß $\mathfrak{B}$ ein Mengenkörper ist (vgl. Aufgabe 10.6). — Wir beweisen jetzt der Reihe nach (a) bis (g).

(a) Gälte gleichzeitig $p \subset a$, $p \subset a'$, so wäre $p \subset a \frown a' = 0$.

(b) Sei $p' \subset x$. Wir müssen zeigen, daß $x = p'$ oder $x = 1$. Es gilt $1 = p \smile p' \subset p \smile x$, also $1 = p \smile x$. Ist $p \not\subset x$, also $p \frown x = 0$, so muß wegen der Eindeutigkeit der Komplemente $x = p'$ sein. Sonst ist $p \subset x$ und damit $1 = p \smile x \subset x \smile x = x$, also $x = 1$.

(c) Wir schließen indirekt. Sei $q \not\subset p'$. Da q ein Atom und p' nach (b) ein Antiatom ist, folgt $q \frown p' = 0$, $q \smile p' = 1$. q ist also Komplement von p'. Wegen der Eindeutigkeit der Komplemente muß $q = p$ sein.

(d) Es ist $b \smile a' = 1$, da $1 = a \smile a' \subset b \smile a'$. Wäre $b \frown a' = 0$, so hätte a' die verschiedenen Komplemente a und b. Also ist $b \frown a' \neq 0$. Es gibt daher ein Atom p unter $b \frown a'$. p ist in b enthalten und in a', also nach (a) nicht in a. Es folgt, daß $[a]$ von $[b]$ verschieden ist.

(e) Sei $[a] = [b]$. Ein Atom ist in $a \frown b$ enthalten, wenn es unter a und unter b liegt. Es folgt, daß $[a \frown b] = [a] = [b]$. Wäre $a \neq b$, so $a \frown b \subsetneq a$ oder $a \frown b \subsetneq b$. Wegen der symmetrischen Voraussetzung über a und b dürfen wir annehmen, daß $a \frown b \subsetneq a$. Nun ergibt sich aus (d), daß $[a \frown b] \neq [a]$. Der Widerspruch zeigt, daß $a = b$ sein muß.

(f) stimmt mit (11.1) überein.

(g) Um (g) zu beweisen, schließen wir indirekt. Wäre (g) für die Elemente a und b nicht gültig, so gäbe es ein Atom p, das Element von $[a \smile b]$ wäre, aber weder ein Element von $[a]$ noch ein Element von $[b]$. Jedes q unter a ist also von p verschieden, und damit gilt $q \subset p'$ nach (c). Dies besagt, daß $[a] \subset [p']$. Es folgt $[a] \frown [p'] = [a]$, also wegen (f) $[a \frown p'] = [a]$. Hieraus gewinnt man nach (e) $a \frown p' = a$, also $a \subset p'$. Ebenso ergibt sich $b \subset p'$, somit $a \smile b \subset p'$, woraus man mit $p \subset a \smile b$ schließen kann, daß $p \subset p'$, was wegen $p \subset p$ im Widerspruch zu (a) steht.

Damit haben wir Satz 11.4 vollständig bewiesen. Wir geben einige Folgerungen. Zunächst ist jeder Mengenverband distributiv. Damit haben wir

Korollar 1. Ein atomarer Verband mit 0 und 1, in dem jedes Element genau ein Komplement besitzt, ist distributiv, also eine BOOLEsche Algebra.

Jedes Element einer BOOLEschen Algebra besitzt genau ein Komplement. Es folgt

Korollar 2. *Jede atomare* BOOLE*sche Algebra ist isomorph zu einem Mengenkörper.*

Wir werden dieses Korollar in § 23 (Ende) auch ohne die Voraussetzung der Atomarität beweisen. Man kann übrigens für den Fall einer BOOLEschen Algebra den Beweis für Satz 11.4 und damit für Korollar 2 vereinfachen, worauf wir in Aufgabe 11.4 eingehen.

Wir wollen jetzt einen Verband betrachten, der über die Voraussetzungen von Satz 11.4 hinaus noch *vollständig* ist. Ist X eine beliebige Teilmenge von A, so ist $x = \bigcup X$ ein Element von V. Wir wollen zeigen, daß $[x] = X$. Sicher ist jedes Element von X in $\bigcup X$ enthalten, also ein Element von $[x]$. Sei umgekehrt p ein Element von $[x]$. Wir wollen zeigen, daß $p \in X$. Wir schließen indirekt und nehmen an, daß $p \notin X$. Dann ist p verschieden von jedem $q \in X$, woraus nach Satz 11.4 (c) folgt, daß jedes solche $q \subset p'$. p' ist also eine obere Schranke von X, und damit $x \subset p'$. Dies ergibt mit $p \subset x$ die Aussage $p \subset p'$, die wegen $p \subset p$ im Widerspruch zu Satz 11.4 (a) steht.

Wir haben bewiesen, daß es zu jeder Teilmenge X von A ein Element $x \in V$ gibt, so daß $[x] = X$. Damit können wir Satz 11.4 verschärfen[1].

Satz 11.5. Ein vollständiger atomarer Verband V, in dem jedes Element genau ein Komplement besitzt, ist isomorph zum Mengenverband $\mathfrak{P}(A)$ *aller* Teilmengen der Menge A der Atome von V.

Korollar. *Ein vollständiger und atomarer* BOOLE*scher Verband V ist isomorph zum Mengenverband $\mathfrak{P}(A)$, wobei A die Menge aller Atome von V ist. Die Mengenverbände $\mathfrak{P}(m)$ sind also (bis auf Isomorphie) die einzigen vollständigen atomaren* BOOLE*schen Verbände.*

Eine endliche Menge m mit n Elementen hat 2^n Teilmengen. Dies zeigt man leicht durch Induktion. Für $n = 0$ haben wir nur die Teilmenge m. Eine $(n+1)$-elementige Menge m erhält man dadurch, daß man zu einer n-elementigen Menge m' ein Element a hinzufügt. Bildet man die Teilmenge von m' auf die Teilmenge von m ab, die aus ihnen

[1] Will man Satz 11.5 direkt ohne Satz 11.4 beweisen, so kann man auf einen Beweis der Aussage Satz 11.4 (g) verzichten. Ist nämlich jede Teilmenge von A Bild eines Elementes von V, so ist die mengentheoretische Vereinigung von $[a]$ und $[b]$ das kleinste $[a]$ und $[b]$ umfassende Bild eines Elementes von V, also wegen des Isomorphismus gleich $[a \cup b]$.

durch Adjunktion von a entstehen, so erhält man als Bilder dieser umkehrbar eindeutigen Abbildung gerade die Teilmengen von m, die nicht Teilmengen von m' sind. m hat also doppelt soviel Teilmengen wie m', also $2 \cdot 2^n = 2^{n+1}$ Teilmengen.

Wir formulieren das Ergebnis als

Satz 11.6. Die endlichen BOOLEschen Algebren haben die Elementezahlen 2^n ($n = 0, 1, 2, \ldots$). Jede BOOLEsche Algebra mit 2^n Elementen ist isomorph zum Verband $\mathfrak{P}(m)$ aller Teilmengen einer n-elementigen Menge m.

Aufgaben. 11.1. V sei ein beliebiger Verband. Man bilde das Element $a \in V$ ab auf die Menge $\varphi(a)$ aller in a enthaltenen Elemente von V. Man zeige, daß φ ein Isomorphismus von V auf einen $\frown$-Teilbund von $\mathfrak{P}(V)$ ist.

11.2. Man zeige, daß die Abbildung $[a]$ in dem Verband Abb. 8.1B kein $\smile$-Homomorphismus ist.

11.3. Man beweise für einen atomaren vollständigen Verband V, in dem jedes Element genau ein Komplement besitzt, die Formel $a = \bigcup[a]$.

11.4. Die Aussage von Korollar 2 zu Satz 11.4 kann man etwas einfacher beweisen, als Satz 11.4. Es kommt auf den Nachweis von (e), (f) und (g) an, wovon (f) trivial ist. (e) folgt so: Sei $a \neq b$. Dann ist $a \frown b' \neq 0$ oder $b \frown a' \neq 0$. Sei etwa $a \frown b' \neq 0$. Dann gibt es ein Atom p, das unter a und nicht unter b liegt. Zum Beweis von (g) genügt es zu überlegen, daß jedes unter $a \smile b$ liegende Atom unter a oder unter b liegt. Man führe die angedeuteten Beweise aus.

11.5. Man zeige, daß $\mathfrak{R}(m)$ (siehe Beispiel 1.2) atomar ist. Man charakterisiere die Atome dieses Verbandes.

11.6. Ist der Verband der offenen Teilmengen der euklidischen Ebene atomar?

§ 12. Ideale in den verschiedenen Verbandsklassen. Einbettung in vollständige Verbände.

Der Idealbegriff der Verbandstheorie wird in Analogie zum Idealbegriff der Ringtheorie gebildet. In einem Ring R mit Einselement definiert man bekanntlich ein Ideal I als eine nichtleere Teilmenge von R, welche die beiden folgenden Forderungen erfüllt:

Wenn $a \in I$ und $b \in I$, so stets $a + b \in I$;

Wenn $a \in I$ und $b \in R$, so stets $a \cdot b \in I$.

Lassen wir in einem Verband die Operation $\smile$ der Addition und die Operation $\frown$ der Multiplikation entsprechen, so erhalten wir analog die

Definition. Eine nichtleere Teilmenge I eines Verbandes V heißt ein $\smile$-*Ideal*, wenn die beiden folgenden Forderungen erfüllt sind:

Wenn $a \in I$ und $b \in I$, so stets $a \smile b \in I$; (12.1)

Wenn $a \in I$ und $b \in V$, so stets $a \frown b \in I$. (12.2)

Man beachte, daß $\frown$ und $\smile$ in (12.1) und (12.2) nicht gleichberechtigt auftreten. Forderung (12.2) läßt sich äquivalent ersetzen durch jede der beiden Forderungen:

Mit a liegt auch jedes in a enthaltene Verbandselement in I. (12.2′)

Wenn $a \smile b \in I$, so $a \in I$. (12.2″)

Ist $b \subset a$ und gilt (12.2), so ist $b = a \frown b \in I$, womit (12.2′) bewiesen ist. Ist $a \smile b \in I$ und gilt (12.2′), so ist wegen $a \subset a \smile b$ auch $a \in I$; damit ist (12.2″) nachgewiesen. Ist $a \in I$ und $b \in V$ und gilt (12.2″), so ist wegen $a = (a \frown b) \smile a \in I$ auch $a \frown b \in I$, womit die Gültigkeit von (12.2) gezeigt ist.

Gilt (12.2″), so kann man aus $a \smile b \in I$ auch schließen, daß $b \in I$. (12.2″) ist also zur Umkehrung von (12.1) äquivalent. Damit hat man den

Satz 12.1. Die nichtleere Teilmenge I von V ist genau dann ein $\smile$-Ideal, wenn für beliebige a, b gilt.

$$a \in I \wedge b \in I \longleftrightarrow a \smile b \in I. \qquad (12.3_\smile)$$

Durch Dualisierung von (12.1), (12.2) erhält man den Begriff des *$\frown$-Ideals*; für solche Ideale hat man den zu Satz 12.1 dualen

Satz 12.2. Die nichtleere Teilmenge I von V ist genau dann ein $\frown$-Ideal, wenn für beliebige a, b gilt:

$$a \in I \wedge b \in I \longleftrightarrow a \frown b \in I. \qquad (12.3_\frown)$$

V sei ein Verband mit Nullelement. Wir wollen in V drei Relationen R, S, T einführen, so daß die in bezug auf R, S und T abgeschlossenen Teilmengen von V die $\smile$-Ideale in V sind (vgl. zum folgenden auch Aufgabe 12.1). Es bedeute $Rabc$, daß $c = a \smile b$; Sab, daß $b \subset a$; und schließlich Ta, daß $a = 0$. Die Abgeschlossenheit einer Teilmenge I in bezug auf R ist gleichwertig mit Forderung (12.1). (12.2′) bedeutet die Abgeschlossenheit von I in bezug auf S. Die Abgeschlossenheit von I in bezug auf T verlangt, daß das Nullelement in I liegt, woraus folgt, daß I nicht leer ist. Ist umgekehrt I eine nichtleere Menge von V, die in bezug auf S abgeschlossen ist, so muß auch 0 ein Element von I sein, so daß I auch abgeschlossen ist in bezug auf T. Setzt man also voraus, daß I in bezug auf S abgeschlossen ist, so besagt die Abgeschlossenheit von I in bezug auf T, daß I nicht leer ist. Damit erhalten wir mit Satz 7.1 und Satz 7.4 den

Satz 12.3. V sei ein Verband mit Nullelement. Dann bilden die $\smile$-Ideale von V einen nach oben stetigen Verband $\mathfrak{J}_\smile(V)$. $\mathfrak{J}_\smile(V)$ ist ein vollständiger $\frown$-Teilbund von $\mathfrak{P}(V)$. Ebenso bilden die $\frown$-Ideale eines Verbandes V mit Einselement einen nach oben stetigen Verband $\mathfrak{J}_\frown(V)$. $\mathfrak{J}_\frown(V)$ ist vollständiger $\frown$-Teilbund[1] von $\mathfrak{P}(V)$.

[1] *Nicht* $\smile$-Teilbund!

Wir wollen weiter unten zeigen, daß sich die Modularität bzw. Distributivität von V auf $\mathfrak{J}_\cup(V)$ überträgt. Dazu benötigen wir zwei Hilfssätze, die die Vereinigung in $\mathfrak{J}_\cup(V)$ charakterisieren.

Lemma 1. Für $\cup$-Ideale A, B eines *beliebigen* Verbandes V gilt:

$x \in A \cup B \longleftrightarrow$ Es gibt Elemente $a \in A$ und $b \in B$, so daß $x \subset a \cup b$.

Beweis. X sei die Menge der Elemente x von V, welche die rechts angegebene Bedingung erfüllen. Wir zeigen: (a) A (und ebenso B) ist in X enthalten: Sei $a \in A$. B enthält wenigstens ein Element b. Dann gilt $a \subset a \cup b$, also $a \in X$. (b) Alle Elemente von X müssen zu $A \cup B$ gehören: Ist nämlich x ein Element von X, also $x \subset a \cup b$ für geeignete Elemente $a \in A$, $b \in B$, so liegen in $A \cup B$ die Elemente $a, b, a \cup b$ (wegen (12.1)), und damit schließlich x (wegen (12.2')). (c) X ist ein $\cup$-Ideal: Liegt x_1 in X und x_2 in X, so auch $x_1 \cup x_2$; denn es ist $x_1 \subset a_1 \cup b_1$, $x_2 \subset a_2 \cup b_2$, also $x_1 \cup x_2 \subset (a_1 \cup a_2) \cup (b_1 \cup b_2) \in X$. Liegt x in X und ist $y \subset x$, so gilt $x \subset a \cup b$, also $y \subset a \cup b$ und damit ist $y \in X$. Aus (a), (b), (c) folgt, daß X das kleinste A und B umfassende $\cup$-Ideal von V ist, also mit $A \cup B$ übereinstimmt, was zu beweisen war.

Lemma 2. Für $\cup$-Ideale A, B eines *distributiven* Verbandes V gilt:

$x \in A \cup B \longleftrightarrow$ Es gibt Elemente $a \in A$ und $b \in B$, so daß $x = a \cup b$.

Man braucht nur zu zeigen, daß für einen distributiven Verband diese Bedingung aus der Bedingung von Lemma 1 erschlossen werden kann. Nach Lemma 1 gilt $x \subset a \cup b$ mit $a \in A$, $b \in B$. Es folgt

$$x = x \cap (a \cup b) = (x \cap a) \cup (x \cap b) = a_1 \cup b_1$$

mit $a_1 \in A$, $b_1 \in B$, was zu beweisen war.

Satz 12.4. Wenn ein Verband V mit Nullelement modular bzw. distributiv ist, so ist auch $\mathfrak{J}_\cup(V)$ modular bzw. distributiv.

Beweis.

(a) Ist V modular, so auch $\mathfrak{J}_\cup(V)$.

Für $\cup$-Ideale A, B, C mit $A \subset C$ haben wir nach § 8 (M') zu zeigen:

$$(A \cup B) \cap C \subset A \cup (B \cap C).$$

Sei $c \in (A \cup B) \cap C$, also $c \in C$ und $c \in A \cup B$, so daß nach Lemma 1 $c \subset a \cup b$ mit $a \in A$, $b \in B$. Wegen $A \subset C$ liegt auch a, und damit $a \cup c$ in C. Es folgt, daß $b \cap (a \cup c)$ sowohl in B als auch in C, d. h. in $B \cap C$ liegt. Nach dem modularen Gesetz für V ist

$$a \cup \big(b \cap (a \cup c)\big) = (a \cup b) \cap (a \cup c).$$

Diese Darstellung zeigt, daß $(a \cup b) \cap (a \cup c)$ in $A \cup (B \cap C)$ liegt. Dasselbe gilt dann auch für c, das in $(a \cup b) \cap (a \cup c)$ enthalten ist.

(b) Ist V distributiv, so auch $\mathfrak{J}_{\cup}^{\circ}(V)$.

Wir haben uns nach § 8 ($D'_{\cap}$) davon zu überzeugen, daß für $\cup$-Ideale gilt:

$$A \cap (B \cup C) \subset (A \cap B) \cup (A \cap C).$$

Sei $a \in A \cap (B \cup C)$, also $a \in A$ und $a \in B \cup C$, so daß nach Lemma 2 $a = b \cup c$ mit $b \in B$ und $c \in C$. Es folgt $a = a \cap a = a \cap (b \cup c) = (a \cap b) \cup (a \cap c) \in (A \cap B) \cup (A \cap C)$, was zu beweisen war.

Wie in Ringen kann man auch in Verbänden den Begriff des Hauptideals einführen. Die Menge (a) aller in einem festen Verbandselement a enthaltenen Verbandselemente bildet offenbar ein $\cup$-Ideal. (a) heißt das durch a erzeugte $\overset{\circ}{\cup}$*-Hauptideal.* Für $0 \in V$ ist (0) das kleinste, für $1 \in V$ ist (1) das größte $\cup$-Ideal. (0) hat nur das Element 0, (1) stimmt mit V überein. — Die $\cap$-Hauptideale werden dual eingeführt.

Sei I ein $\cup$-Ideal eines *endlichen* Verbandes. Dann muß wegen (12.1) die Vereinigung a aller Elemente von I zu I gehören, also auch wegen (12.2′) jedes in a enthaltene Element von V. Da nach Konstruktion von a jedes Element von I in a enthalten ist, muß I mit dem $\cup$-Hauptideal (a) übereinstimmen. *In einem endlichen Verband ist also jedes $\cup$-Ideal ein $\cup$-Hauptideal.*

Durchschnitt und Vereinigung von Hauptidealen sind wieder Hauptideale. Genauer hat man den

Satz 12.5. Im Idealverband $\mathfrak{J}_{\cup}(V)$ gilt:

$$(a) \cap (b) = (a \cap b); \qquad (a) \cup (b) = (a \cup b). \tag{12.4}$$

Beweis.
$$\begin{aligned} x \in (a) \cap (b) &\longleftrightarrow x \in (a) \wedge x \in (b) \\ &\longleftrightarrow x \subset a \wedge x \subset b \\ &\longleftrightarrow x \subset a \cap b \\ &\longleftrightarrow x \in (a \cap b), \\ x \in (a) \cup (b) &\longleftrightarrow \text{Es gibt Elemente } a_1 \in (a) \text{ und } b_1 \in (b), \\ &\qquad \text{so daß } x \subset a_1 \cup b_1 \\ &\longleftrightarrow \text{Es gibt Elemente } a_1 \subset a \text{ und } b_1 \subset b, \\ &\qquad \text{so daß } x \subset a_1 \cup b_1 \\ &\longleftrightarrow x \subset a \cup b \\ &\longleftrightarrow x \in (a \cup b). \end{aligned}$$

Sei $(a) = (b)$. Dann gilt sukzessive: $a \subset a$, $a \in (a)$, $a \in (b)$, $a \subset b$. Ebenso schließt man, daß $b \subset a$. Es muß also $a = b$ sein. Daraus ergibt sich mit (12.4), daß die Abbildung $\varphi(a) = (a)$ ein $\cap,\cup$-Isomorphismus ist zwischen V und dem Teilverband der $\cup$-Hauptideale des vollständigen Idealverbandes $\mathfrak{J}_{\cup}(V)$.

Die gewonnenen Resultate lassen sich als Einbettungssatz formulieren. V sei ein beliebiger Verband. Wir müssen vorbereitend V in einen Verband V' mit Nullelement einbetten. Es sei $V' = V$, falls V ein Nullelement besitzt. Sonst erhalte man V' aus V durch Adjunktion eines neuen Elementes als kleinstes Element. Ist V modular bzw. distributiv, so behält V' diese Eigenschaft (vgl. Aufgabe 8.3). Wie wir soeben gesehen haben, ist V', und somit auch V, isomorph zu einem Teilverband eines vollständigen Verbandes, der modular bzw. distributiv ist, wenn dies für V gilt. Damit haben wir den

Satz 12.6. *Jeder Verband ist einbettbar in einen vollständigen Verband. Jeder modulare Verband ist einbettbar in einen vollständigen modularen Verband. Jeder distributive Verband ist einbettbar in einen vollständigen distributiven Verband.*

Man muß sich davor hüten, die soeben bewiesenen Behauptungen unzulässig weit zu interpretieren. Wir haben nur die Einbettbarkeit nachgewiesen, nicht aber die vollständige Einbettbarkeit[1]. Wir werden weiter unten zeigen, daß bei der angewandten Beweismethode ein in V existierender beliebiger Durchschnitt gleich dem Durchschnitt derselben Elemente im einbettenden vollständigen Verband ist; das Entsprechende gilt aber im allgemeinen nicht für die Vereinigung. Dies zeigt

Beispiel 12.1. In einer Kette K ist die Idealbedingung (12.1) trivialerweise erfüllt, da $a \cup b$ mit a oder mit b übereinstimmt. Daher ist eine Teilmenge I von K genau dann ein $\cup$-Ideal, wenn sie nicht leer ist und mit jedem ihrer Elemente auch stets alle kleineren aus K enthält.

Wir betrachten speziell die Kette R der rationalen Zahlen, zu denen wir auch $-\infty$ rechnen wollen[2]. Wir erinnern an den Begriff des Dedekindschen Schnittes. Ein Dedekindscher Schnitt besteht aus einer Unterklasse U und einer Oberklasse O. U und O sind Mengen von rationalen Zahlen. O ist durch U eindeutig bestimmt, so daß es einfacher ist, den Dedekindschen Schnitt durch U allein darzustellen. Man kann U charakterisieren als eine nichtleere Teilmenge von R, zu der mit einer Zahl immer auch alle kleineren gehören. Ein Dedekindscher Schnitt ist also dasselbe wie ein $\cup$-Ideal in R.

R ist *nicht* vollständig eingebettet in $\mathfrak{J}_\cup(R)$, wenn wir der rationalen Zahl x das $\cup$-Hauptideal (x) zuordnen. Es gilt nämlich in R bzw. in $\mathfrak{J}_\cup(R)$:

$$\bigcup_{\substack{x = -\frac{1}{n} \\ (n = 1, 2, 3, \ldots)}} x = 0, \quad \text{aber} \quad \bigcup_{\substack{x = -\frac{1}{n} \\ (n = 1, 2, 3, \ldots)}} (x) \neq (0),$$

[1] Vgl. zu diesen Begriffen § 6.

[2] Um die Diskussion etwas zu vereinfachen, vernachlässigen wir im folgenden die relativ unwesentlichen Tatsachen, daß $-\infty$ keine rationale Zahl ist, und daß man bei einem Dedekindschen Schnitt fordert, daß die Oberklasse nicht leer sein soll.

denn diese Vereinigung ist gleich dem $\cup$-Ideal aller negativen rationalen Zahlen, enthält also die Zahl 0 nicht, während 0 zu (0) gehört.

Die betrachtete Unvollkommenheit verschwindet, wenn man, wie es üblich ist, zwei Unterklassen, die sich nur um *ein* Element unterscheiden, identifiziert. Man kann sich statt dessen auch beschränken auf die Betrachtungen der Unterklassen, deren zugehörige Oberklasse kein kleinstes Element besitzen. Wir wollen im folgenden diese Beschränkung durchführen und von jetzt an unter einem DEDEKIND*schen Schnitt* in R ein $\cup$-Ideal in R verstehen, dessen Komplementärmenge (also die Oberklasse) kein kleinstes Element enthält.

Es ist bemerkenswert, daß die Menge der so definierten DEDEKINDschen Schnitte *nicht als Menge von Teilalgebren* einer geeigneten Algebra über der Menge R charakterisiert werden kann. Andernfalls müßte nämlich nach Satz 7.3 die mengentheoretische Vereinigung einer gerichteten Menge DEDEKINDscher Schnitte wieder ein DEDEKINDscher Schnitt sein. Das ist aber nicht immer der Fall. Die bereits oben betrachteten Hauptideale $\left(-\frac{1}{n}\right)$ $(n = 1, 2, 3, \ldots)$ sind DEDEKINDsche Schnitte und bilden eine gerichtete Menge (sogar eine Kette). Ihre mengentheoretische Vereinigung ist aber kein DEDEKINDscher Schnitt, da die Komplementärmenge 0 als kleinstes Element enthält. Wir können also die DEDEKINDschen Schnitte nicht nach den Methoden in § 7 gewinnen, sondern wir müssen auf ein allgemeineres Verfahren von § 6 zurückgreifen. Bildet man zu einer beliebigen Menge A von rationalen Zahlen zunächst die Menge B der oberen Schranken von A und dann die Menge C der unteren Schranken von B, so sieht man leicht, daß C ein DEDEKINDscher Schnitt ist, und daß man *jeden* DEDEKINDschen Schnitt auf diese Weise gewinnen kann. Dieses Verfahren der Definition der DEDEKINDschen Schnitte kann in einem beliebigen Verband V angewandt werden; es liefert eine vollständige Einbettung von V in einen vollständigen Verband.

Wir gehen noch einen Schritt weiter und zeigen, daß sogar eine beliebige *Halbordnung* in einen vollständigen Verband vollständig eingebettet werden kann. Dies bedeutet in naturgemäßer Analogie zu der in § 6 gegebenen Definition für die vollständige Einbettung von Verbänden:

Zu jeder Halbordnung H gibt es einen vollständigen Verband V, so daß gilt:

(a) V enthält eine Teilmenge H_0, die (in bezug auf die Inklusion) isomorph zu H ist,

(b) Wenn für eine Teilmenge A von H_0 die in H_0 gebildete obere bzw. untere Grenze ($\sup_{H_0} A$ bzw. $\inf_{H_0} A$) existiert, so ist auch die in

V gebildete obere Grenze von A gleich $\sup_{H_0}$ und die in V gebildete untere Grenze von A gleich $\inf_{H_0} A$[1].

Das wollen wir nun im einzelnen ausführen.

Sei H eine beliebige Halbordnung. Für eine Teilmenge A von H sei $Sup A$ die Menge aller oberen Schranken, und $Inf A$ die Menge aller unteren Schranken von A. Ist A eine Teilmenge von B, so ist jede untere bzw. obere Schranke von B eine untere bzw. obere Schranke von A; man hat also im vollständigen Verband $\mathfrak{P}(H)$

$$A \subset B \rightarrow Sup B \subset Sup A, \qquad A \subset B \rightarrow Inf B \subset Inf A. \tag{12.5}$$

Die Abbildungen $Sup A$ und $Inf A$ kehren also die Inklusion um, so daß man sie als *Antihomomorphismen* bezeichnen kann. Aus (12.5) folgt sofort, daß die Abbildung von A auf $Inf\ Sup A$ ein *Endomorphismus* von $\mathfrak{P}(H)$ ist. Die Abbildung $Inf\ Sup A$ ist darüber hinaus eine *Hüllenoperation* im Sinne von § 6: Jedes Element von A ist in jeder oberen Schranke von A enthalten, also eine untere Schranke von $Sup A$. Dies zeigt, daß $A \subset Inf\ Sup A$. Ist ferner x eine untere Schranke von $Sup A$ und y eine obere Schranke von A, also ein Element von $Sup A$, so gilt $x \subset y$. Jedes Element y von $Sup A$ umfaßt also jedes Element x von $Inf\ Sup A$, ist also ein Element von $Sup\ Inf\ Sup A$. Wir haben demnach $Sup A \subset Sup\ Inf\ Sup A$ und wegen (12.5) $Inf\ Sup\ Inf\ Sup A \subset Inf\ Sup A$. Damit ist $Inf\ Sup A$ als Hüllenoperation erwiesen. Wir wollen $Inf\ Sup A$ abkürzen durch $\bar{A}$.

Wir nennen allgemein eine abgeschlossene Menge $\bar{A}$ einen DEDEKIND*schen Schnitt in H*. Die Menge der DEDEKINDschen Schnitte bildet einen vollständigen $\frown$-Teilbund $\mathfrak{S}(H)$ von $\mathfrak{P}(H)$. Unter einem *Hauptschnitt* (a) mit $a \in H$ verstehen wir die Menge aller $x \in H$ mit $x \subset a$[2]. *Jeder Hauptschnitt* (a) *ist ein* DEDEKIND*scher Schnitt.* Ist nämlich x eine untere Schranke der Menge aller oberen Schranken von (a), so ist x in der oberen Schranke a von (a) enthalten und damit ein Element von (a). Es gilt also $\overline{(a)} \subset (a)$. Dies zeigt, daß (a) ein DEDEKINDscher Schnitt ist.

Ordnet man dem Element a der Halbordnung H den DEDEKINDschen Schnitt (a) als Bild zu, so hat man eine umkehrbar eindeutige Abbildung von H auf eine Teilmenge H_0 von $\mathfrak{S}(H)$. Hierzu genügt es zu zeigen:

$$a \subset b \rightarrow (a) \subset (b), \tag{12.6}$$

$$(a) \subset (b) \rightarrow a \subset b. \tag{12.7}$$

---

[1] Die angegebenen Beziehungen übertragen sich wegen des in (a) geforderten Isomorphismus selbstverständlich von H_0 auf H.

[2] Falls H ein Verband ist, fällt der Begriff des Hauptschnittes mit dem des $\smile$-Hauptideals zusammen.

Ist nämlich a in b enthalten, so ist jedes x mit $x \subset a$ in b enthalten, folglich auch ein Element von (b); setzen wir umgekehrt $(a) \subset (b)$ voraus, so folgt speziell, daß a ein Element von (b) ist, also in b enthalten ist. Aus den obigen Behauptungen ergibt sich unmittelbar die Eineindeutigkeit der Abbildung.

Wir beweisen nun unter der Annahme, daß in H das Element $\bigcap a_\nu$ existiert, die Gleichung:

$$(\bigcap a_\nu) = \bigcap (a_\nu). \tag{12.8}$$

Dabei ist auf der rechten Seite der Durchschnitt in $\mathfrak{S}(H)$, also der mengentheoretische Durchschnitt zu nehmen. Wir haben nämlich die Äquivalenzen:

$$\begin{aligned} x \in (\bigcap a_\nu) &\longleftrightarrow x \subset \bigcap a_\nu \\ &\longleftrightarrow \text{Für jedes } \nu\colon\ x \subset a_\nu \\ &\longleftrightarrow \text{Für jedes } \nu\colon\ x \in (a_\nu) \\ &\longleftrightarrow x \in \bigcap (a_\nu). \end{aligned}$$

Weiter nehmen wir an, daß in H das Element $\bigcup a_\nu$ existiert, und zeigen:

$$(\bigcup a_\nu) = \bigcup (a_\nu). \tag{12.9}$$

Auf der rechten Seite haben wir die Vereinigung in $\mathfrak{S}(H)$, die im allgemeinen *nicht* mit der mengentheoretischen Vereinigung übereinstimmt. Wenn wir vorübergehend die mengentheoretische Vereinigung durch $\bigcup_m$ bezeichnen, so gilt

$$\bigcup (a_\nu) = \mathit{Inf}\ \mathit{Sup} \bigcup_m (a_\nu); \tag{12.10}$$

denn die rechte Seite ist die kleinste abgeschlossene Menge, die alle (a_ν) umfaßt. Ferner ist $(\bigcup a_\nu)$ ein DEDEKINDscher Schnitt, also

$$(\bigcup a_\nu) = \mathit{Inf}\ \mathit{Sup} (\bigcup a_\nu). \tag{12.11}$$

Man verifiziert leicht die beiden folgenden Beziehungen:

$$y \in \mathit{Sup}(a) \longleftrightarrow y \supset a, \tag{12.12}$$

$$y \in \mathit{Sup} \bigcup_m (a_\nu) \longleftrightarrow y \supset a_\nu \text{ für alle } \nu. \tag{12.13}$$

Unter Berücksichtigung dieser Gleichungen hat man:

$$\begin{aligned} x \in (\bigcup a_\nu) &\longleftrightarrow x \in \mathit{Inf}\ \mathit{Sup}(\bigcup a_\nu) && (\text{wegen } (12.11)) \\ &\longleftrightarrow \text{Für alle } y\colon\ (y \in \mathit{Sup}(\bigcup a_\nu) \to x \subset y) \\ &\longleftrightarrow \text{Für alle } y\colon\ (y \supset \bigcup a_\nu \to x \subset y) && (\text{wegen } (12.12)) \\ &\longleftrightarrow \text{Für alle } y\colon\ (y \supset a_\nu \text{ für alle } \nu \to x \subset y) \\ &\longleftrightarrow \text{Für alle } y\colon\ (y \in \mathit{Sup} \bigcup_m (a_\nu) \to x \subset y) && (\text{wegen } (12.13)) \\ &\longleftrightarrow x \in \mathit{Inf}\ \mathit{Sup} \bigcup_m (a_\nu) \\ &\longleftrightarrow x \in \bigcup (a_\nu). && (\text{wegen } (12.10)) \end{aligned}$$

Damit ist auch (12.9) bewiesen. Wir formulieren das Ergebnis in dem

Satz 12.7. *Jede Halbordnung H ist vollständig einbettbar in den vollständigen Verband $\mathfrak{S}(H)$ der* DEDEKIND*schen Schnitte über H.*

Korollar. *Jeder Verband V ist vollständig einbettbar in den vollständigen Verband $\mathfrak{S}(V)$ der* DEDEKIND*schen Schnitte über V.*

Im allgemeinen ist $\mathfrak{S}(V)$ nicht modular, selbst wenn V distributiv ist (vgl. die Literaturangabe). Die Methode der Schnitte liefert also in dieser Hinsicht nicht so weitgehende Resultate, wie sie für die Idealmethode in Satz 12.6 ausgesprochen sind.

Zur vollständigen Einbettung distributiver Verbände in Verbände $\mathfrak{P}(m)$ vgl. Beispiel 24.2.

Aufgaben. 12.1. Man führe in einem Verband V mit Nullelement geeignete *Operationen* ein, so daß die Teilalgebren der so gewonnenen Algebra mit den $\cup$-Idealen von V übereinstimmen.

12.2. Man suche Beispiele von $\cup$-Idealen, die nicht Hauptideale sind.

12.3. V sei ein vollständiger Verband. Man zeige, daß V und $\mathfrak{S}(V)$ isomorph sind.

12.4. V sei eine Kette. Man zeige, daß $\mathfrak{S}(V)$ eine Kette ist (ein Beispiel liefert der Verband V der rationalen Zahlen).

12.5. R sei ein topologischer Raum, p ein Punkt von R. Eine Teilmenge N von R heiße eine *Nachbarschaft* von p, wenn es eine offene Menge O gibt, so daß $p \in O$ und $O \subset N$. Man zeige, daß die Nachbarschaften eines Punktes ein von $\mathfrak{P}(R)$ verschiedenes $\cap$-Ideal von $\mathfrak{P}(R)$ bilden. (In der neueren Topologie nennt man ein von $\mathfrak{P}(R)$ verschiedenes $\cap$-Ideal von $\mathfrak{P}(R)$ einen *Filter*.)

Literatur.

MACNEILLE, H.: Partially ordered sets. Trans. Amer. math. Soc. Bd. 42 (1937) S. 416–460.

COTLAR, M.: Un metodo de construccion de estructuras. Rev. Univ. Nac. Tucumán (A) Bd. 4 (1944) S. 105–157. — FUNAYAMA, N.: On the completion by cuts of distributive Lattices. Proc. Imp. Acad. Tokyo Bd. 20 (1944) S. 1–2. — DILWORTH, R. P.-MCLAUGHLIN, J. E.: Distributivity in lattices. Duke Math. J. Bd. 19 (1952) S. 683–693. (Die genannten Autoren zeigen an Beispielen, daß der Schnittverband eines distributiven Verbandes nicht immer distributiv ist.)

SCHMIDT, J.: Beiträge zur Filtertheorie I, II. Math. Nachr. Bd. 1 (1952) S. 359–378; Bd. 10 (1953) S. 197–232.

Drittes Kapitel.

Modulare Verbände.

Modulare Verbände treten bei den Anwendungen der Verbandstheorie besonders häufig auf. Die modularen und gleichzeitig komplementären Verbände sind sehr eng verbunden mit den projektiven Geometrien. Diese Zusammenhänge untersuchen wir in §§ 14—16. Viele bemerkenswerte Eigenschaften der Normalteiler einer Gruppe lassen sich ganz allgemein für die Kongruenzrelationen einer Algebra aussprechen, deren Kongruenzrelationenverband modular ist. Als ein charakteristisches Beispiel behandeln wir nach dem vorbereitenden § 17 den Verfeinerungssatz in § 18. § 19 gibt eine verbandstheoretische Interpretation des Begriffs der linearen Abhängigkeit. Der einleitende § 13 untersucht einige grundlegende Eigenschaften modularer Verbände, vor allem solche, die im Zusammenhang mit dem Dimensionsbegriff stehen.

Wir haben die modularen Verbände bereits in § 8 eingeführt und in § 9 durch ihre Teilverbände charakterisiert. Satz 10.1 gibt das wichtige Resultat, daß ein modularer und komplementärer Verband auch relativ komplementär ist. Der Verband der Ideale eines modularen Verbandes mit Nullelement ist wieder modular, wie in Satz 12.4 bewiesen wird. Daraus haben wir in Satz 12.6 gefolgert, daß man jeden modularen Verband in einen vollständigen modularen Verband einbetten kann.

§ 13. Einige einfache Eigenschaften modularer Verbände.

Die modularen Verbände lassen sich durch eine besonders einfache Eigenschaft der in § 5 behandelten Perspektivitäten charakterisieren. Hieraus folgt ein wichtiger Nachbarsatz und ein Satz über die Längen maximaler Ketten in „längenendlichen“ modularen Verbänden. Fordert man zusätzlich die Existenz eines Nullelements, so kann man für die Verbandselemente den Begriff der Dimension einführen. Man erhält so einen bekannten Dimensionssatz der projektiven Geometrie in verbandstheoretischer Formulierung.

V sei ein modularer Verband. Zwei Elemente a, b von V bestimmen nach § 5 die Perspektivität

$$x P y \quad \longleftrightarrow \quad x = a \frown y \quad \textit{und} \quad y = x \smile b. \tag{13.1}$$

In § 5 wurde für einen *beliebigen* Verband bewiesen, daß P ein Isomorphismus ist zwischen einem $\frown$-Teilbund A von $a/a \frown b$ und einem $\smile$-Teilbund B von $a \smile b/b$. A stimmt im allgemeinen nicht mit dem Zwischenverband $a/a \frown b$ überein. Dies gilt jedoch, wenn V modular ist. Ist nämlich x ein beliebiges Element zwischen $a \frown b$ und a, so gilt für $y = x \cup b$ die Beziehung $x P y$, denn es ist zunächst $a \cap y = y \cap a = (x \cup b) \cap a = x \cup (b \cap a)$ nach dem modularen Gesetz, da $x \subset a$, und schließlich ist $x \cup (b \cap a) = x$, da $b \cap a \subset x$. Ebenso ergibt sich, daß $B = a \cup b/b$.

Setzen wir nun umgekehrt voraus, daß in einem Verband V für alle a, b der Vorbereich A der Perspektivität (13.1) stets mit $a/a \cap b$ übereinstimmt (oder auch dual, daß $B = a \cup b/b$). Dann ist V modular. Zum Beweise sei $c \subset a$. Dann liegt $x = (a \cap b) \cup c$ zwischen $a \cap b$ und a, also im Vorbereich von (13.1). Zu x gibt es ein y aus dem Nachbereich von (13.1). Insbesondere gilt

$$y = x \cup b.$$

Es ist $y = \big((a \cap b) \cup c\big) \cup b = b \cup c$. Aus (13.1) folgt nun $x = a \cap y$, d.h.

$$(a \cap b) \cup c = a \cap (b \cup c),$$

und das ist die Aussage des modularen Gesetzes.

Wir fassen diese Überlegungen zusammen im

Isomorphiesatz. *In einem modularen Verband bildet die Perspektivität* (13.1) *den Zwischenverband $a/a \cap b$ isomorph ab auf den Zwischenverband $a \cup b/b$.* Ein beliebiger Verband ist modular, wenn der Vorbereich jeder Perspektivität (13.1) mit dem Zwischenverband $a/a \cap b$ übereinstimmt.

Sei V modular und a oberer Nachbar von $a \cap b$. Dann enthält $a/a \cap b$ genau zwei Elemente. Dasselbe gilt nach dem letzten Satz auch für $a \cup b/b$, so daß $a \cup b$ oberer Nachbar von b ist. Damit haben wir den

Nachbarsatz. *a, b seien Elemente eines modularen Verbandes. Ist $a \cap b$ unterer Nachbar von a, so $a \cup b$ oberer Nachbar von b, und umgekehrt.*

Ist insbesondere $a \cap b$ unterer Nachbar von a und b, so ist $a \cup b$ oberer Nachbar von a und von b. Diese Eigenschaft läßt sich besonders gut in Diagrammen feststellen. Sie besagt: Ist ein Punkt Anfangspunkt zweier aufsteigender Strecken (d. h. von Linien, die Nachbarn verbinden), so sind die Endpunkte dieser Strecken Anfangspunkte zweier aufsteigender Strecken, die sich in einem Punkt treffen.

Für die folgenden Betrachtungen legen wir zunächst einen *beliebigen* Verband V zugrunde. Hat eine Kette K von Elementen aus V ein kleinstes Element a und ein größtes Element b, so wollen wir sagen, daß *K a mit b verbindet*, oder daß *K eine Kette von a nach b* ist. Liegt c in der Kette von a nach b, so sagen wir, daß *K eine Kette von a nach b über c* ist.

Eine a mit b verbindende Kette K von Elementen aus V heißt *maximal*, wenn es in V keine a mit b verbindende Kette K' gibt, die

die Elemente von K und außerdem noch weitere Elemente enthält. Sind $a_0, \ldots, a_n$ die wachsend geordneten Elemente einer *endlichen* Kette K von a_0 nach a_n, so ist offenbar K genau dann eine maximale Kette von a_0 nach a_n, wenn je zwei aufeinanderfolgende Elemente benachbart sind.

Unter der *Länge* $L(K)$ *einer Kette* K versteht man die um 1 verminderte Anzahl der Elemente von K. Es ist $-1 \leqq L(K) \leqq \infty$.

Sei V ein beliebiger Verband. Seien a, b Elemente von V mit $a \subset b$. Wir betrachten die Längen der Ketten von a nach b. g sei die obere Grenze dieser Längen. Es ist jedenfalls $0 \leqq g \leqq \infty$. g ist sicher dann unendlich, wenn es eine unendliche Kette von a nach b gibt. Aber auch dann, wenn dies nicht der Fall ist, kann g unendlich sein. Dies zeigt das Beispiel des in Abb. 13.1 dargestellten Verbandes für $a = 0$, $b = 1$.

Dieser Verband ist nicht modular, denn er enthält einen Teilverband, der zu dem in Abb. 8.1A dargestellten Verband isomorph ist. Dagegen gilt

Satz 13.1. Seien a, b Elemente eines *modularen* Verbandes V mit $a \subset b$. Jede a mit b in V verbindende Kette sei endlich. Dann ist die Menge der Längen der a mit b in V verbindenden Ketten beschränkt.

Abb. 13.1. Beispiel eines längenendlichen Verbandes mit unbeschränkter Kettenlänge zwischen 0 und 1.

Es wird also behauptet, daß es unter den Ketten von a nach b eine endliche Kette K_0 größter Länge gibt. K_0 muß jedenfalls eine maximale Kette sein.

Wir wollen uns zunächst davon überzeugen, daß es überhaupt eine maximale Kette von a nach b gibt. Dies folgt, da $\{a, b\}$ eine Kette von a nach b ist, aus der etwas weitergehenden Aussage: *Jede Kette K von a nach b ist in eine maximale Kette K_0 von a nach b einbettbar*[1]. Für die Überlegung benötigen wir nicht die Modularität von V. Wir schließen indirekt und nehmen an, daß keine K_0 umfassende maximale Kette existiert. Dann definieren wir eine Folge von Ketten K_n von a nach b wie folgt: K_1 sei gleich K. K_n sei bereits definiert. K_n ist eine endliche Kette mit den der Größe nach angeordneten Elementen

$$a = a_0 \subset a_1 \subset \cdots \subset a_m = b.$$

[1] Man könnte sich im folgenden auf das Zornsche Lemma (vgl. § 30) berufen, nach dem jede a mit b verbindende Kette in eine maximale Kette von a nach b einbettbar ist. Dabei wird das Auswahlaxiom angewandt auf die Menge der Ketten von a nach b. Der vorliegende Beweis verwendet das Auswahlaxiom für den Verband V selbst, ist also in einem gewissen Sinne elementarer.

Nicht immer sind je zwei aufeinanderfolgende Elemente benachbart, da K_n sonst maximal wäre. r sei der kleinste Index, so daß a_r und a_{r+1} nicht benachbart sind. φ sei eine Auswahlfunktion, die aus jeder nichtleeren Teilmenge von V ein Element auswählt. φ wählt aus der nichtleeren Menge der echt zwischen a_r und a_{r+1} gelegenen Elemente von V ein Element aus. Dieses adjungieren wir zu K_n und erhalten so K_{n+1}. K_0 sei die mengentheoretische Vereinigung aller Ketten K_n. Man sieht sofort, daß K_0 eine unendliche Kette von a nach b ist, deren Existenz der Voraussetzung widerspricht.

Satz 13.1 ist nun vollständig bewiesen, sobald wir gezeigt haben, daß eine *maximale* Kette von a nach b nicht weniger Elemente besitzt als eine *beliebige* Kette von a nach b. Diese Behauptung formulieren wir als

Kettensatz. *Ist K_0 eine endliche maximale Kette von a nach b in einem modularen Verband, und ist K eine beliebige Kette von a nach b, so ist K nicht länger als K_0 (K ist also insbesondere endlich).*

Beweis. Wir ordnen die Elemente von K_0 wachsend:

$$K_0 = \{a_0, \ldots, a_n\}, \quad a = a_0, \quad b = a_n.$$

Wir zeigen den Satz durch Induktion nach n. Für $n = 0$ ist die Behauptung trivial. Wir wollen zeigen, daß sie für n gilt, falls sie für $n - 1$ vorausgesetzt wird.

K' sei die Menge der von a_n verschiedenen Elemente von K. Sind alle Elemente von K' in a_{n-1} enthalten, so hat die durch Adjunktion von a_{n-1} zu K' entstehende Kette von a_0 nach a_{n-1} nach Induktionsvoraussetzung höchstens die Länge $n - 1$, da $\{a_0, \ldots, a_{n-1}\}$ eine maximale Kette von a_0 nach a_{n-1} ist. A fortiori hat dann auch K' höchstens die Länge $n - 1$. Daraus folgt, daß K höchstens die Länge n besitzt. Wir können also im folgenden annehmen, daß es in K' wenigstens ein Element c gibt, das nicht in a_{n-1} enthalten ist.

Wir wollen die Annahme, daß K eine Länge hat, die größer ist als n, zum Widerspruch führen. Unter dieser Annahme ist die Länge von K' mindestens gleich n. Es gibt daher in K' ein Element d, so daß die Kette der in d enthaltenen Elemente von K' mindestens die Länge n besitzt.

Sei $e = Max(c, d)$ und K'' die Menge der in e enthaltenen Elemente von K. Dann gilt (siehe Abb. 13.2):

$$\text{(a)}\ e \neq a_n, \qquad \text{(b)}\ e \not\subset a_{n-1} \qquad \text{(c)}\ L(K'') \geqq n.$$

$a_{n-1} \cup e$ muß gleich a_n sein, da $a_{n-1} \cup e$ zwischen a_{n-1} und a_n liegt und nach (b) von a_{n-1} verschieden ist. $a_{n-1} \cup e$ ist demnach oberer

Nachbar von a_{n-1}. Dann muß nach dem Nachbarsatz $f = a_{n-1} \frown e$ unterer Nachbar von e sein. Es ist $f \neq a_{n-1}$, da sonst $a_{n-1} \subset e$, also $e = a_n$, entgegen (a). Wir zeigen nun zunächst, daß es eine maximale Kette K^* von a_0 nach f gibt, deren Länge $n - 2$ nicht übertrifft. Dies ergibt sich sofort daraus, daß jede Kette von a_0 nach f durch Adjunktion von a_{n-1} übergeht in eine Kette von a_0 nach a_{n-1}, deren Länge nach der Induktionsvoraussetzung nicht größer sein kann als $n - 1$. Unter den Ketten von a_0 nach f gibt es also eine Kette K^* größter Länge, die maximal ist, und deren Länge natürlich nicht größer ist als $n - 2$. Adjungiert man e zu K^*, so entsteht eine maximale Kette von a_0 nach e, deren Länge nicht größer ist als $n - 1$. Dies widerspricht auf Grund der Induktionsvoraussetzung der Tatsache, daß K'' eine Kette von a_0 nach e ist, deren Länge nach (c) nicht kleiner ist als n.

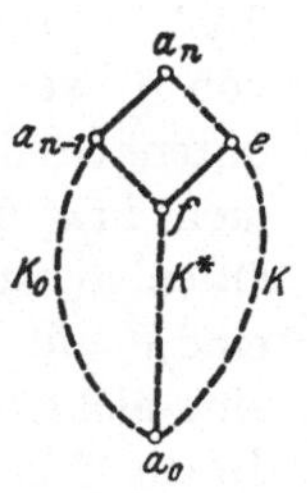

Abb. 13.2. Zum Beweis des Kettensatzes.

Aus dem Kettensatz folgt unmittelbar als

Korollar. a und b seien Elemente eines modularen Verbandes. Dann haben je zwei maximale Ketten von a nach b die gleiche Länge.

In Satz 13.1 haben wir vorausgesetzt, daß jede Kette von a nach b endlich ist. Ganz allgemein nennt man einen Verband V *längenendlich*, wenn jede Kette, die irgend zwei Elemente miteinander verbindet, endlich ist (d. h., eine endliche Länge besitzt). Man beachte, daß nicht verlangt wird, daß jede Kette von Elementen von V endlich ist. So ist etwa der lineare Verband G aller ganzen Zahlen längenendlich, obwohl die Menge aller ganzen Zahlen eine unendliche Kette in G bildet. Jeder endliche Verband ist längenendlich. Ebenso der Verband aller linearen Teilräume (leere Menge, Punkte, Geraden, Gesamtebene) einer Ebene (vgl. Beispiel 5.2).

In einem längenendlichen Verband kann man wie bei dem Beweis von Satz 13.1 einsehen, daß sich jede Kette von a nach b in eine maximale Kette von a nach b einbetten läßt. Man benötigt also nicht das Auswahlaxiom. Für später zeigen wir das

Lemma. (a) Ein längenendlicher Verband V mit 0 und 1 ist vollständig. (b) In einem längenendlichen Verband V mit 1 hat jede nichtleere nach oben gerichtete Menge M ein größtes Element. (c) Ein längenendlicher Verband V mit 0 und 1 ist stetig. (d) Ein längenendlicher Verband V mit 0 ist atomar.

Beweis (mit Hilfe des Auswahlaxioms): (a) Wäre A eine Teilmenge von V ohne untere Grenze, so könnte man wie folgt eine unendliche Kette bilden, welche 0 mit 1 verbindet: 0 ist eine untere Schranke von A.

0 ist keine untere Grenze von A. Es gibt also eine untere Schranke a_1 von A, welche nicht in 0 enthalten ist. Man hat also $0 \Subset a_1$. a_1 ist nicht untere Grenze von A. Es gibt also eine untere Schranke b_1 von A, welche nicht in a_1 enthalten ist. Dann ist $a_2 = a_1 \cup b_1$ eine untere Schranke von A. Offenbar ist $a_1 \Subset a_2$. Setzt man diese Konstruktion fort, so erhält man eine 0 mit 1 verbindende *unendliche* Kette $0, a_1, a_2, \ldots, 1$. (b) M sei eine nichtleere nach oben gerichtete Menge. a_0 sei ein Element von M. Hätte M kein größtes Element, so könnte man wie folgt eine unendliche Kette bilden, welche a_0 mit 1 verbindet: a_0 ist nicht größtes Element von M. Es gibt also ein $b_0 \in M$, welches nicht in a_0 enthalten ist. Zu a_0 und b_0 gibt es in der nach oben gerichteten Menge M ein a_1 mit $a_0 \subset a_1$, $b_0 \subset a_1$. Offenbar ist $a_0 \Subset a_1$. Setzt man diese Konstruktion fort, so erhält man eine *unendliche* Kette $a_0, a_1, \ldots, 1$, welche a_0 mit 1 verbindet. (c) V ist vollständig, wie wir unter (a) gezeigt haben. Es genügt aus Dualitätsgründen zu zeigen, daß $(7.2_\cap)$ gilt, wobei wir annehmen können, daß die vorkommende nach oben gerichtete Menge nichtleer ist. Es genügt zu zeigen, daß $x \cap \bigcup y_\varrho \subset \bigcup (x \cap y_\varrho)$, da die andere Inklusion trivial ist. Nach (b) gibt es in der nach oben gerichteten Menge ein größtes Element y_{ϱ_0}. Es folgt $\bigcup y_\varrho = y_{\varrho_0}$, also $x \cap \bigcup y_\varrho = x \cap y_{\varrho_0} \subset \bigcup (x \cap y_\varrho)$. (d) Wäre V nicht atomar, so gäbe es ein $a_0 \in V$ mit $a_0 \neq 0$ derart, daß a_0 kein Atom umfaßt. Insbesondere ist a_0 kein Atom. Es gibt daher wenigstens ein a_1 echt zwischen 0 und a_0. a_1 hat wegen $a_1 \subset a_0$ auch die Eigenschaft, kein Atom zu umfassen. Man kann die Konstruktion daher fortsetzen, und erhält eine nicht abbrechende Folge $a_0 \Supset a_1 \Supset a_2 \Supset \ldots$. Dann ist $0, \ldots, a_2, a_1, a_0$ eine *unendliche* Kette, welche 0 mit a_0 verbindet.

Der Kettensatz legt es nahe, für die Elemente eines längenendlichen modularen Verbandes V mit Nullelement den Begriff der *Dimension* einzuführen. Die Dimension $d(a)$ eines Elementes a von V ist erklärt als die Länge einer (und damit jeder) maximalen Kette von 0 nach a.

Wir geben zunächst einige einfache *Gesetze für die Dimension* an:

(a) $d(0) = 0$. Denn $\{0\}$ ist eine maximale Kette von 0 nach 0.

(b) Ist b oberer Nachbar von a, so $d(b) = d(a) + 1$. Denn eine maximale Kette von 0 nach a geht durch Adjunktion von b über in eine maximale Kette von 0 nach b.

(c) Aus $a \subset b$ und $d(a) = d(b)$ folgt $a = b$. Denn wäre $a \neq b$, also $a \Subset b$, so ginge eine maximale Kette von 0 nach a durch Adjunktion von b über in eine *größere* Kette von 0 nach b, die durch eventuelle weitere Adjunktionen in eine dann noch größere maximale Kette von 0 nach b übergeführt werden könnte.

(d) Ist $a \subset b$ und $d(b) = d(a) + 1$, so b oberer Nachbar von a. Sonst gäbe es eine Kette von 0 bis nach b, die mindestens zwei Elemente mehr enthielte als eine maximale Kette von 0 nach a.

(e) $d(a) = 1$ bzw. 2 genau dann, wenn a ein Atom bzw. ein Hyperatom ist. Folgt aus (a), (b) und (d).

Offenbar hat ein längenendlicher modularer Verband mit Nullelement genau dann ein Einselement, wenn die Dimensionen seiner Elemente beschränkt sind. Ein solcher Verband heißt auch *endlichdimensional.*

Dimensionssatz. *Sind a, b Elemente eines längenendlichen modularen Verbandes mit Nullelement, so gilt:*

$$d(a) + d(b) = d(a \frown b) + d(a \smile b).$$

Beweis. Es gibt, wie wir oben gesehen haben, eine maximale Kette K von 0 über $a \frown b$ nach a. Es folgt, daß $d(a) - d(a \frown b)$ gleich der Anzahl s der $a \frown b$ effektiv übertreffenden Elemente von K ist. Nach dem Isomorphiesatz gibt es einen Isomorphismus von $a/a \frown b$ auf $a \smile b/b$. Durch diese Abbildung geht die Menge der $a \frown b$ umfassenden Elemente von K über in eine maximale Kette von b nach $a \smile b$. Diese kann man vervollständigen zu einer maximalen Kette K' von 0 über b nach $a \smile b$. Wie oben ist $d(a \smile b) - d(b)$ gleich der Anzahl der b effektiv übertreffenden Elemente von K', also nach Konstruktion von K' gleich s. Damit ist der Dimensionssatz bewiesen.

Satz 13.2. V sei ein modularer Verband mit Nullelement. $\boldsymbol{L}(V)$ sei die Menge der Elemente x von V, zu denen es eine endliche maximale Kette von 0 nach x gibt. Dann ist $\boldsymbol{L}(V)$ ein $\smile$-Ideal in V und längenendlich.

Beweis. Ist $a \in \boldsymbol{L}(V)$ und $b \subset a$, so kann nach dem Kettensatz eine Kette von 0 nach b nicht mehr Elemente enthalten als eine nach Voraussetzung existierende endliche maximale Kette von 0 nach a, woraus die Existenz einer endlichen maximalen Kette von 0 nach b folgt. Also ist auch $b \in \boldsymbol{L}(V)$. Sind a, b Elemente von $\boldsymbol{L}(V)$, so liegt auch $a \smile b$ in $\boldsymbol{L}(V)$. Es gibt nämlich eine endliche maximale Kette von 0 über $a \frown b$ nach a. Die Teilkette von $a \frown b$ nach a läßt sich nach dem Isomorphiesatz abbilden auf eine endliche maximale Kette von b nach $a \smile b$, zu der man nur noch eine endliche maximale Kette von 0 nach b hinzufügen muß, um einzusehen, daß $a \smile b$ in $\boldsymbol{L}(V)$ liegt. Die Längenendlichkeit von $\boldsymbol{L}(V)$ ist trivial.

Zu $\boldsymbol{L}(V)$ gehören insbesondere 0, die Atome und die Hyperatome von V.

Aufgaben. 13.1. Ein Verband V ist genau dann längenendlich, wenn jede beschränkte Kette aus V eine endliche Länge hat.

13.2. Man suche einen der in Abb. 3.1 dargestellten Verbände als Beispiel dafür, daß für einen längenendlichen Verband aus der Gültigkeit des Kettensatzes nicht die Modularität folgt.

13.3. Im längenendlichen Verband V mit Nullelement gelte der Kettensatz und der Dimensionssatz. Man zeige, daß V modular ist.

13.4. V sei ein längenendlicher Verband mit Nullelement. Für $a \in V$ werde unter $d(a)$ allgemein die *kleinste* Länge einer *maximalen* Kette von 0 nach a verstanden. Man betrachte die Aussagen M (modulares Gesetz), K (Kettensatz), D (Dimensionssatz) und N (Nachbarsatz). In Aufgabe 13.3 sollte bewiesen werden, daß $K \wedge D \rightarrow M$. Man gebe eine vollständige Übersicht über alle Beziehungen dieser Art zwischen M, K, D und N.

13.5. V sei ein längenendlicher modularer Verband und a_0 ein beliebiges Element von V. Man führe eine verallgemeinerte Dimension $d^*(a)$ ein, so daß (1) $d^*(a_0) = 0$, (2) der Dimensionssatz gilt, und (3) $d^*(a) \neq 0$ für wenigstens ein $a \in V$, falls V wenigstens zwei Elemente enthält.

§ 14. Der Verband der linearen Teilräume einer projektiven Geometrie.

In der Geometrie spielen seit PONCELET der Begriff des Schneidens und der dazu duale des Verbindens eine zentrale Rolle. Um uns diese Begriffe zunächst einmal anschaulich klarzumachen, versetzen wir uns in einen dreidimensionalen affinen Raum R. In R seien zwei verschiedene Geraden g und h gegeben. Wenn g und h genau einen Punkt P gemeinsam haben, so sagen wir, daß sich g und h in P *schneiden*, und wir setzen $g \frown h = P$. Der kleinste lineare Teilraum R, der sowohl g als auch h umfaßt, ist die durch g und h bestimmte Ebene E. Daher sagen wir, daß sich g und h zu E *verbinden* und setzen $g \smile h = E$. Wenn dagegen g und h keinen gemeinsamen Punkt besitzen, so ist die leere Menge l der mengentheoretische Durchschnitt von g und h, wobei wir diese Geraden als Punktmengen aufzufassen haben; dann ist also $g \frown h = l$. In diesem Falle ist schließlich der kleinste g und h umfassende lineare Teilraum von R der Raum R selbst, also $g \smile h = R$, außer in dem Falle, daß g und h parallel sind, und damit eine Ebene E bestimmen. Dann ist $g \smile h = E$.

Es zeigt sich, daß die Menge der linearen Teilräume von R in bezug auf die soeben eingeführten Operationen $\frown$ und $\smile$ einen Verband bilden. Wir werden erwarten dürfen, einen besonders einfachen Verband zu erhalten, wenn wir nicht einen affinen, sondern einen *projektiven* Raum R zugrunde legen. Das soll im folgenden geschehen. Wir wollen dabei die projektiven Räume geometrisch charakterisieren durch Forderungen, die im wesentlichen mit den klassischen Axiomen übereinstimmen, die von VEBLEN und YOUNG[1] angegeben worden sind. Wir wollen aber für unsere allgemeinen Überlegungen verzichten auf zwei Annahmen, die normalerweise in der Geometrie gemacht werden: (1) Wir wollen die Dimension nicht einschränken z. B. durch die Forderung endlicher Dimension. (2) Wir wollen nicht voraussetzen, daß auf jeder Geraden mindestens drei Punkte liegen. Wenn wir diese Forderungen nachträg-

[1] Vgl. VEBLEN-YOUNG, Projective Geometry, 2 vols. Boston 1910/1917, letzter Druck 1938/1946.

lich adjungieren, können wir unsere allgemeinen Ergebnisse mühelos entsprechend spezialisieren.

Die Überlegungen, die wir in diesem und im nächsten Paragraphen anstellen werden, führen zu den folgenden Ergebnissen: Die Verbände der linearen Teilräume der projektiven Räume lassen sich rein verbandstheoretisch charakterisieren. Sie stimmen überein mit den nach oben stetigen, atomaren, modularen und komplementären Verbänden. Man kann diese Verbände in einem noch zu präzisierenden Sinne mit den projektiven Räumen *identifizieren*.

In der damit gewonnenen ***rein verbandstheoretischen Charakterisierung der projektiven Geometrie*** treten als einzige Grundbegriffe $\frown$ und $\smile$ auf, d. h. genau die fundamentalen Begriffe des Schneidens und Verbindens. Auf Grund dieser Tatsache darf man die angegebene Charakterisierung als eine besonders glückliche Festlegung des Begriffs der projektiven Geometrie ansehen.

Wir haben es hier nur mit den geometrischen Sätzen zu tun, die sich mit dem Schneiden und Verbinden befassen, also mit den Sätzen der sogenannten *Verknüpfungsgeometrie.* Jeder Satz der Verknüpfungsgeometrie kann also aufgefaßt werden als ein Satz über die genannten speziellen modularen Verbände. Dieser Tatsache war man sich unausgesprochen schon immer bewußt. Das zeigt die Geschichte der projektiven Geometrie, in der man Sätze über Verbände, insbesondere auch über modulare Verbände, in geometrischer Einkleidung gewonnen hat, lange bevor sie in jüngster Zeit explizit verbandstheoretisch formuliert worden sind. Wir nennen als Beispiele das geometrische Dualitätsprinzip und den Dimensionssatz der projektiven Geometrie, mit dessen verbandstheoretischer Fassung wir uns im letzten Paragraphen beschäftigt haben.

*

Wir beginnen mit der Ausführung des oben gekennzeichneten Programms. Zunächst wollen wir eine axiomatische Festlegung des Begriffs der *projektiven Geometrie*[1] geben. Eine projektive Geometrie G ist gegeben durch zwei elementefremde Mengen und eine Relation, in der ein Element der ersten Menge zu einem Element der zweiten Menge stehen kann. Die Elemente der ersten Menge nennen wir *Punkte*, die Menge aller Punkte den zu G gehörigen *projektiven Raum* $R(G)$. Die Elemente der zweiten Menge heißen *Geraden*. Wenn ein Punkt α zu

[1] In der Literatur spricht man oft von einem *projektiven Raum*, wenn wir von einer projektiven Geometrie sprechen. In der hier gewählten Terminologie ist der zu einer projektiven Geometrie gehörige projektive Raum die Menge aller Punkte der projektiven Geometrie.

einer Geraden g in der für die projektive Geometrie grundlegenden Relation steht, so wollen wir sagen, daß α *auf* g *liegt*. Synonym verwenden wir die Redeweise: g *geht durch* α. g *und* h *schneiden sich*, wenn es einen Punkt α gibt, der zugleich auf g und h liegt. Wir nennen α, β, γ *kollinear*, wenn es eine Gerade g gibt, auf der diese Punkte liegen. Die Kollinearität von α, β, γ drücken wir abkürzend durch $\alpha\beta\gamma$ aus.

Wir sprechen erst dann von einer *projektiven Geometrie*, wenn drei *Axiome* (P0), (P1), (P2) gelten. Von diesen benötigen wir aber vorläufig nur die beiden letzten. Wenn diese gültig sind, wollen wir von einer *verallgemeinerten projektiven Geometrie* sprechen.

(P1) Zwei verschiedene Punkte liegen stets auf einer, und nur auf einer Geraden.

(P2) (Vgl. Abb. 14.1.) Unter den Voraussetzungen:

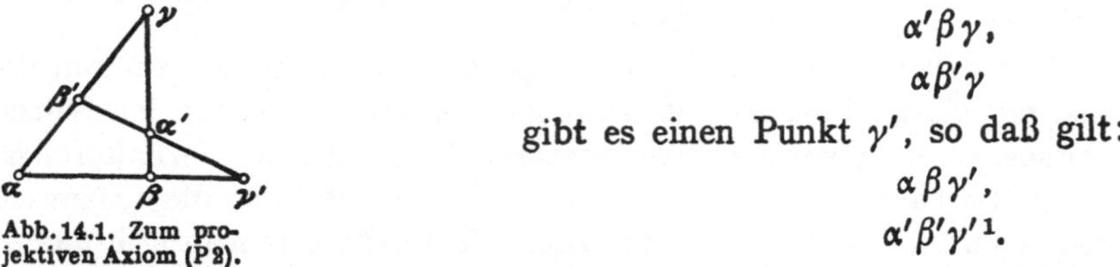

$\alpha'\beta\gamma$,
$\alpha\beta'\gamma$

gibt es einen Punkt γ', so daß gilt:

$\alpha\beta\gamma'$,
$\alpha'\beta'\gamma'$[1].

Abb. 14.1. Zum projektiven Axiom (P2).

Die nach (P1) durch zwei verschiedene Punkte α, β bestimmte Gerade wollen wir $\alpha\beta$ nennen. Es ist $\alpha\beta = \beta\alpha$.

Aus $\alpha\beta\gamma$ *und* $\alpha \neq \beta$ *ergibt sich, daß* γ *auf* $\alpha\beta$ *liegt*. α, β und γ liegen nämlich auf einer Geraden g, und diese Gerade muß nach (P1) mit $\alpha\beta$ übereinstimmen.

Definition. G sei eine verallgemeinerte projektive Geometrie. Eine Teilmenge x von $R(G)$ heißt ein *linearer Teilraum* von G, wenn für je zwei verschiedene Punkte $\alpha, \beta \in x$ und jeden Punkt γ, der auf $\alpha\beta$ liegt, auch γ zu x gehört.

Wir geben einige Beispiele für lineare Teilräume:

(a) Die leere Menge l und die einpunktigen Mengen sind lineare Teilräume, da es in ihnen nicht zwei verschiedene Punkte gibt, und da-

[1] An Stelle dieses Axioms (P2) findet man häufig eine Formulierung (P2)*, die besagt, daß (P2) gelten soll, wenn α, β, γ nicht kollinear sind. Man kann sich aber leicht davon überzeugen, daß aus (P1), (P2)* die Gültigkeit von (P2) geschlossen werden kann. Es ist dazu zu zeigen, daß (P2) auch gilt unter der Voraussetzung, daß α, β, γ kollinear sind, also auf einer Geraden g liegen. Falls $\beta \neq \gamma$, so bestimmen β und γ die Gerade g, so daß α' auf g liegt. Dann leistet $\gamma' = \alpha'$ das Verlangte. Es liegen nämlich α, β und α' auf g, so daß $\alpha\beta\alpha'$; falls $\alpha' \neq \beta'$, so liegen α' und β' auf $\alpha'\beta'$, so daß $\alpha'\beta'\gamma'$; falls $\alpha' = \beta'$, so liegt auch β' auf g, so daß $\alpha'\beta'\gamma'$. Entsprechend schließt man, wenn $\alpha \neq \gamma$. Falls aber $\alpha = \gamma$ und $\beta = \gamma$, so ist $\alpha = \beta$, und $\gamma' = \alpha'$ erfüllt die Forderungen, wie man ohne Schwierigkeiten erkennt.

her die in der Definition ausgesprochene Forderung trivialerweise erfüllt ist.

(b) Die Menge $R(G)$ ist ein linearer Teilraum, da γ stets zu $R(G)$ gehört.

(c) Die Menge $[g]$ aller Punkte, die auf einer Geraden g liegen, ist ein linearer Teilraum. Sind nämlich α, β verschiedene Punkte von g und liegt γ auf $\alpha\beta$, so liegt γ auf g, da $g = \alpha\beta$ nach (P1).

In diesem Paragraphen wollen wir die Menge der linearen Teilräume einer verallgemeinerten projektiven Geometrie charakterisieren durch den

Satz 14.1[1]. *Die Menge der linearen Teilräume einer verallgemeinerten projektiven Geometrie G bildet in bezug auf die mengentheoretische Inklusion einen nach oben stetigen, atomaren, komplementären und modularen Verband $\mathfrak{B}(G)$, der der Bedingung* (2) *von Satz* 7.4 *genügt.* Die Durchschnitte werden mengentheoretisch gebildet. Die Atome sind die einpunktigen Mengen.

Ein Teil dieser Behauptung folgt unmittelbar aus Satz 7.1 und Satz 7.4. Das ergibt sich einfach daraus, daß nach der Definition eine Teilmenge von $R(G)$ genau dann ein linearer Teilraum von G ist, wenn sie abgeschlossen ist gegenüber der Relation, in der drei Punkte α, β, γ von $R(G)$ genau dann stehen, wenn $\alpha \neq \beta$ und wenn α, β, γ kollinear sind.

Daß eine einpunktige Menge ein linearer Teilraum ist, haben wir bereits gesehen. Eine solche Menge ist ein Atom, da sie als Teilraum von $R(G)$ nur die leere Menge echt enthält. Ein mehrpunktiger Teilraum besitzt jeden seiner Punkte als echten Teil, kann also kein Atom sein. Diese Überlegung zeigt zugleich, daß $\mathfrak{B}(G)$ atomar ist. —

Für das Folgende benötigen wir zunächst einen Hilfssatz, der die Vereinigung zweier linearer Teilräume charakterisiert.

Verbindungssatz für lineare Teilräume einer verallgemeinerten projektiven Geometrie. *Die Vereinigung $a \cup b$ zweier linearer Teilräume a, b von $\mathfrak{B}(G)$ besteht aus den Punkten der Geraden* g, *zu denen es Punkte $\alpha \in a$, $\beta \in b$, $\alpha \neq \beta$ gibt, so daß α und β auf g liegen*[2]. *Drei Ausnahmen*: $a = l$, $b = l$, $a = b = \{\alpha\}$.

Beweis. Wir nehmen an, daß keine der genannten Ausnahmen vorliegt. x sei die Menge der Punkte, die auf wenigstens einer der genannten Verbindungsgeraden liegen. Da $a \cup b$ definitionsgemäß der kleinste a und b umfassende lineare Teilraum ist, genügt es zu zeigen:

(1) $x \subset a \cup b$,

(2) $a \subset x$, $b \subset x$,

(3) x ist ein linearer Teilraum.

[1] Vgl. Aufgabe 14.2.

[2] Man veranschauliche sich die Aussage des Verbindungssatzes an den linearen Teilräumen des dreidimensionalen Raumes!

ad (1). Jeder Punkt von a und jeder Punkt von b gehört zu $a \cup b$, also nach der Definition der linearen Teilräume auch jeder Punkt von x.

ad (2). Es genügt zu zeigen, daß jeder Punkt $\alpha \in a$ zu x gehört. Dies können wir, wenn wir beachten, daß wir gewisse Fälle ausgeschlossen haben, so einsehen: Wenn $b = \{\alpha\}$, so gibt es in a einen weiteren Punkt $\alpha' \neq \alpha$, und α liegt auf der Verbindungsgeraden $\alpha'\alpha$ des Punktes α' von a und des Punktes α von b, also in x. Wenn aber $b \neq \{\alpha\}$, so gibt es in b ein $\beta \neq \alpha$, und α liegt auf $\alpha\beta$, also wieder in x.

ad (3). Man hat zu zeigen, daß x mit zwei verschiedenen Punkten μ, ν jeden beliebigen Punkt ϱ von $\mu\nu$ enthält.

Zunächst betrachten wir den *Sonderfall*, daß wenigstens einer der Punkte μ, ν in a oder in b liegt. Wir dürfen uns auf die Annahme $\mu \in a$ beschränken (vgl. Abb. 14.2).

Zu $\nu \in x$ gibt es ein $\alpha \in a$ und ein $\beta \in b$, so daß $\alpha \neq \beta$ und $\alpha\beta\nu$. Aus

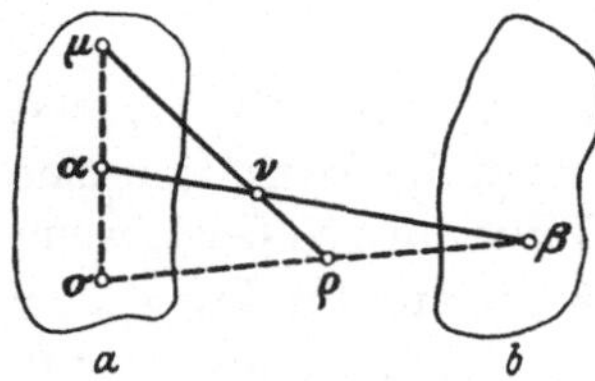

Abb. 14.2. Der Sonderfall.

$$\alpha\beta\nu \tag{14.1}$$

$$\varrho\mu\nu \tag{14.2}$$

folgt nach (P 2) die Existenz eines Punktes σ, so daß

$$\alpha\mu\sigma \tag{14.3}$$

$$\varrho\beta\sigma. \tag{14.4}$$

Falls $\alpha = \mu$, so haben wir nach (14.1) und (14.2) $\alpha\nu\beta$ und $\alpha\nu\varrho$. Dies bedeutet, daß β und ϱ auf der Geraden $\alpha\nu = \mu\nu$ liegen; auf dieser Geraden liegt auch α; damit haben wir $\alpha\beta\varrho$, also $\varrho \in x$.

Falls $\alpha \neq \mu$, so liegt wegen (14.3) σ in a. Hieraus folgt für $\sigma \neq \beta$ aus (14.4), daß $\varrho \in x$. Falls aber $\sigma = \beta$, so ergibt sich der Reihe nach $\beta \in a$, $\nu \in a$ (14.1), $\varrho \in a$ (14.2), also $\varrho \in x$ nach (2).

Nun behandeln wir den *allgemeinen Fall*, daß weder μ noch ν in a oder in b liegen (vgl. Abb. 14.3!). Zu $\nu \in x$ gibt es ein $\alpha \in a$ und ein $\beta \in b$, so daß $\alpha \neq \beta$ und $\alpha\beta\nu$. Aus

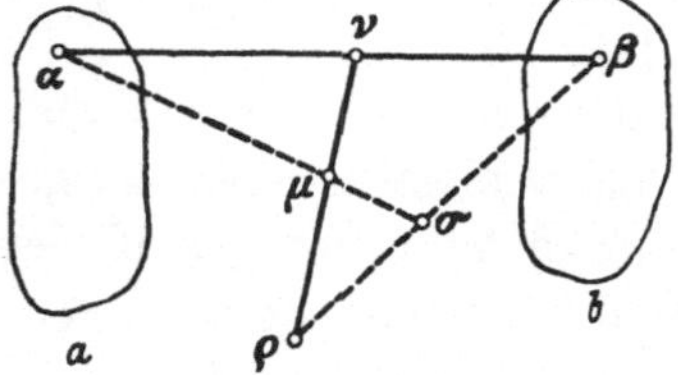

Abb. 14.3. Der allgemeine Fall.

$$\alpha\beta\nu \tag{14.5}$$

$$\varrho\mu\nu \tag{14.6}$$

ergibt sich nach (P 2) die Existenz eines Punktes σ, so daß

$$\alpha\mu\sigma \tag{14.7}$$

$$\varrho\beta\sigma. \tag{14.8}$$

Aus $\alpha\mu\sigma$ folgt wegen $\alpha \neq \mu$ nach dem Sonderfall, daß $\sigma \in x$, und wieder nach dem Sonderfall aus $\varrho\sigma\beta$, daß $\varrho \in x$, falls $\sigma \neq \beta$. Wenn aber $\sigma = \beta$, so liegen μ und ν (14.7) auf $\alpha\beta$, so daß $\alpha\beta = \mu\nu$ nach (P 1). ϱ liegt auf $\mu\nu$, also auf $\alpha\beta$; dies zeigt, daß auch in diesem Falle $\varrho \in x$.

Mit Hilfe des damit bewiesenen Verbindungssatzes zeigen wir nun die Modularität und Komplementarität von $\mathfrak{V}(G)$.

$\mathfrak{V}(G)$ *ist modular.* (*)

Nach § 8 (M') brauchen wir nur zu zeigen, daß

$$(a \cup b) \cap c \subset a \cup (b \cap c), \quad \text{falls} \quad a \subset c.$$

Dies ist selbstverständlich, falls $a = l$ oder $b = l$ oder $a = b$. Wir dürfen daher annehmen, daß $a \cup b$ durch den soeben bewiesenen Verbindungssatz charakterisiert wird. Sei $\gamma \in (a \cup b) \cap c$, also $\gamma \in a \cup b$ und $\gamma \in c$. Nach dem Verbindungssatz gibt es ein α und ein β, so daß $\alpha \neq \beta, \alpha \in a, \beta \in b, \alpha\beta\gamma$. Falls $\gamma = \alpha$, so ist trivialerweise $\gamma \in a \cup (b \cap c)$. Sei also $\gamma \neq \alpha$. Dann liegt β auf $\alpha\gamma$, also mit α und γ in c und damit auch in $b \cap c$. Jetzt folgt aus $\alpha\beta\gamma$, daß $\gamma \in a \cup (b \cap c)$, was zu beweisen war.

$\mathfrak{V}(G)$ *ist komplementär.* (**)

$\mathfrak{V}(G)$ hat l als kleinstes und die Menge $r = R(G)$ aller Punkte als größtes Element. Wir müssen zeigen, daß ein beliebiger linearer Teilraum a ein Komplement besitzt. Dazu betrachten wir die Menge B derjenigen linearen Teilräume, die mit a einen leeren Durchschnitt besitzen. B ist eine durch die Inklusion halbgeordnete Menge und nicht leer, da $l \in B$. Es liegt nahe, zu vermuten, daß ein maximales Element b von B ein Komplement von a ist. Hierzu braucht man nur nachzuweisen, daß $a \cup b = r$. Wir schließen indirekt und nehmen an, daß $a \cup b \subsetneq r$. Dann gibt es einen Punkt ϱ aus r, der nicht zu $a \cup b$, also insbesondere nicht zu a und nicht zu b gehört. Vereinigt man das Atom $p = \{\varrho\}$ mit b, so erhält man einen Teilraum $b \cup p$, der b echt umfaßt, also wegen der Maximalität von b nicht zu B gehört. Es ist also $a \cap (b \cup p) \neq l$. Sei α ein Punkt aus $a \cap (b \cup p)$, also $\alpha \in a$ und $\alpha \in b \cup p$. Es ist $b \neq l$, da sonst $\alpha \in p$, $\alpha = \varrho$, $\varrho \in a$ entgegen der Wahl von ϱ. Es kann auch nicht $b = p$ sein, da ϱ nicht Element von b ist. Man kann daher den Verbindungssatz anwenden. Auf Grund dieses Satzes gibt es zu α ein $\beta \in b$, so daß $\beta \neq \varrho$ und $\beta\varrho\alpha$. Es ist $\alpha \neq \beta$, da $a \cap b = l$. Daher liegt ϱ wegen $\alpha\beta\varrho$ auf $\alpha\beta$, also in $a \cup b$ entgegen der Wahl von ϱ. Dieser Widerspruch zeigt, daß $a \cup b = r$.

Wir müssen noch einsehen, daß B wenigstens ein maximales Element besitzt. Dazu haben wir zu beweisen, daß auf B die Voraussetzungen des ZORNschen Lemmas[1] zutreffen. Wir behaupten, daß jede Kette K aus B eine obere Grenze in B besitzt. Obere Grenze von K ist das im vollständigen Verband $\mathfrak{V}(G)$ gebildete Element $\bigcup K$. Es ist nur zu zeigen, daß $\bigcup K \in B$, d.h., daß $a \cap \bigcup K = l$. Durchläuft k_ϱ die Elemente von K, so hat man nach (7.2$_\cap$) $a \cap \bigcup K = a \cap \bigcup k_\varrho = \bigcup (a \cap k_\varrho) = l$, da jedes $a \cap k_\varrho = l$ ist.

Damit ist Satz 14.1 vollständig bewiesen. —

---

[1] Zum ZORNschen Lemma vgl. § 30.

Wie wir schon oben gesagt haben, wollen wir von einer *projektiven Geometrie* sprechen, wenn außer (P1), (P2) noch das folgende Axiom gilt:

(P0) Auf jeder Geraden liegen wenigstens *zwei* verschiedene Punkte.

Satz 14.2. In dem Verband $\mathfrak{V}(G)$ einer projektiven Geometrie G stimmen die Hyperatome überein mit den Punktmengen $[g]$, wobei g eine Gerade ist.

Beweis. Zunächst haben wir zu zeigen, daß es zu jedem Hyperatom a eine Gerade g gibt, so daß $[g] = a$. Hierzu benötigen wir das neue Axiom (P0) noch nicht.

Sind α und β verschiedene Punkte, so behaupten wir:

$$\{\alpha\} \cup \{\beta\} = [\alpha\beta]. \tag{14.9}$$

Jedenfalls ist $[\alpha\beta]$ ein linearer Teilraum, der $\{\alpha\}$ und $\{\beta\}$ umfaßt. Es bleibt zu zeigen, daß $[\alpha\beta]$ in jedem $\{\alpha\}$ und $\{\beta\}$ umfassenden Teilraum x enthalten ist: Ist $\gamma \in [\alpha\beta]$, so gilt wegen $\alpha \in x$ und $\beta \in x$ auch $\gamma \in x$, da x ein linearer Teilraum ist; also ist $[\alpha\beta] \subset x$.

Ein beliebiges Hyperatom a von $\mathfrak{V}(G)$ ist definitionsgemäß oberer Nachbar eines Atoms $\{\alpha\}$. a enthält ein $\beta \neq \alpha$ als Element. Es folgt

$$\{\alpha\} \Subset \{\alpha\} \cup \{\beta\} = [\alpha\beta] \subset a,$$

also $[\alpha\beta] = a$. Damit ist gezeigt, daß man jedes Hyperatom in der Form $[g]$ schreiben kann.

Auf einer Geraden g liegen nach (P0) wenigstens zwei verschiedene Punkte. Daher ist $[g]$ weder das Nullelement noch ein Atom. Sei $\alpha \in [g]$. Um zu beweisen, daß $[g]$ ein Hyperatom ist, genügt es zu zeigen, daß es keinen linearen Teilraum gibt, der echt zwischen $\{\alpha\}$ und $[g]$ liegt. Sei x ein derartiger linearer Teilraum. Dann enthält x neben α noch einen weiteren Punkt β. Es folgt $g = \alpha\beta$, und damit $[g] = [\alpha\beta] = \{\alpha\} \cup \{\beta\} \subset x$, was der Voraussetzung über x widerspricht.

Aufgaben. 14.1. Man zeige an einem Beispiel, daß in einer projektiven Geometrie ein Element unendlich viele Komplemente haben kann. $\mathfrak{V}(G)$ ist also im allgemeinen nicht distributiv.

14.2. Man zeige, daß in der Charakterisierung der Verbände in Satz 14.1 die Bedingung (2) von Satz 7.4 eine Folgerung aus den übrigen Forderungen ist.

§ 15. Verbandstheoretische Charakterisierung der projektiven Geometrien.

Im letzten Paragraphen hatten wir jeder projektiven Geometrie G den Verband $\mathfrak{V}(G)$ der linearen Teilräume zugeordnet. Wir haben bewiesen, daß $\mathfrak{V}(G)$ nach oben stetig, atomar, modular und komplementär ist. Insbesondere hat man also:

$$x \cap \bigcup y_\alpha = \bigcup (x \cap y_\alpha), \tag{15.1}$$

falls die y_α eine gerichtete Menge durchlaufen.

In diesem Paragraphen wollen wir jedem Verband V, der den oben angegebenen Bedingungen genügt, umgekehrt eine projektive Geometrie $\mathfrak{G}(V)$ zuordnen. Darüber hinaus wollen wir zeigen, daß $\mathfrak{G}(V)$ die Umkehrabbildung von $\mathfrak{V}(G)$ ist, so daß wir eine eineindeutige Abbildung der projektiven Geometrien auf die soeben gekennzeichneten Verbände haben, und infolgedessen die projektiven Geometrien mit diesen Verbänden identifizieren können.

Streng gilt dies alles nur dann, wenn wir isomorphe Verbände bzw. isomorphe Geometrien als gleichwertig ansehen. Dabei wollen wir zwei *projektive* Geometrien genau dann als *isomorph* ansehen, wenn es eine umkehrbar eindeutige Abbildung ϑ der Menge der Punkte der ersten Geometrie auf die Menge der Punkte der zweiten Geometrie, und eine umkehrbar eindeutige Abbildung Θ der Menge der Geraden der ersten Geometrie auf die Menge der Geraden der zweiten Geometrie gibt, so daß in der ersten Geometrie ein Punkt α auf einer Geraden g genau dann liegt, wenn in der zweiten Geometrie $\vartheta(\alpha)$ auf $\Theta(g)$ liegt.

Daß $\mathfrak{G}(V)$ die Umkehrabbildung von $\mathfrak{V}(G)$ ist, wenn wir isomorphe Verbände bzw. Geometrien identifizieren, beweisen wir nach einer im *Anhang* besprochenen Methode so, daß wir im Hilfssatz 1 und 2 zeigen:

$$\mathfrak{G}(\mathfrak{V}(G)) \cong G \quad \text{und} \quad \mathfrak{V}(\mathfrak{G}(V)) \cong V.$$

*

Wir beginnen damit, daß wir einem Verband V eine Geometrie $\mathfrak{G}(V)$ zuordnen. Wir setzen dabei von V zunächst nur die *Modularität* voraus; wir wollen in diesem Fall zeigen, daß $\mathfrak{G}(V)$ eine *verallgemeinerte projektive Geometrie* ist.

Wir setzen fest, daß die Atome von V die *Punkte* von $\mathfrak{G}(V)$ und die Hyperatome von V die *Geraden* von $\mathfrak{G}(V)$ sein sollen. Ein *Punkt* p soll *auf einer Geraden* g *liegen* genau dann, wenn $p \subset g$ in V.

Zum Nachweis von (P1) und (P2) wollen wir den Dimensionsbegriff zu Hilfe nehmen. Wir haben bereits in § 13 festgestellt, daß ein Atom eines modularen Verbandes die Dimension 1 und ein Hyperatom die Dimension 2 besitzt. Man beachte, daß damit die Punkte der Geometrie $\mathfrak{G}(V)$ als Elemente von V die Dimension 1 und entsprechend die Geraden von $\mathfrak{G}(V)$ die Dimension 2 haben. Diese verbandstheoretischen Dimensionen sind also jeweils um 1 größer als die in der reellen projektiven Geometrie geläufigen topologischen Dimensionen. Im folgenden werden für verschiedene Elemente von V die Dimensionen gebildet. Man mache sich klar, daß diese Elemente zu $\boldsymbol{L}(V)$ (§ 13, Schluß) gehören, also eine *endliche* Dimension besitzen, während wir dies keineswegs für *alle* Elemente von V voraussetzen.

Beginnen wir mit (P1). Wir haben zunächst zu beweisen, daß zwei verschiedene Punkte p und q immer auf einer Geraden liegen. Wegen $p \cap q = 0$ ist p oberer Nachbar von $p \cap q$, und damit nach dem Nachbarsatz $p \cup q$ ein oberer Nachbar von q, also eine Gerade; wegen $p \subset p \cup q$, $q \subset p \cup q$ liegen p und q auf dieser Geraden.

Wir müssen weiter zeigen, daß jede Gerade g, auf der diese verschiedenen Punkte p und q liegen, mit $p \cup q$ übereinstimmt. Wegen $p \subset g$, $q \subset g$ gilt $p \cup q \subset g$; aus der Gleichheit der Dimension folgt hieraus $p \cup q = g$ (vgl. § 13(c)).

Zum Beweis von (P2) gehen wir von Punkten p, q, r, p', q' aus, zu denen es Geraden g und h gibt, so daß p', q und r auf g, p, q' und r auf h liegen. Wir müssen zeigen, daß es einen Punkt r' gibt, so daß p, q und r' sowie p', q' und r' auf je einer Geraden liegen. Wir unterscheiden mehrere Fälle.

(1) $p = q = q'$. Dann leistet $r' = r$ das Verlangte. Denn sowohl p, q und r' als auch p', q' und r' liegen auf g.

(2) $p = q$, $q \neq q'$. Dann leistet $r' = q'$ das Verlangte. Denn p, q und r' liegen auf $q \cup q'$; und p', q' und r' auf $p' \cup q'$, falls $p' \neq q'$, und auf g, falls $p' = q'$.

Damit ist der Fall $p = q$ vollständig erledigt, und aus Symmetriegründen auch der Fall $p' = q'$. Es bleibt also nur

(3) $p \neq q$, $p' \neq q'$. Es genügt zu zeigen, daß $d\big((p \cup q) \cap (p' \cup q')\big) \geqq 1$, denn dann liegt ein Punkt r' sowohl auf der Geraden $p \cup q$ als auch auf der Geraden $p' \cup q'$. Da p', q und r auf g liegen, gilt $p' \cup q \cup r \subset g$, also $d(p' \cup q \cup r) \leqq 2$. Ebenso hat man $d(p \cup q' \cup r) \leqq 2$. Es folgt nach dem Dimensionssatz:

$$\begin{aligned} &d(p' \cup q \cup r \cup p \cup q' \cup r) \\ &\qquad = d(p' \cup q \cup r) + d(p \cup q' \cup r) - d\big((p' \cup q \cup r) \cap (p \cup q' \cup r)\big) \\ &\qquad \leqq d(p' \cup q \cup r) + d(p \cup q' \cup r) - d(r) \\ &\qquad \leqq 2 + 2 - 1 \\ &\qquad = 3, \end{aligned}$$

und hiermit wieder nach dem Dimensionssatz

$$\begin{aligned} d\big((p \cup q) \cap (p' \cup q')\big) &= d(p \cup q) + d(p' \cup q') - d(p \cup q \cup p' \cup q') \\ &\geqq d(p \cup q) + d(p' \cup q') - d\big((p' \cup q \cup r) \cup (p \cup q' \cup r)\big) \\ &\geqq 2 + 2 - 3 = 1. \end{aligned}$$

Zusätzlich wollen wir jetzt annehmen, daß der modulare Verband V ***komplementär*** ist. Wir behaupten, daß für die zugeordnete Geometrie $\mathfrak{G}(V)$ auch das Axiom (P0) gilt. Wir haben also zu zeigen, daß auf jeder Geraden g wenigstens zwei Punkte liegen. g ist ein Hyperatom, also oberer Nachbar eines Atoms p. Damit haben wir einen ersten Punkt auf g. V ist nach Satz 10.1 als modularer komplementärer Verband abschnittskomplementär. p besitzt also in $g/0$ ein Komplement q. Wegen $q \subset g$ besitzt q die Dimension 0, 1 oder 2. $d(q)$ kann nicht 0 sein, da sonst $q = 0$ und $p \cup q = p \neq g$. $d(q)$ kann auch nicht 2 sein, da sonst $q = g$ und $p \cap q = p \neq 0$. Also ist $d(q) = 1$ und damit q ein auf g gelegener Punkt, der von p wegen $p \cup q = g$ verschieden ist. Damit haben wir

Satz 15.1. Ist V ein modularer und komplementärer Verband, so ist $\mathfrak{G}(V)$ eine projektive Geometrie.

Nun kommen wir zum Beweis der eingangs dieses Paragraphen angekündigten Gleichwertigkeit von projektiven Geometrien und gewissen Verbänden. Wir haben bereits gesehen, daß wir hierzu nur die beiden folgenden Hilfssätze nachzuweisen haben:

Hilfssatz 1. Ist G eine projektive Geometrie, so ist $\mathfrak{G}(\mathfrak{V}(G))$ isomorph zu G.

Beweis. Für einen Punkt α bzw. eine Gerade g von G setze man:

$$\vartheta(\alpha) = \{\alpha\}, \tag{15.2}$$

$$\Theta(g) = [g]. \tag{15.3}$$

Wie wir bereits in Satz 14.1 gesehen haben, ist ϑ eine umkehrbar eindeutige Abbildung der Menge der Punkte von G auf die Menge der Atome von $\mathfrak{V}(G)$, also auf die Menge der Punkte von $\mathfrak{G}(\mathfrak{V}(G))$. Nach Satz 14.2 ist Θ eine umkehrbar eindeutige Abbildung der Menge der Geraden von G auf die Menge der Hyperatome von $\mathfrak{V}(G)$ und damit auf die Menge der Geraden von $\mathfrak{G}(\mathfrak{V}(G))$. Schließlich gilt:

α auf $g \longleftrightarrow \alpha \in [g]$	(Definition von $[g]$)
$\longleftrightarrow \{\alpha\} \subset [g]$	((mengentheoretische) Inklusion in $\mathfrak{V}(G)$)
$\longleftrightarrow \{\alpha\}$ auf $[g]$	(Definition von $\mathfrak{G}(V)$)
$\longleftrightarrow \vartheta(\alpha)$ auf $\Theta(g)$.	((15.2) und (15.3))

Damit ist die behauptete Isomorphie vollständig bewiesen.

Hilfssatz 2. Ist V ein nach oben stetiger, atomarer, modularer und komplementärer Verband, so ist $\mathfrak{V}(\mathfrak{G}(V))$ isomorph zu V.

Beweis. Wir bilden das Element a von V ab auf die Menge $\varphi(a)$ aller in a enthaltenen Atome von V. Wir wollen zeigen, daß die so definierte Abbildung φ ein Isomorphismus ist von V auf $\mathfrak{V}(\mathfrak{G}(V))$. Dazu haben wir zu beweisen:

(1) $\varphi(a)$ ist ein Element von $\mathfrak{V}(\mathfrak{G}(V))$.

(2) Jedes Element von $\mathfrak{V}(\mathfrak{G}(V))$ tritt als φ-Bild eines Elementes von V auf.

(3) $a \subset b$ genau dann, wenn $\varphi(a) \subset \varphi(b)$.

Zunächst überlegen wir uns, wie die Elemente von $\mathfrak{V}(\mathfrak{G}(V))$ beschaffen sind. Jedes solche Element M ist ein linearer Teilraum von $\mathfrak{G}(V)$, also eine Menge von Punkten von $\mathfrak{G}(V)$, die mit zwei verschiedenen Punkten auch stets jeden weiteren enthält, der zu diesen kollinear ist. Ein Punkt von $\mathfrak{G}(V)$ ist ein Atom aus V. Sind p, q verschiedene solcher Punkte, so bedeutet die Kollinearität der Punkte p, q, r, daß r auf der Geraden pq liegt. pq ist aber gleich $p \cup q$. Damit haben wir: M ist genau dann ein Element von $\mathfrak{V}(\mathfrak{G}(V))$, wenn M eine Menge von Atomen von V ist mit der Eigenschaft, daß für drei Atome $p, q, r \in V$ aus $p \in M$, $q \in M$, $p \neq q$, $r \subset p \cup q$ stets $r \in M$ folgt.

ad (1). Seien $p, q \in \varphi(a)$, $p \neq q$, $r \subset p \cup q$. Dann ist $p \subset a$, $q \subset a$, $p \cup q \subset a$, $r \subset a$, also $r \in \varphi(a)$. $\varphi(a)$ ist also ein Element von $\mathfrak{V}(\mathfrak{G}(V))$.

ad (2). Sei M ein Element von $\mathfrak{V}(\mathfrak{G}(V))$, also eine oben genauer charakterisierte Menge von Atomen von V. Im vollständigen Verband V bilden wir $a = \bigcup M$. Wir wollen zeigen, daß $\varphi(a) = M$. Dazu genügt der Nachweis von $p \in \varphi(a) \leftrightarrow p \in M$, d. h. $p \subset a \leftrightarrow p \in M$. Nichttrivial ist nur die Teilbehauptung $p \subset a \rightarrow p \in M$, mit anderen Worten

$$p \subset \bigcup M \rightarrow p \in M.$$

y_ϱ durchlaufe die Menge $\mathfrak{M}$ aller Vereinigungen von je endlich vielen Elementen aus M. $\mathfrak{M}$ ist offenbar eine gerichtete Menge. Dann ist $\bigcup M = \bigcup y_\varrho$. Nach Voraussetzung gilt Formel (15.1). Damit haben wir:

$$p \subset \bigcup y_\varrho \rightarrow p \cap \bigcup y_\varrho = p \rightarrow \bigcup (p \cap y_\varrho) = p.$$

Für jedes ϱ ist $p \cap y_\varrho = 0$ oder $= p$. Es muß daher wenigstens ein ϱ geben, so daß $p \cap y_\varrho = p$. Es gibt also endlich viele Atome $p_1, \ldots, p_m \in M$, so daß

$$p \subset p_1 \cup \cdots \cup p_m.$$

Wir haben hieraus zu schließen, daß $p \in M$. Dies beweisen wir durch Induktion nach m. Für $m = 1$ gilt $p = p_1 \in M$. Für den Induktionsschluß setzen wir $x = p_1 \cup \cdots \cup p_{m-1}$. Es sei $p \subset x \cup p_m$. Wir sind fertig, falls $p_m \subset x$ oder $p = p_m$. Diese beiden Fälle seien jetzt ausgeschlossen. Beachten wir, daß alle im folgenden auftretenden Elemente eine endliche Dimension besitzen, so haben wir nach dem Dimensionssatz $d(x \cup p_m) = d(x) + d(p_m) - d(x \cap p_m) = d(x) + 1 - 0 = d(x) + 1$, und weiter

$$\begin{aligned} d(x \cap (p \cup p_m)) &= d(x) + d(p \cup p_m) - d(x \cup p \cup p_m) \\ &= d(x) + d(p \cup p_m) - d(x \cup p_m) \\ &= d(x) + 2 - (d(x) + 1) \\ &= 1. \end{aligned}$$

Daher ist $x \frown (p \smile p_m) = q$ ein Atom. q ist in x enthalten, liegt also nach Induktionsvoraussetzung in M. Wegen $p_m \not\subset x$ ist $q \neq p_m$. Schließlich ist $q \subset p \smile p_m$. Man hat

$$\begin{aligned} d(p \smile p_m \smile q) &= d(p \smile p_m) + d(q) - d((p \smile p_m) \frown q) \\ &= d(p \smile p_m) + d(q) - d(q) \\ &= d(p \smile p_m) \\ &= 2 \\ &= d(p_m \smile q). \end{aligned}$$

Hieraus folgt $p \subset p_m \smile q$. Da M ein linearer Teilraum ist, ergibt sich $p \in M$, was zu beweisen war.

ad (3). Nach Satz 10.1 ist V abschnittskomplementär. Daher ist wegen Satz 11.3 die Abbildung φ ein Isomorphismus.

Wir fassen die Resultate dieses Paragraphen zusammen in dem

Satz 15.2. *Man kann die projektiven Geometrien identifizieren mit den nach oben stetigen, atomaren, modularen und komplementären Verbänden.* Dabei muß man isomorphe Geometrien einerseits und isomorphe Verbände andererseits als gleichwertig betrachten.

Literatur.

Frink, O.: Complemented modular lattices and projective spaces of infinite dimension. Trans. Amer. math. Soc. Bd. 60 (1946) S. 452–467.

Menger, K.: New foundations of projective and affine geometry. Ann. Math. Bd. 37 (1936) S. 456–482 (gibt u. a. eine verbandstheoretische Charakterisierung der affinen Geometrie).

§ 16. Einige Eigenschaften der projektiven Geometrien.

Wir wollen zunächst näher untersuchen, wie es sich mit der Gültigkeit des Dualitätsgesetzes für die projektive Geometrie verhält. Dabei halten wir uns natürlich an die verbandstheoretische Formulierung der Axiome, so wie sie im letzten Paragraphen gegeben worden sind.

Einige der Forderungen an einen derartigen Verband V sind selbstdual: Dazu gehören die Forderungen der Vollständigkeit, der Modularität und der Komplementarität. Von den beiden restlichen Forderungen betrachten wir zunächst die Atomarität. Dual zur Atomarität ist die *Antiatomarität,* die besagt, daß es zu jedem $a \neq 1$ ein Antiatom x_0 gibt, so daß $a \subset x_0$. Wir wollen zeigen, daß V auch antiatomar ist. Dazu betrachten wir ein Element $a \neq 1$. a besitzt wenigstens ein Komplement b. Wegen $a \neq 1$ ist $b \neq 0$. Unter b liegt ein Atom p. Wir betrachten die nichtleere Menge A der Elemente x von V mit $a \subset x$ und $p \frown x = 0$. Wie bei dem Beweis, der in Paragraph 14 für die Komplementarität von $\mathfrak{V}(G)$ gegeben wurde, erkennt man mit

Hilfe des ZORNschen Lemmas, daß in A ein maximales Element x_0 liegt, und daß x_0 ein Komplement von p ist. Da p oberer Nachbar von $p \cap x_0 = 0$ ist, muß nach dem Nachbarsatz $1 = p \cup x_0$ oberer Nachbar von x_0 sein. x_0 ist also ein a umfassendes Antiatom, dessen Existenz wir nachweisen wollten.

Die duale Forderung zur Stetigkeit nach oben ist die Stetigkeit nach unten. Wie es damit beschaffen ist, zeigt das

Beispiel 16.1. K sei ein Schiefkörper und M eine beliebige Menge. Wir betrachten alle Abbildungen φ von M in K, für die gilt: (1) Es gibt wenigstens ein $m \in M$, so daß $\varphi(m) \neq 0$; (2) nur für endlich viele $m \in M$ ist $\varphi(m) \neq 0$. Wir wollen zwei derartige Abbildungen φ, ψ *kongruent* nennen, wenn es ein $\varrho \in K$ gibt, so daß $\varphi(m) = \varrho\psi(m)$ für alle $m \in M$. Die zugelassenen Abbildungen zerfallen in Klassen kongruenter Abbildungen. Jede solche Klasse nennen wir einen *Punkt*. Eine Menge g von Punkten nennen wir eine *Gerade*, wenn es zwei inkongruente Abbildungen φ, ψ gibt, so daß ein Punkt genau dann zu g gehört, wenn er repräsentiert wird durch eine Abbildung χ, zu der es Elemente $\lambda, \mu \in K$ gibt, so daß $\chi(m) = \lambda\varphi(m) + \mu\psi(m)$ für alle $m \in M$. Endlich erklären wir, daß ein Punkt genau dann *auf einer Geraden liegen* soll, wenn er ein Element dieser Geraden ist. Man beweist leicht, daß die so eingeführten Punkte und Geraden in bezug auf die Liegt-auf-Beziehung eine projektive Geometrie $G(K, M)$ bilden. Insbesondere gilt für drei Punkte $\overline{\varphi}, \overline{\psi}, \overline{\chi}$, die durch die Abbildungen φ, ψ, χ repräsentiert werden:

$\overline{\varphi}\,\overline{\psi}\,\overline{\chi} \longleftrightarrow$ Es gibt Elemente $\lambda, \mu, \nu \in K$, die nicht alle verschwinden, so daß $\lambda\varphi(m) + \mu\psi(m) + \nu\chi(m) = 0$ für alle $m \in M$.

Wir wollen im folgenden speziell annehmen, daß $M = \{0, 1, 2, 3, \ldots\}$ die Menge aller natürlichen Zahlen ist. Wir haben dann insbesondere lineare Teilräume y_n und x, die definiert sind durch:

$$\overline{\varphi} \in y_n \longleftrightarrow \varphi(0) = \varphi(1) = \cdots = \varphi(n) = 0 \qquad (n = 0, 1, \ldots),$$

$$\overline{\varphi} \in x \longleftrightarrow \sum_{m=0}^{\infty} \varphi(m) = 0.$$

Man überzeugt sich leicht davon, daß diese Definitionen unabhängig sind von den Repräsentanten. Die Menge aller y_n ist wegen $y_{n+1} \subset y_n$ eine nach unten gerichtete Menge. Wir haben offenbar $\bigcap y_n = l$ (leere Menge), da es nach (1) keinen Punkt gibt, der eine Darstellung mit verschwindenden Komponenten besitzt. Es folgt $x \cup \bigcap y_n = x$. Zu $x \cup \bigcap y_n$ gehört also nicht der Punkt $\overline{\varphi_0}$, der definiert ist durch $\varphi_0(0) = 1$, $\varphi_0(m) = 0$ für $m \geqq 1$. Andererseits gehört $\overline{\varphi_0}$ zu $\bigcap(x \cup y_n)$. Da dieser Durchschnitt mengentheoretisch zu bilden ist, genügt der Nachweis dafür, daß $\overline{\varphi_0}$ zu jedem $x \cup y_n$ gehört. Zu y_n gehört der Punkt $\overline{\varphi_{n+1}}$ mit $\varphi_{n+1}(n+1) = -1$, sonst $\varphi_{n+1}(m) = 0$. Zu x gehört der Punkt $\overline{\varphi^*_{n+1}}$

mit $\varphi_{n+1}^*(0) = -1$, $\varphi_{n+1}^*(n+1) = +1$, und $\varphi_{n+1}^*(m) = 0$ für $m \neq 0$, $n+1$. $\overline{\varphi_{n+1}}$ und $\overline{\varphi_{n+1}^*}$ sind verschieden. $\overline{\varphi_0}$, $\overline{\varphi_{n+1}}$, $\overline{\varphi_{n+1}^*}$ sind kollinear, da $\varphi_0 + \varphi_{n+1} + \varphi_{n+1}^* = 0$. Also liegt $\overline{\varphi_0}$ in $x \cup y_n$. Wir haben damit bewiesen, daß in $G(K, M)$ nicht $(7.2_\cup)$ gilt.

Das vorangehende Beispiel zeigt insbesondere, daß für die den projektiven Geometrien gemäß Satz 15.2 zugeordneten Verbände das Dualitätsgesetz *nicht* gilt. Man kann jedoch das Dualitätsgesetz erzwingen, wenn man zusätzlich fordert, daß ein solcher Verband endlichdimensional (d.h. längenendlich, vgl. § 13) sei. Nehmen wir an, daß ein komplementärer längenendlicher Verband vorliegt. Ein solcher Verband hat 0 und 1, ist daher nach dem Lemma aus § 13 vollständig, nach oben stetig und atomar. Wir haben also:

Satz 16.1. *Man kann die endlichdimensionalen projektiven Geometrien* (d.h. die projektiven Geometrien, deren zugehöriger Verband endlichdimensional ist) *identifizieren mit den längenendlichen, modularen und komplementären Verbänden. Für diese gilt das Dualitätsgesetz.*

Nach Satz 11.3 ist für eine projektive Geometrie G jedes Element a von $\mathfrak{V}(G)$ als Vereinigung der Atome unter a darstellbar. Falls $\mathfrak{V}(G)$ endlichdimensional ist, können wir *jedes $a \in \mathfrak{V}(G)$ sogar als Vereinigung endlich vieler Atome gewinnen*, so daß für $a \neq 0$:

$$a = p_1 \cup \cdots \cup p_\varrho. \qquad (16.1)$$

Die Menge M der Vereinigungen je endlich vieler Atome unter a besitzt nämlich als gerichtete Menge nach dem Lemma aus § 13 ein größtes Element y_0, und es ist $y_0 = a$, da $\bigcup M = a$.

*

Wir haben in (P0) gefordert, daß auf einer Geraden wenigstens zwei verschiedene Punkte liegen. Man formuliert oft an Stelle von (P0) das schärfere Axiom:

(P3) Auf jeder Geraden liegen wenigstens drei verschiedene Punkte.

Wir stellen uns im folgenden die Aufgabe, die Verbände rein verbandstheoretisch zu charakterisieren, welche vermöge der Abbildung $V = \mathfrak{V}(G)$ den projektiven Geometrien entsprechen, für die (P3) gilt. Dabei wollen wir uns von vornherein beschränken auf die Betrachtung längenendlicher Verbände. Wir zeigen

Satz 16.2. *Eine endlichdimensionale projektive Geometrie erfüllt genau dann das Axiom* (P3), *wenn der zugeordnete Verband $V = \mathfrak{V}(G)$ einfach ist.*

Die *Einfachheit* einer Algebra ist allgemein im Anhang definiert worden. Sie bedeutet, daß es in der Algebra nur die trivialen Kongruenzrelationen gibt, also die Identität und die Allrelation.

Zunächst zeigen wir, wie aus (P3) folgt, daß jede Kongruenzrelation trivial ist. Dies ist gleichbedeutend mit der Behauptung:

Ist $a \neq b$ und $a \equiv b$, so ist jedes $x \equiv 0$.

Das zeigen wir in drei Schritten:

(1) Es gibt ein Atom p mit $p \equiv 0$. Es gibt nämlich wegen $a \neq b$ nach Satz 11.3 ein p, so daß $p \subset a$ und $p \not\subset b$ (oder umgekehrt), und dann folgt $p = p \cap a \equiv p \cap b = 0$.

(2) Für jedes Atom q ist $q \equiv 0$.

Beweis. Nach (1) gibt es ein Atom p, so daß $p \equiv 0$. Falls $q = p$, so sind wir fertig. Sei also $q \neq p$. Auf der Geraden $p \cup q$ liegt nach (P3) ein dritter Punkt r. Es ist $q \subset p \cup r$. Nun folgt $q = q \cap (p \cup r) \equiv q \cap (0 \cup r) = q \cap r = 0$.

(3) Für $a \in V$, $a \neq 0$ hat man wegen (16.1) und (2):

$$a = p_1 \cup \cdots \cup p_\varrho \equiv 0 \cup \cdots \cup 0 = 0.$$

Nun müssen wir beweisen, daß es wenigstens eine nichttriviale Kongruenzrelation gibt, wenn (P3) nicht gilt. Es kommt auf dasselbe heraus, wenn wir zeigen, daß es in diesem Falle wenigstens einen nichttrivialen Homomorphismus in V gibt, also einen Homomorphismus, der nicht umkehrbar ist, aber doch nicht alle Elemente von V auf dasselbe Bild abbildet. Nach Voraussetzung haben wir eine Gerade $p \cup p^*$, auf der außer den verschiedenen Punkten p und p^* kein weiterer Punkt liegt. Wir definieren nun eine Menge A von Punkten (Atomen) von V. Zu A nehmen wir jedenfalls den Punkt p, und außerdem alle diejenigen Punkte q, welche die Eigenschaft haben, daß auf der Geraden $p \cup q$ außer p und q mindestens noch ein dritter Punkt liegt.

Gehört wenigstens einer von drei paarweise verschiedenen kollinearen Punkten zu A, so sind alle diese Punkte Elemente von A.

Seien q, r, s diese Punkte, und q gehöre zu A. Aus Symmetriegründen genügt es zu zeigen, daß r zu A gehört. Wenn $q = p$, so zeigt auf Grund der Definition von A die wenigstens dreipunktige Gerade $p \cup r \cup s$, daß r zu A gehört. Wir können also im folgenden annehmen, daß p verschieden ist von q, und auch verschieden von r, da wir andernfalls nichts mehr zu beweisen hätten. Wegen $q \in A$ liegt auf der Geraden $p \cup q$ wenigstens ein von p und q verschiedener Punkte t (vgl. Abb. 16.1). Wir haben ptq und srq. Nach (P2) existiert ein Punkt u, so daß pru und stu. Wenn u von p und r verschieden ist, zeigt pru, daß $r \in A$. Es bleiben also noch die beiden Fälle $u = p$ und $u = r$ zu behandeln.

Wir dürfen im folgenden Gebrauch machen von der paarweisen Verschiedenheit von q, r, s, von p, q, t und von p, q, r.

Wir werden dabei außerdem verschiedentlich verwenden, daß für Punkte w, x, y, z aus wxy und xyz gefolgert werden kann, daß wxz und wyz, falls $x \neq y$. Dies ergibt sich unmittelbar aus (P1), da w und z auf der Geraden $x \cup y$ liegen.

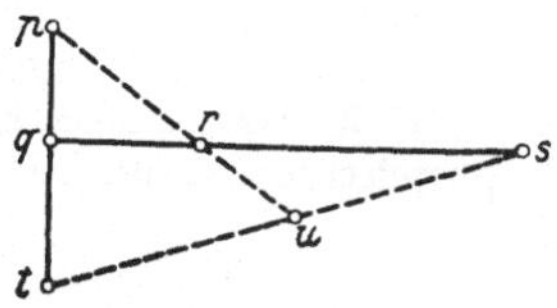

Abb. 16.1 Zur Existenz eines nichttrivialen Homomorphismus in einer Geometrie mit wenigstens einer zweipunktigen Geraden.

Wenn $u = r$, so gilt tsr, woraus wegen srq sich trq ergibt. rqt liefert mit qtp, daß rqp. Dies zeigt, daß $r \in A$.

Wenn $u = p$, so gilt spt, woraus wegen ptq sich spq ergibt. Mit Hilfe von pqt folgt sqt. Mit rsq liefert dies rqt. Mit qtp folgt hieraus rqp. Dies zeigt, daß $r \in A$.

Jetzt bilden wir $a = \bigcup A$. Wegen $p \in A$ ist $a \neq 0$. a ist aber auch von 1 verschieden. Dies ergibt sich so: Aus dem Vorangehenden folgt, daß A ein linearer Teilraum von $\mathfrak{G}(V)$ ist. Nun entsprechen aber die linearen Teilräume von $\mathfrak{G}(V)$ umkehrbar eindeutig den Elementen von V. Dem Einselement von V entspricht die Menge aller Atome von V. Nach Voraussetzung ist p^* kein Element von A. In A liegen also nicht alle Atome von V. Daher ist das A entsprechende Verbandselement $\bigcup A$ von 1 verschieden.

Wir betrachten den $\cap$-Homomorphismus

$$\varphi(x) = a \cap x.$$

Wir zeigen anschließend, daß φ sogar ein $\cup$-Homomorphismus ist, also ein Homomorphismus. φ ist nichttrivial, denn wegen $\varphi(0) = 0 \neq a = \varphi(a)$ ist φ nicht konstant, und wegen $\varphi(1) = a = \varphi(a)$ ist φ kein Isomorphismus. Damit haben wir bewiesen, daß V nicht einfach ist.

φ ist genau dann ein $\cup$-Homomorphismus, wenn für beliebige $x, y \in V$ gilt:

$$(x \cup y) \cap a \subset (x \cap a) \cup (y \cap a).$$

Nach Satz 10.1 und 11.3 genügt es zu zeigen, daß jedes unter $(x \cup y) \cap a$ gelegene Atom q auch unter $(x \cap a) \cup (y \cap a)$ liegt. Das ist trivial, wenn $x = 0$ oder $y = 0$ oder $x = y$. Schließen wir diese Fälle aus, so können wir $x \cup y$ durch den Verbindungssatz charakterisieren, wenn wir von vornherein jedes Element von V mit dem linearen Teilraum der unter ihm gelegenen Atome identifizieren.

q liegt unter a und unter $x \cup y$. Es gibt also Atome p_x und p_y, mit $p_x \neq p_y$, $p_x \subset x$, $p_y \subset y$, so daß q auf $p_x \cup p_y$ liegt. Wenn $q = p_x$, so ist $q \subset x \cap a \subset (x \cap a) \cup (y \cap a)$, was zu zeigen ist. Wir können also jetzt voraussetzen, daß $q \neq p_x$, und aus Symmetriegründen auch, daß $q \neq p_y$. Von den paarweise verschiedenen kollinearen Punkten p_x, p_y, q liegt sicher q in A, und damit auch p_x und p_y, wie wir vorhin bewiesen haben. Somit zeigt $q \subset p_x \cup p_y$, daß $q \subset (x \cap a) \cup (y \cap a)$.

Aufgaben. 16.1. Man gebe einen ausführlichen Nachweis für die Behauptungen von Beispiel 16.1.

16.2 Man zeige das Dualitätsgesetz für eine endlich-dimensionale projektive Geometrie, in der (P3) gilt.

Literatur.

BAER, R.: A unified theory of projective spaces and finite abelian groups. Trans. Amer. math. Soc. Bd. 52 (1942) S. 283–343.

MAEDA, F.: Kontinuierliche Geometrien. Berlin-Göttingen-Heidelberg: Springer 1958.

VON NEUMANN, J.: Continuous geometries, Examples of continuous geometries. Proc. nat. Acad. Sci., USA. Bd. 22 (1936) S. 92–110.

VON NEUMANN, J.: Lectures on continuous geometries, Princeton 1936/1937, 2 Bde. (behandelt die Einführung des Dimensionsbegriffes in unendlich-dimensionalen Geometrien).

§ 17. Zerlegungsverbände.

Im nächsten Paragraphen wollen wir modulare Verbände untersuchen, deren Elemente Kongruenzrelationen sind. Eine Kongruenzrelation einer Algebra ist eine spezielle Äquivalenzrelation. Als Vorbereitung wollen wir in diesem Paragraphen Verbände von Äquivalenzrelationen betrachten.

Vorgegeben sei im folgenden eine feste nichtleere Menge M. Im *Anhang* wird näher ausgeführt, daß man die Äquivalenzrelationen in M mit den Klasseneinteilungen von M identifizieren kann. Statt von einer Klasseneinteilung von M wollen wir hier kürzer von einer *Zerlegung* von M sprechen. Eine Zerlegung von M ist also eine Menge paarweise elementfremder Teilmengen von M, deren Vereinigung mit der gesamten Menge M übereinstimmt. Ist z eine Zerlegung von M, so bedeutet $\alpha z \beta$, daß α zu β in der Relation z steht, oder damit gleichbedeutend, daß α und β in derselben Klasse der Zerlegung z liegen. Eine Zerlegung z ist eine spezielle Relation in M, also nach Beispiel 1.2 ein Element des Verbandes $\mathfrak{R}(M)$ aller Relationen über M. Nach Beispiel 6.2 ist $\mathfrak{R}(M)$ vollständig. Nach Beispiel 3.1 bedeutet die Inklusion $z_1 \subset z_2$ für zwei Zerlegungen, daß für beliebige $\alpha, \beta \in M$ aus $\alpha z_1 \beta$ stets $\alpha z_2 \beta$ gefolgert werden kann. Das besagt, daß zwei Elemente, die in derselben z_1-Klasse liegen, auch stets in derselben z_2-Klasse gelegen sind. Dies rechtfertigt die folgenden Synonyma für $z_1 \subset z_2$: z_1 ist eine *Unterteilung* von z_2, z_1 ist *feiner* als z_2, z_2 ist *gröber* als z_1. In allen Fällen kann natürlich $z_1 = z_2$ sein. Die feinste Zerlegung 0 ist diejenige, bei der jedes Element von M eine Klasse für sich bildet. Als Relation aufgefaßt, ist 0 die Identität (nicht die leere Relation, die im folgenden nicht vorkommt). Die gröbste Zerlegung 1 besitzt nur eine Klasse. Sie entspricht der Allrelation in M, in der zwei beliebige Elemente von M stets zueinander stehen.

Die Menge aller Zerlegungen von M bildet in bezug auf die Inklusion eine Halbordnung $\mathfrak{Z}(M)$. Diese Halbordnung wollen wir im folgenden näher untersuchen. Es ist klar, daß die Struktur von $\mathfrak{Z}(M)$ nur von der *Anzahl* der Elemente von M abhängt (vgl. Aufgabe 17.1). Wir wollen die Halbordnung aller Zerlegungen einer n-elementigen Menge mit $\mathfrak{Z}_n$ bezeichnen. In Abb. 17.1 sind die Diagramme für $\mathfrak{Z}_1, \ldots, \mathfrak{Z}_4$ gegeben. Ist etwa $M = \{1, \ldots, 7\}$, so wollen wir z. B. mit (13) (256) die Zerlegung von M bezeichnen, deren Klassen $\{1,3\}$, $\{256\}$, $\{4\}$, $\{7\}$ sind (die Einerklassen $\{4\}$ und $\{7\}$ werden also nicht besonders bezeichnet). Wir erkennen, daß $\mathfrak{Z}_1, \ldots, \mathfrak{Z}_4$ Verbände sind. Die Atome von $\mathfrak{Z}_4$ sind in der Reihenfolge, in der sie in der Abbildung dargestellt sind: (14), (23), (12), (34), (24), (13) und die Antiatome entsprechend (124), (14) (23), (132), (12) (34), (234), (13) (24), (134).

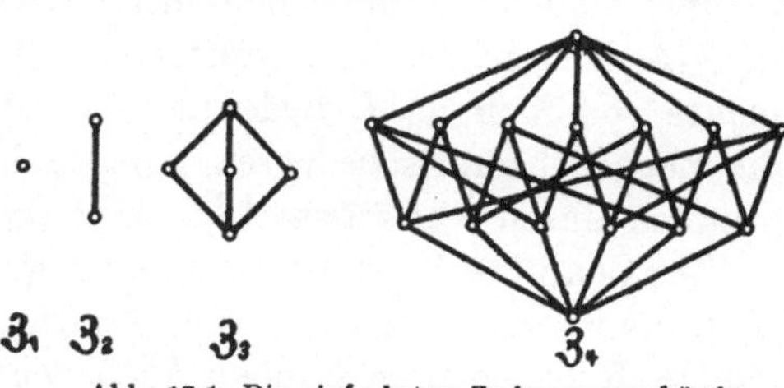

Abb. 17.1. Die einfachsten Zerlegungsverbände.

Wir wollen zunächst zeigen, daß die Halbordnung $\mathfrak{Z}(M)$ *ein vollständiger Verband* ist. Da $\mathfrak{Z}(M)$ eine Teilhalbordnung von $\mathfrak{R}(M)$ ist, so brauchen wir nach Satz **6.3** nur zu zeigen, daß der in $\mathfrak{R}(M)$ gebildete Durchschnitt r einer beliebigen Menge $\mathfrak{A}$ von Zerlegungen stets wieder eine Zerlegung ist. Dabei ist der Durchschnitt in $\mathfrak{R}(M)$ mengentheoretisch zu bilden, wobei man eine Relation wie im Beispiel **1.2** als eine Menge von geordneten Paaren aufzufassen hat. Jede Relation aus $\mathfrak{A}$ ist reflexiv, enthält also alle geordneten Paare $\langle\alpha, \alpha\rangle$ mit $\alpha \in M$. Diese Paare liegen dann auch im Durchschnitt r, der damit eine reflexive Relation ist[1]. Liegt $\langle\alpha, \beta\rangle$ in r, so in jeder Relation aus $\mathfrak{A}$. Wegen der Symmetrie dieser Relationen liegt dann auch $\langle\beta, \alpha\rangle$ in jeder Relation aus $\mathfrak{A}$ und damit auch im Durchschnitt r. r ist also eine symmetrische Relation. In entsprechender Weise zeigt man die Transitivität von r. $\mathfrak{Z}(M)$ ist also ein vollständiger $\frown$-Teilbund von $\mathfrak{R}(M)$.

Die mengentheoretische Vereinigung zweier Äquivalenzrelationen r, s ist im allgemeinen keine transitive Relation, so daß die Vereinigung von r und s in $\mathfrak{Z}(M)$ im allgemeinen echt größer ist als die Vereinigung in $\mathfrak{R}(M)$. Dies zeigt

Beispiel 17.1. $M = \{\alpha, \beta, \gamma\}$, $r = (\alpha, \beta)$, $s = (\beta, \gamma)$. Ist t die kleinste r und s umfassende Äquivalenzrelation, so gilt $\alpha t \beta$ wegen $\alpha r \beta$ und $\beta t \gamma$ wegen $\beta s \gamma$, also $\alpha t \gamma$ wegen der Transitivität von t. Das Paar $\langle\alpha, \gamma\rangle$ gehört aber weder zu r noch zu s. Die Vereinigung von

[1] Man beachte, daß dieser Schluß auch für leeres $\mathfrak{A}$ gilt.

r und s in $\mathfrak{Z}(M)$ ist also echt größer als die mengentheoretische Vereinigung von r und s.

Wir wollen im folgenden mit $r \cup s$ die Vereinigung von r und s in $\mathfrak{Z}(M)$ bezeichnen. Entsprechend soll $\bigcup \mathfrak{A}$ die Vereinigung der Elemente von $\mathfrak{A}$ in $\mathfrak{Z}(M)$ bedeuten. Zum Unterschied davon wollen wir die mengentheoretische Vereinigung in diesem (und im nächsten) Paragraphen durch $r \sqcup s$ bzw. $\bigsqcup \mathfrak{A}$ wiedergeben.

Zur Charakterisierung von $r \cup s$ bzw. $\bigcup \mathfrak{A}$ wollen wir die *Verkettung* (Hintereinanderschaltung) von Relationen verwenden. Für zwei beliebige Relationen a, b über M bedeute ab (*a verkettet mit b*) die Relation über M, für welche gilt:

$$\varrho a b \tau \longleftrightarrow \text{Es gibt ein } \sigma \text{, so daß } \varrho a \sigma \text{ und } \sigma b \tau. \tag{17.1}$$

Wir geben zunächst einige Gesetze für die Verkettung an[1]:

$(ab)c = a(bc)$	(Assoziativität)	(17.2)
$a \subset b \wedge c \subset d \rightarrow ac \subset bd$	(Monotonie)	(17.3)
$(a \cap b)c \subset ac \cap bc$	(Halb-Distributivität)	(17.4)
$(a \sqcup b)c = ac \sqcup bc$	(Distributivität)	(17.5)

Wir begnügen uns mit dem Beweis für (17.5). Es gilt:

$$\begin{aligned} \varrho(a \sqcup b)c\tau &\longleftrightarrow \bigvee \sigma\,(\varrho a \sqcup b\sigma \wedge \sigma c\tau) \\ &\longleftrightarrow \bigvee \sigma\,((\varrho a\sigma \vee \varrho b\sigma) \wedge \sigma c\tau) \\ &\longleftrightarrow \bigvee \sigma\,((\varrho a\sigma \wedge \sigma c\tau) \vee (\varrho b\sigma \wedge \sigma c\tau)) \\ &\longleftrightarrow \bigvee \sigma\,(\varrho a\sigma \wedge \sigma c\tau) \vee \bigvee \sigma(\varrho b\sigma \wedge \sigma c\tau)^{2} \\ &\longleftrightarrow \varrho a c\tau \vee \varrho b c\tau \\ &\longleftrightarrow \varrho(ac \sqcup bc)\tau. \end{aligned}$$

Weiterhin hat man:

Ist b reflexiv, so $a \subset ab$. (17.6)

Ist a reflexiv, so $b \subset ab$. (17.7)

Ist a reflexiv und transitiv, so $a = aa$. (17.8)

Aus $\varrho a\sigma$ folgt $\varrho a\sigma$ und $\sigma b\sigma$, also $\varrho ab\sigma$ für reflexives b, womit (17.6) bewiesen ist. (17.7) folgt analog. Damit braucht man von (17.8) nur $aa \subset a$ zu zeigen: Aus $\varrho aa\tau$ folgt für ein geeignetes σ $\varrho a\sigma$ und $\sigma a\tau$, also $\varrho a\tau$ wegen der Transitivität von a.

---

[1] Zur Klammerersparung setzen wir fest, daß man z. B. $ab \cap c$ anstelle von $(ab) \cap c$ schreiben darf.

[2] An diesem Übergang scheitert ein entsprechender Beweisversuch für die Aussage (17.4), wenn man dort $\subset$ durch $=$ ersetzt. Vgl. Aufgabe 17.3.

Verbindungssatz für Zerlegungen. *Für jedes α aus einer nichtleeren Menge sei r_α eine Zerlegung von M. s_β durchlaufe die Verkettungen von je endlich vielen (und mindestens einem) der r_α. Dann gilt:*

$$\bigcup r_\alpha = \bigsqcup s_\beta . \tag{17.9}$$

Beweis. Wir haben zu zeigen:

(1) Jedes r_α ist in $\bigsqcup s_\beta$ enthalten,

(2) $\bigsqcup s_\beta$ ist eine Zerlegung,

(3) $\bigsqcup s_\beta$ ist enthalten in jeder Zerlegung t, die alle r_α umfaßt.

(1) ist trivial, da jedes r_α ein s_β ist.

(2) Für $\varrho \in M$ gilt $\varrho r_\alpha \varrho$, also $\varrho \bigsqcup s_\beta \varrho$, womit die Reflexivität von $\bigsqcup s_\beta$ nachgewiesen ist. Sei $\varrho \bigsqcup s_\beta \sigma$. Dann gibt es Zerlegungen $r_{\alpha_1}, \ldots, r_{\alpha_m}$, so daß $\varrho r_{\alpha_1} \ldots r_{\alpha_m} \sigma$. Aus der Symmetrie der r_α ergibt sich nun $\sigma r_{\alpha_m} \ldots r_{\alpha_1} \varrho$, und hieraus $\sigma \bigsqcup s_\beta \varrho$. Sei endlich $\varrho \bigsqcup s_\beta \sigma$ und $\sigma \bigsqcup s_\beta \tau$. Es gibt also Zerlegungen $r_{\alpha_1}, \ldots, r_{\alpha_m}$ und $r_{\alpha_{m+1}}, \ldots, r_{\alpha_n}$, so daß $\varrho r_{\alpha_1} \ldots r_{\alpha_m} \sigma$ und $\sigma r_{\alpha_{m+1}} \ldots r_{\alpha_n} \tau$. Es folgt $\varrho r_{\alpha_1} \ldots r_{\alpha_n} \tau$ und damit $\varrho \bigsqcup s_\beta \tau$.

(3) Es genügt zu zeigen, daß $r_{\alpha_1} \ldots r_{\alpha_m} \subset t$ aus $r_{\alpha_1} \subset t, \ldots, r_{\alpha_m} \subset t$ folgt. Aus (17.3) ergibt sich $r_{\alpha_1} \ldots r_{\alpha_m} \subset t^m$, und nach (17.8) ist $t^m = t$, womit der Beweis beendet ist.

Wenn in $\mathfrak{Z}(M)$ die Vereinigung $r \cup s$ *zweier* Zerlegungen zu bilden ist, so ist jedes s_β auf der rechten Seite von (17.9) ein Produkt aus Faktoren r und s. Beachtet man, daß $r^k = r$, $s^k = s$, $r \subset rs$, $s \subset rs$, $sr \subset rsrs$, $rsr \subset rsrs$, $srs \subset rsrs$, ..., so erkennt man, daß jedes solche s_β in einem der Produkte rs, $rsrs$, $rsrsrs$, ... enthalten ist. Man hat daher

$$r \cup s = \bigsqcup \{rs, rsrs, rsrsrs, \ldots\} . \tag{17.10}$$

Man bemerke, daß die rechts stehenden Elemente eine Kette

$$rs \subset rsrs \subset rsrsrs \subset \ldots$$

bilden.

Wir setzen jetzt speziell voraus, daß M eine *Algebra* ist. Der Einfachheit halber wollen wir annehmen, daß wir es mit einer einzigen, und zwar zweistelligen Operation φ zu tun haben. Die folgenden Resultate gelten jedoch mit denselben Beweisen für beliebige Algebren.

Die Menge $\mathfrak{K}(M)$ der Kongruenzrelationen von M ist eine Teilmenge von $\mathfrak{Z}(M)$. Der (mengentheoretische) Durchschnitt r einer beliebigen Menge von Kongruenzrelationen r_α ist wieder eine Kongruenzrelation, denn aus $\varrho r \varrho'$ und $\sigma r \sigma'$ folgt für jedes α $\varrho r_\alpha \varrho'$ und $\sigma r_\alpha \sigma'$, also $\varphi(\varrho, \sigma)\, r_\alpha\, \varphi(\varrho', \sigma')$, und damit auch $\varphi(\varrho, \sigma)\, r\, \varphi(\varrho', \sigma')$. $\mathfrak{K}(M)$ ist also ein vollständiger $\frown$-Teilbund von $\mathfrak{R}(M)$ und von $\mathfrak{Z}(M)$. $\mathfrak{K}(M)$ ist sogar ein vollständiger Teilverband von $\mathfrak{Z}(M)$. Hierzu genügt der Nachweis, daß die in $\mathfrak{Z}(M)$ gebildete Vereinigung einer nichtleeren Menge von Kongruenzrelationen wieder eine Kongruenzrelation ist. Wir verwenden die Bezeichnungen des Verbindungssatzes für Zerlegungen. Die r_α seien Kongruenzrelationen und es gelte $\varrho \bigcup r_\alpha \varrho'$ und $\sigma \bigcup r_\alpha \sigma'$. Nach (17.9) gibt es Relationen $r_{\alpha_1}, \ldots, r_{\alpha_m}$ und $r_{\alpha_{m+1}}, \ldots, r_{\alpha_n}$, so daß

$$\varrho r_{\alpha_1} \ldots r_{\alpha_m} \varrho' \quad \text{und} \quad \sigma r_{\alpha_{m+1}} \ldots r_{\alpha_n} \sigma'.$$

Hieraus folgt leicht

$$\varrho r_{\alpha_1} \ldots r_{\alpha_n} \varrho' \quad \text{und} \quad \sigma r_{\alpha_1} \ldots r_{\alpha_n} \sigma'.$$

Geht man auf die Definition der Verkettung zurück, so ergibt sich die Existenz von Elementen $\varrho = \varrho_0, \varrho_1, \ldots, \varrho_n = \varrho', \sigma = \sigma_0, \sigma_1, \ldots, \sigma_n = \sigma'$ der Algebra, so daß gilt:

$$\varrho_0 r_{\alpha_1} \varrho_1, \ \varrho_1 r_{\alpha_2} \varrho_2, \ \ldots, \ \varrho_{n-1} r_{\alpha_n} \varrho_n,$$

$$\sigma_0 r_{\alpha_1} \sigma_1, \ \sigma_1 r_{\alpha_2} \sigma_2, \ \ldots, \ \sigma_{n-1} r_{\alpha_n} \sigma_n.$$

Da nach Voraussetzung die r_α Kongruenzrelationen sind, folgt

$$\varphi(\varrho_0, \sigma_0) r_{\alpha_1} \varphi(\varrho_1, \sigma_1), \varphi(\varrho_1, \sigma_1) r_{\alpha_2} \varphi(\varrho_2, \sigma_2), \ldots, \varphi(\varrho_{n-1}, \sigma_{n-1}) r_{\alpha_n} \varphi(\varrho_n, \sigma_n),$$

$$\text{also} \quad \varphi(\varrho_0, \sigma_0) r_{\alpha_1} \ldots r_{\alpha_n} \varphi(\varrho_n, \sigma_n),$$

und hieraus sofort $\varphi(\varrho, \sigma) \bigcup r_\alpha \varphi(\varrho', \sigma')$, was zu beweisen war.

Zum Abschluß beweisen wir den

Satz. $\mathfrak{Z}(M)$ *ist relativ komplementär.*

Beweis. (Vgl. Abb. 17.2.) Seien a, b, z Zerlegungen von M mit $a \subset z \subset b$. Jede b-Klasse zerfällt in z-Klassen, und jede z-Klasse zerfällt in a-Klassen. Wir betrachten eine b-Klasse B. Aus jeder z-Klasse, in die B zerfällt, wähle man (mit Hilfe des Auswahlaxioms) eine a-Klasse aus und vereinige alle diese a-Klassen zu einer Teilklasse W_B von B. Eine solche Teilklasse W_B bilde man zu jeder b-Klasse B. Nun sei w diejenige Zerlegung von M, deren Klassen wie folgt charakterisiert werden können:

(1) für jedes B ist W_B eine Klasse von w;

(2) die anderen Klassen von w sind die a-Klassen, soweit sie nicht in einem W_B enthalten sind.

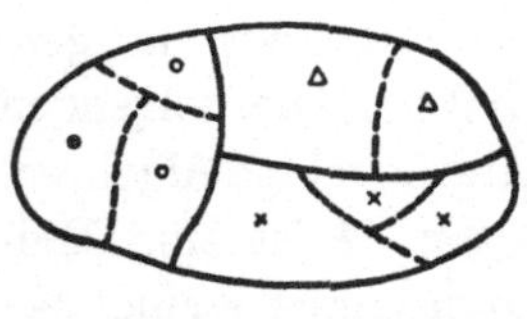

Abb. 17.2 Zum Beweis der Komplementarität von $\mathfrak{Z}(M)$. In der Figur ist angenommen worden, daß die a-Klassen genau einen Punkt enthalten. Die b-Klassen sind durch Linien, die z-Klassen darüber hinaus durch gestrichelte Linien voneinander abgegrenzt. Die Punkte der Mengen W_B sind besonders markiert.

Jedenfalls ist $a \subset w \subset b$. Wir wollen zeigen, daß w ein relatives Komplement von z in b/a ist. Liegen zwei Elemente von M in derselben z-Klasse und in derselben w-Klasse, so auch in derselben a-Klasse. Dies ist nur dann nicht selbstverständlich, wenn es eine b-Klasse B gibt, so daß beide Elemente in W_B liegen. W_B enthält aber von jeder z-Klasse nur eine a-Klasse, so daß die beiden Elemente, die nach Voraussetzung in derselben z-Klasse liegen sollen, auch in diesem Falle in einer a-Klasse liegen. Es ist also $z \frown w = a$. Um $z \smile w = b$ zu beweisen, genügt es zu zeigen, daß $b \subset z \cup w$. Wir nehmen an, daß α und β Elemente aus M sind, die in derselben b-Klasse B liegen. Wir haben zu zeigen, daß $\alpha z \cup w \beta$. Nach der Definition von W_B gibt es zu α ein Element $\alpha' \in W_B$, so daß α und α' in derselben z-Klasse liegen. Es gilt also $\alpha z \alpha'$. Ebenso gibt es zu β ein $\beta' \in W_B$, so daß $\beta z \beta'$. Damit haben wir $\alpha z \alpha'$, $\alpha' w \beta'$, $\beta' z \beta$, also $\alpha z w z \beta$; hieraus folgt nach dem Verbindungssatz für Äquivalenzrelationen, daß $\alpha z \cup w \beta$, was zu beweisen war.

Aufgaben. 17.1. Man zeige, daß $\mathfrak{Z}(M)$ und $\mathfrak{Z}(N)$ isomorph sind, wenn M und N dieselbe Kardinalzahl haben.

17.2. Man beweise die Formeln (17.2), (17.3), (17.4).

17.3. Man zeige an einem Beispiel, daß die Umkehrung von (17.4) nicht gilt.

17.4. Man beweise, daß $\mathfrak{Z}(M)$ atomar ist, und daß die Atome diejenigen Zerlegungen sind, deren Klassen, bis auf eine zweielementige Klasse, einelementig sind.

17.5. Man zeige, daß $\mathfrak{Z}(M)$ nicht modular ist, wenn M mehr als drei Elemente besitzt (vgl. $\mathfrak{Z}_4$ in Abb. 17.1). Anleitung: Sei $M = \{1, 2, 3, 4, \ldots\}$. Man betrachte die Zerlegungen 0, (12), (12)(34), (13)(24), (1234).

17.6. Man suche ein Beispiel für eine Algebra M, für die der Verband $\mathfrak{K}(M)$ der Kongruenzrelationen nicht komplementär ist.

Literatur.

DUBREIL, P.: Algèbre, Tome I, Équivalences, opérations, groupes, anneaux, corps. Paris: Gauthier-Villars 1946.

WHITMAN, PH. M.: Lattices, equivalence relations, and subgroups. Bull. Amer. math. Soc. Bd. 52 (1946) S. 507–522. (Die beiden Autoren zeigen unter anderem, daß *jeder* Verband isomorph ist zu einem Teilverband des Verbandes aller Äquivalenzrelationen einer geeigneten Menge.)

JÓNSSON, B.: On the representation of lattices. Math. Scand. Bd. 1 (1953) S. 193–206.

§ 18. Vertauschbare Äquivalenzrelationen.

Das Studium der Normalteiler bildet ein wichtiges Hilfsmittel bei der Untersuchung von Gruppen. Der tieferliegende Grund dafür ist der enge Zusammenhang der Normalteiler mit den Gruppenhomomorphismen, oder, anders ausgedrückt, mit den Kongruenzrelationen einer Gruppe. Die bekannte Charakterisierbarkeit der Kongruenzrelationen durch Teilmengen der Gruppe (nämlich die Normalteiler) ist eine spezielle Eigenschaft der Gruppen, die man in anderen Algebren im allgemeinen nicht wiederfindet. Ein Gegenbeispiel liefern die Verbände; man vergleiche hierzu die Ausführungen in § 31. Wenn man nun die Absicht hat, grundlegende Sätze über Normalteiler von Gruppen auf andere Algebren zu übertragen, so wird es demnach von vornherein empfehlenswert sein, unmittelbar die *Kongruenzrelationen* einer solchen Algebra zu betrachten.

Die Kongruenzrelationen einer Gruppe sind vertauschbar (vgl. die folgende Definition). Es zeigt sich, daß diese Vertauschbarkeit weitgehende Folgerungen für die Struktur des Kongruenzrelationenverbandes hat: die Vereinigung zweier Kongruenzrelationen läßt sich besonders einfach charakterisieren, und als Folge daraus ergibt sich die Modularität dieses Verbandes. Damit hängen eng zusammen Sätze vom Typus des Verfeinerungssatzes von JORDAN, HÖLDER und SCHREIER.

Wir stellen uns im folgenden die Aufgabe, allgemein die Eigenschaften vertauschbarer Äquivalenzrelationen zu untersuchen; insbesondere wollen wir einen Verfeinerungssatz für beliebige Algebren herleiten, der entsprechende Sätze der Gruppentheorie als Spezialfall umfaßt. Mit Fragen aus diesem Bereich hat sich insbesondere BIRKHOFF beschäftigt.

*

Definition. M sei eine beliebige Menge. Die Relationen r, s aus $\mathfrak{R}(M)$ heißen *vertauschbar*, wenn

$$rs = sr. \tag{18.1}$$

Satz 18.1. Symmetrische Relationen sind bereits vertauschbar, wenn

$$rs \subset sr. \tag{18.2}$$

Beweis: Aus $\alpha sr\beta$ folgt für ein geeignetes γ $\alpha s\gamma$ und $\gamma r\beta$. Die Symmetrie liefert hieraus $\beta r\gamma$ und $\gamma s\alpha$, also $\beta rs\alpha$. Nun folgt aus (18.2) $\beta sr\alpha$, also für ein geeignetes δ $\beta s\delta$ und $\delta r\alpha$. Es ergibt sich $\alpha r\delta$ und $\delta s\beta$, also $\alpha rs\beta$, was zu beweisen war.

Satz 18.2. *Die Vertauschbarkeit zweier Äquivalenzrelationen r, s ist gleichbedeutend mit*

$$r \cup s = rs. \tag{18.3}$$

Dabei soll, wie im letzten Paragraphen, $r \cup s$ die Vereinigung von r und s in $\mathfrak{Z}(M)$ sein, während wir die mengentheoretische Vereinigung von r und s wieder durch $r \sqcup s$ wiedergeben wollen. Entsprechende Symbole verwenden wir für unendliche Vereinigungen.

Beweis: Es ist generell

$$r \cup s = \bigsqcup \{rs, rsrs, rsrsrs, \ldots\}.$$

Ist $rs = sr$, so $rs = (rr)(ss) = r(rs)s = r(sr)s = rsrs$; daraus folgt weiter $rsrsrs = rs$, usf., also $r \cup s = rs$. Ist umgekehrt $r \cup s = rs$, so

$$rs = r \cup s = s \cup r = \bigsqcup \{sr, srsr, srsrsr, \ldots\};$$

es folgt $sr \subset rs$, und damit $rs = sr$ nach Satz 18.1.

Satz 18.3. *r, s, t seien Äquivalenzrelationen mit $rs = r \cup s$. Dann gilt:*

$$r \subset t \rightarrow r \cup (s \cap t) = (r \cup s) \cap t. \qquad (18.4)$$

Beweis. Es genügt zu zeigen, daß $(r \cup s) \cap t \subset r \cup (s \cap t)$. Sei $\alpha (r \cup s) \cap t \beta$, also $\alpha r \cup s \beta$ und $\alpha t \beta$. Nach Voraussetzung hat man $\alpha r s \beta$, d.h. $\alpha r \gamma$ und $\gamma s \beta$ mit einem geeigneten γ. Wegen $r \subset t$ folgt $\alpha t \gamma$, und damit $\gamma t \beta$. Es gilt $\alpha r \gamma$, $\gamma (s \cap t) \beta$, also $\alpha r (s \cap t) \beta$, und damit $\alpha r \cup (s \cap t) \beta$, was zu beweisen war.

Aus den beiden letzten Sätzen ergibt sich unmittelbar:

Satz 18.4. *Sind je zwei Kongruenzrelationen einer Algebra A vertauschbar, so ist der Verband $\mathfrak{K}(A)$ aller Kongruenzrelationen von A modular. Insbesondere gilt $r \cup s = rs$.*

Beispiel 18.1. A sei eine Algebra mit einer zweistelligen Operation $\alpha\beta$ („Multiplikation"). Zu jedem α und β gebe es wenigstens ein γ, so daß $\alpha = \gamma\beta$. r und s seien Äquivalenzrelationen aus $\mathfrak{R}(A)$ mit den speziellen Eigenschaften:

(i) Wenn $\alpha\beta r \beta$, so $\alpha\gamma r \gamma$ für alle $\alpha, \beta, \gamma \in A$. (Hintere „Division" mit Multiplikation)

(ii) Wenn $\alpha s \beta$, so $\gamma\alpha s \gamma\beta$ für alle $\alpha, \beta, \gamma \in A$. (Vordere Multiplikation)

Dann sind r und s vertauschbar. Zum Beweis sei $\alpha r s \beta$, also $\alpha r \gamma$ und $\gamma s \beta$ für ein geeignetes γ. Es gibt ein δ, so daß $\alpha = \delta\gamma$. Es folgt $\delta\gamma r \gamma$, also $\delta\beta r \beta$ nach (i). Mit Hilfe von (ii) erhält man aus $\gamma s \beta$ durch vordere Multiplikation mit δ die Beziehung $\delta\gamma s \delta\beta$, und damit $\delta\gamma s r \beta$, also $\alpha s r \beta$. Daher gilt $rs \subset sr$, womit nach Satz 18.1 die behauptete Vertauschbarkeit bewiesen ist.

Kongruenzrelationen einer Gruppe (mit oder ohne Operatoren) haben die Eigenschaften (i), (ii). Damit ist gezeigt:

Die Kongruenzrelationen einer Gruppe sind vertauschbar, bilden also einen modularen Verband.

Allgemeiner kann man in einer Gruppe folgendermaßen vertauschbare *Äquivalenzrelationen* gewinnen:

r heiße eine *Linkskongruenzrelation*, wenn aus $\alpha r \beta$ folgt $\gamma\alpha r \gamma\beta$ für alle α, β, γ.

r heiße eine *Rechtskongruenzrelation*, wenn aus $\alpha r \beta$ folgt $\alpha\gamma r \beta\gamma$ für alle α, β, γ.

r ist also genau dann eine Kongruenzrelation, wenn r Links- und Rechtskongruenzrelation ist. Die Linkskongruenzrelationen (und ebenso die Rechtskongruenzrelationen) einer Gruppe G entsprechen umkehrbar eindeutig den Untergruppen von G. Der Linkskongruenzrelation r wird dabei die Menge U aller der Elemente α von G zugeordnet, für die $\alpha r \varepsilon$ gilt für das Einselement ε von G. Aus $\alpha r \varepsilon$ folgt $\alpha^{-1}\alpha r \alpha^{-1}\varepsilon$, also $\varepsilon r \alpha^{-1}$; aus $\alpha r \varepsilon$ und $\beta r \varepsilon$ folgt leicht $\alpha\beta r \varepsilon$; U ist also eine Untergruppe von G. Umgekehrt sei U eine Untergruppe. Man definiere $\alpha r \beta$ durch $\beta^{-1}\alpha \in U$. Man sieht leicht, daß r eine Linkskongruenzrelation ist, und daß die Linkskongruenzrelationen den Untergruppen auf Grund dieser Zuordnungen eineindeutig entsprechen. Es ist unmittelbar zu erkennen, daß diese Zuordnung die Inklusion beiderseits erhält, also ein Isomorphismus ist.

Ist r eine Links- und s eine Rechtskongruenzrelation, so sind r und s vertauschbar. r hat nämlich die Eigenschaft (ii), und s die Eigenschaft (i), wie man durch Rechtsmultiplikation mit $\beta^{-1}\gamma$ erkennt.

*

Wir wenden uns jetzt dem Verfeinerungssatz zu. Vorgelegt sei eine Algebra A mit einem *festen* ausgezeichneten Element ε, so daß für jede Operation φ der Algebra gilt: $\varphi(\varepsilon, \ldots, \varepsilon) = \varepsilon$. Wir wollen ε kurz das *Einheitselement* von A nennen. Um einfache Bezeichnungen zu erhalten, wollen wir im folgenden annehmen, daß in der Algebra A nur eine Operation φ existiert, und daß φ zweistellig ist, so daß wir für $\varphi(\alpha, \beta)$ kurz $\alpha\beta$ schreiben können. Das Resultat gilt mit demselben Beweis für eine Algebra mit beliebig vielen mehrstelligen Operationen.

Einer Äquivalenzrelation r von A ordnen wir die Menge $[r]$ der zu ε äquivalenten Elemente von A zu. Man beachte, daß eine Äquivalenzrelation in A, die in A keine Kongruenzrelation ist, sehr wohl eine Kongruenzrelation werden kann, wenn man sie nur betrachtet für eine Teilmenge B von A. Dann kann man zur Restklassenalgebra B mod r übergehen.

Verfeinerungssatz. *A sei eine Algebra mit Einheitselement ε. $0 = r_0 \subset \cdots \subset r_n = 1$ und $0 = s_0 \subset \cdots \subset s_m = 1$ seien zwei Ketten von Äquivalenzrelationen in A. Jedes $[r_i]$ $(i = 0, \ldots, n)$ und jedes $[s_j]$ $(j = 0, \ldots, m)$ sei eine Teilalgebra von A. r_{i-1} sei eine Kongruenzrelation in $[r_i]$ $(i = 1, \ldots, n)$ und s_{j-1} eine Kongruenzrelation in $[s_j]$ $(j = 1, \ldots, m)$. Schließlich sei jedes r_i mit jedem s_j vertauschbar. Man setze*

$$r_{ij} = r_{i-1} \cup (r_i \cap s_j) \qquad (i = 1, \ldots, n;\ j = 0, \ldots, m), \tag{18.5}$$

$$s_{ji} = s_{j-1} \cup (s_j \cap r_i) \qquad (i = 0, \ldots, n;\ j = 1, \ldots, m). \tag{18.6}$$

Dann gilt: Die r_{ij} sind eine Verfeinerung der r_i (d. h. die r_{ij} bilden eine Kette von Relationen, unter denen die r_i vorkommen), und ebenso die s_{ji} eine Verfeinerung der s_j. Alle $[r_{ij}]$ und $[s_{ji}]$ sind Teilalgebren von A.

r_{ij-1} ist Kongruenzrelation in $[r_{ij}]$ und s_{ji-1} Kongruenzrelation in $[s_{ji}]$. Schließlich hat man die Isomorphie der Restklassenalgebren:

$$[r_{ij}] \; mod \; r_{ij-1} \cong [s_{ji}] \; mod \; s_{ji-1}. \tag{18.7}$$

Beweis. Die Voraussetzungen über die r_i und die s_j sind symmetrisch, so daß wir uns auf die Betrachtung der r_i beschränken können, abgesehen von der Isomorphiebehauptung. Aus (18.5) folgt unmittelbar

$$r_{ij-1} \subset r_{ij}, \quad r_{im} = r_{i-1} \cup (r_i \cap 1) = r_i, \quad r_{i+1,0} = r_i \cup (r_{i+1} \cap 0) = r_i,$$

und hieraus gewinnt man sofort die Verfeinerungsbehauptung.

Aus (18.5) ergibt sich $r_i \cap s_j \subset r_{ij} \subset r_i$, und daraus folgt $[r_i \cap s_j] \subset [r_{ij}] \subset [r_i]$. Übrigens ist $\alpha r_i \cap s_j \varepsilon \longleftrightarrow \alpha r_i \varepsilon \wedge \alpha s_j \varepsilon$, also $[r_i \cap s_j]$ gleich dem Durchschnitt $[r_i] \cap [s_j]$. Daher ist $[r_i \cap s_j]$ ebenso wie $[r_i]$ und $[s_j]$ eine Teilalgebra. Auch $[r_{ij}]$ ist eine Teilalgebra. Hierzu beachte man, daß wegen der Vertauschbarkeit von r_i und s_j nach Satz 18.3 gilt:

$$r_{ij} = r_{i-1} \cup (s_j \cap r_i) = (r_{i-1} \cup s_j) \cap r_i = r_{i-1} s_j \cap r_i. \tag{18.8}$$

Gilt nun $\alpha_1 r_{ij} \varepsilon$, so gibt es nach (18.8) ein β_1, so daß

$$\alpha_1 r_{i-1} \beta_1, \quad \beta_1 s_j \varepsilon, \quad \alpha_1 r_i \varepsilon.$$

Entsprechend gibt es zu α_2 mit $\alpha_2 r_{ij} \varepsilon$ ein β_2, so daß

$$\alpha_2 r_{i-1} \beta_2, \quad \beta_2 s_j \varepsilon, \quad \alpha_2 r_i \varepsilon.$$

Mit α_1 und α_2 liegen auch β_1 und β_2 in $[r_i]$, so daß man aus der Kongruenzeigenschaft von r_{i-1} in $[r_i]$ auf $\alpha_1 \alpha_2 r_{i-1} \beta_1 \beta_2$ schließen kann. Ferner gilt $\beta_1 \beta_2 s_j \varepsilon$ und $\alpha_1 \alpha_2 r_i \varepsilon$, da $[s_j]$ und $[r_i]$ Teilalgebren sind. Es folgt $\alpha_1 \alpha_2 r_{i-1} s_j \cap r_i \varepsilon$, womit gezeigt ist, daß auch $[r_{ij}]$ eine Teilalgebra ist.

Aus $\alpha r_{ij} \varepsilon$ folgt für ein geeignetes α' nach (18.8) $\alpha r_{i-1} \alpha'$, $\alpha' s_j \varepsilon$ und $\alpha r_i \varepsilon$. Es resultiert $\alpha' r_i \varepsilon$. Damit haben wir:

Zu jedem $\alpha \in [r_{ij}]$ gibt es ein $\alpha' \in [r_i \cap s_j]$, so daß $\alpha r_{i-1} \alpha'$. (18.9)

Wir wollen nun zeigen, daß r_{ij-1} in $[r_{ij}]$ eine Kongruenzrelation ist.

Wir können die Behauptung vereinfachen, denn es gilt wegen (18.8):

Für die Elemente von $[r_i]$ stimmt r_{ij-1} mit $r_{i-1} s_{j-1}$ überein. (18.10)

Seien nun α_1 und β_1 Elemente von $[r_{ij}]$, und es gelte $\alpha_1 r_{i-1} s_{j-1} \beta_1$. Nach (18.9) gibt es Elemente α_1', β_1' in $[r_i \cap s_j]$, so daß $\alpha_1 r_{i-1} \alpha_1', \beta_1 r_{i-1} \beta_1'$. Es folgt sukzessive

$\alpha_1' r_{i-1} s_{j-1} \beta_1,$	(Symmetrie und Transitivität von r_{i-1})
$\alpha_1' s_{j-1} r_{i-1} \beta_1,$	(Vertauschbarkeit von r_{i-1} und s_{j-1})
$\alpha_1' s_{j-1} r_{i-1} \beta_1',$	(Transitivität von r_{i-1})
$\alpha_1' r_{i-1} s_{j-1} \beta_1',$	(Vertauschbarkeit von r_{i-1} und s_{j-1})

$\alpha_1' r_{j-1} \gamma_1$ und $\gamma_1 s_{j-1} \beta_1$ für ein geeignetes γ_1. (*)

Entsprechend gibt es zu jedem $\alpha_2, \beta_2 \in [r_{ij}]$ Elemente $\alpha_2', \beta_2' \in [r_i \frown s_j]$, so daß

$$\alpha_2' r_{i-1} \gamma_2 \text{ und } \gamma_2 s_{j-1} \beta_2' \text{ für ein geeignetes } \gamma_2. \qquad (**)$$

Da $\alpha_1', \gamma_1, \beta_1', \alpha_2', \gamma_2, \beta_2'$ in $[r_i] \frown [s_j]$ liegen, und da r_{i-1} in $[r_i]$ und s_{j-1} in $[s_j]$ Kongruenzrelationen sind, ergibt sich

$$\alpha_1' \alpha_2' r_{i-1} \gamma_1 \gamma_2 \quad \text{und} \quad \gamma_1 \gamma_2 s_{j-1} \beta_1' \beta_2',$$

also $\alpha_1' \alpha_2' r_{i-1} s_{j-1} \beta_1' \beta_2'$. Mit Hilfe von $\alpha_1 \alpha_2 r_{i-1} \alpha_1' \alpha_2'$, $\beta_1 \beta_2 r_{i-1} \beta_1' \beta_2'$ gewinnt man die oben behauptete Beziehung $\alpha_1 \alpha_2 r_{i-1} s_{j-1} \beta_1 \beta_2$.

Nun wollen wir zeigen, daß

$$[r_{ij}] \bmod r_{i-1} s_{j-1} \cong [r_i \frown s_j] \bmod r_{i-1} s_{j-1}. \qquad (18.11)$$

Man braucht sich nur davon zu überzeugen, daß es in $[r_{ij}]$ nicht mehr Klassen in bezug auf die Kongruenzrelation $r_{i-1} s_{j-1}$ gibt als in $[r_i \frown s_j]$, d. h., daß es zu jedem Element α von $[r_{ij}]$ ein Element β von $[r_i \frown s_j]$ gibt, so daß $\alpha r_{i-1} s_{j-1} \beta$. Dies folgt aber unmittelbar aus (18.9).

Aus Symmetriegründen gilt mit (18.11):

$$[s_{ji}] \bmod s_{j-1} r_{i-1} \cong [s_j \frown r_i] \bmod s_{j-1} r_{i-1}, \qquad (18.12)$$

und mit (18.10):

Für die Elemente von $[s_j]$ stimmt $s_{j\,i-1}$ mit $s_{j-1} r_{i-1}$ überein. (18.13)

Die Isomorphiebeziehung (18.7) gewinnt man nun wie folgt:

$$\begin{aligned} [r_{ij}] \bmod r_{i\,j-1} &\cong [r_{ij}] \bmod r_{i-1} s_{j-1} && \text{(wegen (18.10))} \\ &\cong [r_i \frown s_j] \bmod r_{i-1} s_{j-1} && \text{(wegen (18.11))} \\ &\cong [s_j \frown r_i] \bmod s_{j-1} r_{i-1} && (r_{i-1}, s_{j-1} \text{ vertauschbar}) \\ &\cong [s_{ji}] \bmod s_{j-1} r_{i-1} && \text{(wegen (18.12))} \\ &\cong [s_{ji}] \bmod s_{j\,i-1}. && \text{(wegen (18.13))} \end{aligned}$$

Damit ist der Beweis für den Verfeinerungssatz vollständig erbracht.

Beachten wir, daß $[r_i]$ sicher eine Teilalgebra ist, wenn r_i eine Kongruenzrelation einer Algebra ist, so gewinnen wir als

Korollar. *A sei eine Algebra mit Einheitselement und vertauschbaren Kongruenzrelationen. Dann lassen sich Ketten von Kongruenzrelationen* $0 = r_0 \subset \cdots \subset r_n = 1$ *und* $0 \subset s_0 \subset \cdots \subset s_m = 1$ *durch die Kongruenzrelationen* (18.5), (18.6) *verfeinern, so daß die Isomorphiebeziehungen* (18.7) *gelten.*

Wir wollen abschließend zeigen, daß der bekannte Verfeinerungssatz für Normalreihen der Gruppentheorie aus dem oben bewiesenen Verfeinerungssatz folgt. Vorgegeben seien eine Gruppe G und die Untergruppenketten $E = U_0 \subset \cdots \subset U_n = G$, sowie $E = V_0 \subset \cdots \subset V_m = G$. U_{i-1} sei Normalteiler von U_i $(i = 1, \ldots, n)$ und ebenso V_{j-1}

Normalteiler von V_j ($j = 1, \ldots, m$). Wie wir vorhin gesehen haben, kann man jedem U_i eine Linksäquivalenzrelation r_i von G und jedem V_j eine Rechtsäquivalenzrelation s_j von G zuordnen. Insbesondere ist $[r_i] = U_i$, $[s_j] = V_j$. Dann sind für die r_i, s_j die Voraussetzungen des Verfeinerungssatzes erfüllt. Es sei nun $U_{ij} = [r_{ij}]$, $V_{ji} = [s_{ji}]$. Dann sind die U_{ij} Untergruppen von G; $U_{in} = U_i = U_{i+1,0}$; U_{ij-1} ist Normalteiler von U_{ij}, da r_{ij-1} Kongruenzrelation in $[r_{ij}]$ ist. Die entsprechenden Aussagen gelten für die V_{ji}. Endlich bedeutet (18.7) in der Sprache der Gruppentheorie, daß $U_{ij}/U_{ij-1} \cong V_{ji}/V_{ji-1}$. Das sind die Aussagen des Verfeinerungssatzes für Normalreihen.

Zur Frage der Anwendungen des Verfeinerungssatzes auf Kompositions- und Hauptreihen muß auf Lehrbücher der Gruppentheorie verwiesen werden.

Aufgaben 18.1 (vgl. Beispiel 18.1). A sei eine Algebra mit einer zweistelligen Operation $\alpha\beta$. Zu jedem α und β gebe es wenigstens ein γ, so daß $\alpha = \gamma\beta$, und wenigstens ein δ, so daß $\alpha = \beta\delta$. r und s seien Äquivalenzrelationen aus $\mathfrak{R}(A)$ mit den speziellen Eigenschaften:

$$(1)\ \alpha r \beta \longleftrightarrow \alpha\gamma r \beta\gamma \longleftrightarrow \gamma\alpha r \gamma\beta, \qquad (2)\ \alpha s \beta \longleftrightarrow \gamma\alpha s \gamma\beta.$$

Dann sind r und s vertauschbar.

18.2. Zwei Zerlegungen r und s heißen *assoziierbar*, wenn für beliebige r-Klassen A_1 und A_2 und beliebige s-Klassen B_1 und B_2 aus $A_1 \cap B_1 \neq 0$, $A_1 \cap B_2 \neq 0$, $A_2 \cap B_1 \neq 0$ stets folgt, daß $A_2 \cap B_2 \neq 0$. Man zeige, daß r und s genau dann assoziierbar sind, wenn r und s vertauschbar sind.

Literatur.

Ore, O.: On the foundations of abstract algebra I, II. Ann. Math. Bd. 36 (1935) S. 406–437; Bd. 37 (1936) S. 265–292.

§ 19. Lineare Abhängigkeit.

Der Begriff der linearen Abhängigkeit ist ein wichtiges Hilfsmittel der klassischen Algebra. Die fundamentalen Eigenschaften der linearen Abhängigkeit lassen sich in den drei folgenden Axiomen zusammenfassen[1]. Wir setzen dabei voraus, daß die p_i, q_i, p, q Elemente einer festen Menge M sind.

(LA 1) p_i ist linear abhängig von $\{p_1, \ldots, p_n\}$ ($i = 1, \ldots, n$).

(LA 2) Wenn p linear abhängig ist von $\{p_1, \ldots, p_n, q\}$, und wenn p nicht linear abhängig ist von $\{p_1, \ldots, p_n\}$, so ist q linear abhängig von $\{p_1, \ldots, p_n, p\}$.

(LA 3) Wenn p linear abhängig ist von $\{p_1, \ldots, p_n\}$, und wenn jedes p_i linear abhängig ist von $\{q_1, \ldots, q_m\}$ ($i = 1, \ldots, n$), so ist p linear abhängig von $\{q_1, \ldots, q_m\}$.

[1] Vgl. Van der Waerden, Moderne Algebra I. Berlin: Springer 1950, S. 110.

Die bekannteste Interpretation dieses Axiomensystems erhält man, wenn man M als die Menge der Vektoren eines affinen Vektorraumes über einem Schiefkörper S nimmt, und definiert:

p ist abhängig von $\{p_1, \ldots, p_n\}$ genau dann, wenn es Elemente $a_1, \ldots, a_n \in S$ gibt, derart, daß $p = \sum_{j=1}^{n} a_j p_j$.

Wir wollen im folgenden eine verbandstheoretische Interpretation dieses Axiomensystems geben, die die eben genannte algebraische Interpretation im wesentlichen als Spezialfall enthält. Den Übergang von der algebraischen zur verbandstheoretischen Interpretation gewinnen wir wie folgt: Wir beschränken uns auf die vom Nullvektor verschiedenen Vektoren. Ersetzt man nun jeden Vektor durch einen beliebigen anderen vom Nullvektor verschiedenen gleicher Richtung, so besteht eine lineare Abhängigkeit zwischen den ursprünglichen Vektoren genau dann, wenn sie zwischen den neuen Vektoren besteht. Es kommt also bei der linearen Abhängigkeit nur auf die Richtung der Vektoren an. Nun kann man bekanntlich jede Richtung eines affinen Vektorraumes mit einem Punkt eines projektiven Raumes identifizieren. Damit haben wir erkannt, daß man die lineare Abhängigkeit als eine Beziehung zwischen Punkten und endlichen Punktmengen eines projektiven Raumes auffassen kann. Den Übergang zu Verbänden vermitteln uns die Überlegungen der letzten Paragraphen. Dabei haben wir für die Elemente von M die Atome eines Verbandes zu nehmen. Ein Punkt eines projektiven Raumes ist genau dann abhängig von einer Menge von Punkten, wenn er in dem von dieser Punktmenge aufgespannten Teilraum liegt. Dies führt zu der folgenden

Definition. $p, p_1, \ldots, p_n$ seien Atome eines Verbandes. Dann heiße p *linear abhängig* von $p_1, \ldots, p_n$, wenn $p \subset p_1 \cup \cdots \cup p_n$.

Bei dieser Interpretation gilt in einem beliebigen Verbande (LA 1) und (LA 3). Denn es ist immer $p_i \subset p_1 \cup \cdots \cup p_n$, und nun folgt aus $p \subset p_1 \cup \cdots \cup p_n$, $p_i \subset q_1 \cup \cdots \cup q_m$ (für $i = 1, \ldots, n$) sofort die Aussage $p \subset q_1 \cup \cdots \cup q_m$.

(LA 2) gilt dagegen nicht in jedem Verbande. Dies zeigt Abb. 19.1 A für $n = 1$. Dieser Verband ist nicht modular. Im Hinblick auf unsere voranstehenden Überlegungen werden wir erwarten dürfen, daß (LA 2) in einem *modularen* Verband gilt. Es zeigt sich sogar, daß man auskommt mit der folgenden Voraussetzung, die auf Grund des Nachbarsatzes (§ 13) in jedem modu-

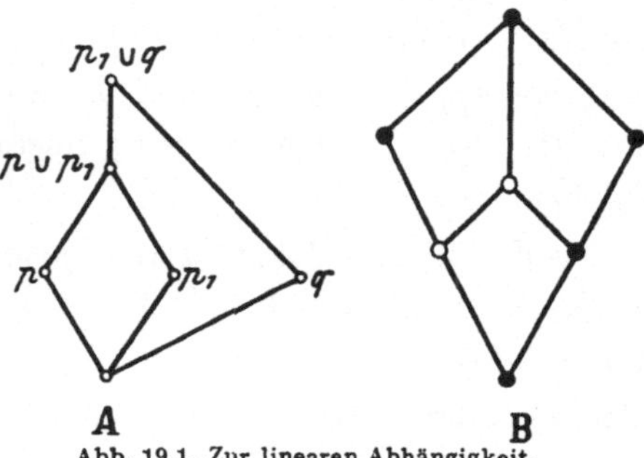

Abb. 19.1. Zur linearen Abhängigkeit.

laren Verband erfüllt ist[1]:

$$\begin{array}{l}\text{Wenn } a \text{ und } b \text{ obere Nachbarn von } a \frown b \text{ sind,}\\ \text{so ist } a \smile b \text{ oberer Nachbar von } a \text{ und von } b.\end{array} \tag{19.1}$$

Ein Verband, in dem (19.1) gilt, braucht nicht modular zu sein. Dies zeigt der in Abb. 19.1 B dargestellte Verband, in dem die durch Vollpunkte markierten Elemente einen Teilverband bilden, der zu dem in Abb. 8.1 A dargestellten Verband isomorph ist.

Wenn $a \neq b$ und wenn sowohl a als auch b obere Nachbarn von c sind, so ist offenbar $c = a \frown b$ und damit die Voraussetzung von (19.1) erfüllt. Zum Beweis von (LA2) benötigen wir einen

Hilfssatz. Sind $p, p_1, \ldots, p_n$ Atome eines Verbandes, in dem (19.1) gilt, und ist p nicht in $p_1 \smile \cdots \smile p_n$ enthalten, so ist $p_1 \smile \cdots \smile p_n \smile p$ oberer Nachbar von $p_1 \smile \cdots \smile p_n$.

Beweis durch vollständige Induktion. Jedenfalls ist p von $p_1, \ldots, p_n$ verschieden. Für $n = 1$ sind also p und p_1 verschiedene Atome, die beide obere Nachbarn von 0 sind. Daher ist nach (19.1) $p \smile p_1$ oberer Nachbar von p_1. Wir nehmen jetzt an, daß der Hilfssatz für beliebige Systeme von $n - 1$ Punkten erfüllt ist. Wir dürfen annehmen, daß p_n nicht in $p_1 \smile \cdots \smile p_{n-1}$ enthalten ist, da wir anderenfalls wegen $p_1 \smile \cdots \smile p_n = p_1 \smile \cdots \smile p_{n-1}$ auf Grund der Induktionsvoraussetzung fertig sind. Nun erhalten wir aus der Induktionsvoraussetzung, daß sowohl $p_1 \smile \cdots \smile p_n$ als auch $p_1 \smile \cdots \smile p_{n-1} \smile p$ obere Nachbarn von $p_1 \smile \cdots \smile p_{n-1}$ sind. $(p_1 \smile \cdots \smile p_n) \smile (p_1 \smile \cdots \smile p_{n-1} \smile p)$, also $p_1 \smile \cdots \smile p_n \smile p$ muß daher nach (19.1) ein oberer Nachbar von $p_1 \smile \cdots \smile p_n$ sein. Damit ist der Hilfssatz bewiesen.

Nun bereitet der Beweis von (LA2) keine Schwierigkeiten.

Nach der Voraussetzung ist p nicht in $p_1 \smile \cdots \smile p_n$ enthalten, also ist nach dem Hilfssatz $p_1 \smile \cdots \smile p_n \smile p$ ein oberer Nachbar von $p_1 \smile \cdots \smile p_n$. Auch q ist nicht in $p_1 \smile \cdots \smile p_n$ enthalten, da sonst nach der Voraussetzung auch p in $p_1 \smile \cdots \smile p_n$ enthalten wäre. Aus dem Hilfssatz folgt, daß $p_1 \smile \cdots \smile p_n \smile q$ auch ein oberer Nachbar von $p_1 \smile \cdots \smile p_n$ ist. Schließlich ist p, also auch $p_1 \smile \cdots \smile p_n \smile p$ in $p_1 \smile \cdots \smile p_n \smile q$ enthalten. Da beide obere Nachbarn von $p_1 \smile \cdots \smile p_n$ sind, müssen sie übereinstimmen; hieraus folgt $q \subset p_1 \smile \cdots \smile p_n \smile p$, also die lineare Abhängigkeit des Atoms q von $\{p_1, \ldots, p_n, p\}$.

Wir fassen das Resultat zusammen in dem

Satz 19.1. Im Verbande V gelte (19.1). Das Atom p heiße linear abhängig von der Menge $\{p_1, \ldots, p_n\}$ von Atomen, wenn $p \subset p_1 \smile \cdots \smile p_n$. Dann gelten für die lineare Abhängigkeit die Axiome (LA1), (LA2), (LA3). Speziell ist (19.1) in jedem modularen Verband erfüllt.

[1] Ein längenendlicher Verband, in dem (19.1) gilt, heißt auch ($\smile$-)*semimodular*.

Viertes Kapitel.

Distributive und BOOLEsche Verbände.

In § 20 wird gezeigt, daß man in den Mengenverbänden bis auf Isomorphie alle distributiven Verbände vor sich hat. Satz 21.2 gibt einen wichtigen Zerlegungssatz für distributive Verbände, der mannigfacher Anwendungen fähig ist. In § 22 geben wir eine rein ringtheoretische und in § 23 eine rein topologische Charakterisierung der BOOLEschen Verbände. Abschließend untersuchen wir in § 24 für vollständige distributive und BOOLEsche Verbände Verallgemeinerungen der distributiven Gesetze für unendliche Durchschnitte und Vereinigungen.

Die distributiven Verbände haben wir in § 8 definiert. Auf Grund eines in § 9 hergeleiteten Kriteriums kann man bereits kleinen Teilverbänden eines Verbandes V ansehen, ob V nicht distributiv ist. Satz 11.2 behandelt die Abbildung eines Elementes a eines distributiven Verbandes auf die Menge der in a enthaltenen Atome. Die Vereinigung zweier $\cup$-Ideale eines distributiven Verbandes wird durch Lemma 2 in § 12 besonders einfach charakterisiert. Satz 12.6 zeigt, daß man jeden distributiven Verband in einen vollständigen distributiven Verband einbetten kann. (Zum Problem der vollständigen Einbettung in den Verband aller Teilmengen einer Menge vgl. § 24.)

§ 10 gibt die Definition und einfache Eigenschaften BOOLEscher Verbände. Die Korollare 1 und 2 von Satz 11.4 befassen sich mit atomaren BOOLEschen Verbänden. Satz 11.5 zeigt, daß die Mengenverbände $\mathfrak{P}(M)$ bis auf Isomorphie die einzigen vollständigen und atomaren BOOLEschen Verbände sind.

§ 20. Darstellung der distributiven Verbände durch Mengenverbände.

Ist M eine beliebige Menge, so ist die Potenzmenge $\mathfrak{P}(M)$, die wir in den Beispielen 1.1, 2.3, 2.4, 3.1, 6.1, 8.1, 10.1, 10.2, 11.1, 11.3 genauer betrachtet haben, als BOOLEsche Algebra ein besonders einfaches Beispiel für einen distributiven Verband. Jeder Teilverband von $\mathfrak{P}(M)$ ist auch ein distributiver Verband. Diese Teilverbände haben wir in § 10 *Mengenringe* genannt. Man nennt die Mengenringe auch *Mengenverbände.* Man beachte hierzu, daß nicht jeder Verband, dessen Elemente Mengen sind, ein Mengenverband ist. Hierzu ist es darüber hinaus notwendig, daß Durchschnitt und Vereinigung mengentheoretisch zu bilden sind.

Wir wollen in diesem Paragraphen die bemerkenswerte Tatsache beweisen, daß wir in den Mengenverbänden *alle* distributiven Verbände vor uns haben, wenn wir isomorphe Verbände als gleichwertig betrachten. Wir zeigen also (vgl. auch die Verschärfung am Ende von § 23)

Satz 20.1. *Jeder distributive Verband ist isomorph zu einem Mengenverband.*

Man kann dieses Resultat auch etwas anders formulieren. Ist der distributive Verband V isomorph zu einem Teilverband von $\mathfrak{P}(M)$, so ist er in dem Verband $\mathfrak{P}(M)$ eingebettet. *Jeder distributive Verband ist also in eine* BOOLE*sche Algebra einbettbar.*

Man kann sich die Frage stellen, ob auch jeder distributive Verband in eine BOOLEsche Algebra $\mathfrak{P}(M)$ *vollständig* einbettbar ist. Diese Frage ist zu verneinen. Wir gehen darauf in § 24 näher ein.

Bevor wir Satz 20.1 beweisen, wollen wir uns klarmachen, daß wir in § 12 weniger gezeigt haben. Dort haben wir bewiesen, daß jeder distributive Verband V in einen vollständigen distributiven Verband V_0 einbettbar ist. V_0 war der Verband aller Ideale von V, also ein Verband, dessen Elemente gewisse Teilmengen von V sind. V_0 ist aber kein Mengenverband. Zwar ist der Durchschnitt in V_0 mengentheoretisch zu bilden, aber nicht die Vereinigung. Dies zeigt Aufgabe 20.1.

Wir werden zum Beweis des Isomorphiesatzes gewisse Ideale in V auszeichnen, die sog. Primideale, deren Benennung sich rechtfertigt durch die Analogie zu den Primidealen aus der algebraischen Theorie der Ringe. $\boldsymbol{P}_0$ sei die Menge der Primideale von V. Wir werden zeigen, daß V isomorph ist zu einem Teilverband von $\mathfrak{P}(\boldsymbol{P}_0)$.

Im folgenden gehen wir zunächst von einem beliebigen, nicht notwendig distributiven Verband V aus.

Es gibt $\frown$-Primideale und die dazu dualen $\smile$-Primideale. Die einfachste Formulierung im Beweis von Satz 20.1 ergibt sich dann, wenn wir mit den $\frown$-Primidealen arbeiten. Wir werden diese im folgenden der Einfachheit halber *Primideale* schlechthin nennen. Entsprechend werden wir im folgenden unter einem *Ideal* stets ein $\frown$-Ideal verstehen, und unter einem *Hauptideal* ein $\frown$-Hauptideal.

Wir haben in ($12.3_\frown$) ein Ideal charakterisiert durch die Bedingung

$$a \in I \wedge b \in I \longleftrightarrow a \frown b \in I. \tag{20.1}$$

Wir erinnern an die Verwandtschaft des verbandstheoretischen und ringtheoretischen Idealbegriffs, auf die wir in § 12 näher eingegangen sind. Bekanntlich heißt eine algebraisches Ideal I ein Primideal, wenn aus $ab \in I$ stets $a \in I$ oder $b \in I$ folgt. In Analogie hierzu werden wir ein verbandstheoretisches *Primideal* charakterisieren durch die zusätzliche Forderung:

$$a \smile b \in I \rightarrow a \in I \vee b \in I. \tag{20.2}$$

In *jedem* Ideal kann aus $a \in I$ oder aus $b \in I$ auf $a \smile b \in I$ geschlossen werden. Daher gilt generell die Umkehrung von (20.2). Für rechnerische Zwecke ist es oft bequem, die damit gültige Äquivalenz zugrunde zu legen:

$$a \smile b \in I \longleftrightarrow a \in I \vee b \in I. \tag{20.3}$$

Wir haben also

Satz 20.2. Eine nichtleere Teilmenge I eines Verbandes V ist genau dann ein Primideal von V, wenn (20.1) und (20.2) oder wenn (20.1) und (20.3) gelten.

Beispiel 20.1. Wir betrachten den distributiven Verband N der natürlichen Zahlen 0, 1, 2, 3, ..., in dem $a \subset b$ bedeutet, daß a/b, und in dem infolgedessen $a \frown b =$ g.g.T. (a, b) und $a \smile b =$ k.g.V. (a, b). Das algebraische Analogon zu N ist der Ring R der ganzen Zahlen. Man kann leicht nachweisen, daß die verbandstheoretischen Ideale von N mit den (mengentheoretischen) Durchschnitten der ringtheoretischen Ideale von R mit N übereinstimmen, also mit diesen Idealen identifiziert werden können. Bei dieser Zuordnung entsprechen die verbandstheoretischen Primideale den ringtheoretischen Idealen, die die Vielfachen einer Primzahlpotenz sind (abgesehen von den Verbands-Hauptidealen (0) und (1)). Die verbandstheoretischen Primideale in N sind also im wesentlichen die Primärideale in R.

Satz 20.3. V sei ein distributiver Verband. $I^{\smile}$ sei ein $\smile$-Ideal und $I^{\frown}$ ein $\frown$-Ideal von V. $I^{\smile}$ und $I^{\frown}$ mögen kein gemeinsames Element haben. Dann existiert ein Primideal $P^{\frown}$, so daß jedes Element von $I^{\frown}$, aber kein Element von $I^{\smile}$ zu $P^{\frown}$ gehört.

Beweis. Wir betrachten die Menge $\mathfrak{J}$ aller $\frown$-Ideale, welche $I^{\frown}$ umfassen und mit $I^{\smile}$ einen leeren Durchschnitt haben. $\mathfrak{J}$ ist nicht leer, da nach Voraussetzung $I^{\frown}$ zu $\mathfrak{J}$ gehört. $\mathfrak{J}$ ist durch die mengentheoretische Inklusion halbgeordnet. Wir können aus dem ZORNschen Lemma[1] folgern, daß $\mathfrak{J}$ ein maximales Element besitzt. Hierzu müssen wir zeigen, daß es zu jeder nicht leeren Kette $\mathfrak{K}$ von Elementen von $\mathfrak{J}$ eine obere Grenze in $\mathfrak{J}$ gibt. K sei die Vereinigung aller Elemente der Kette $\mathfrak{K}$. Es genügt zu zeigen, daß K ein Element von $\mathfrak{J}$ ist, also (1) ein $\frown$-Ideal ist, und (2) $I^{\frown}$ umfaßt und mit $I^{\smile}$ einen leeren Durchschnitt hat. (2) ist trivial. Nachweis von (1): Sei zunächst $a \in K$ und $b \in K$. Dann ist $a \in I_1^{\frown}$, $I_1^{\frown} \in \mathfrak{K}$, $b \in I_2^{\frown}$, $I_2^{\frown} \in \mathfrak{K}$. Da $\mathfrak{K}$ eine Kette ist, hat man $I_1^{\frown} \subset I_2^{\frown}$ (oder umgekehrt); es folgt $a \in I_2^{\frown}$, also $a \frown b \in I_2^{\frown}$ und damit $a \frown b \in K$. Ist ferner $a \in K$ und $a \subset b$, so gibt es ein $I_1^{\frown} \in \mathfrak{K}$, so daß $a \in I_1^{\frown}$; es folgt $b \in I_1^{\frown}$ und damit $b \in K$.

Wir haben also nach dem ZORNschen Lemma in $\mathfrak{J}$ ein maximales $\frown$-Ideal $I_*^{\frown}$. Jedes Element von $I^{\frown}$, aber kein Element von $I^{\smile}$ gehört zu $I_*^{\frown}$, da dies für jedes Element von $\mathfrak{J}$ gilt. Es bleibt zu zeigen, daß $I_*^{\frown}$ ein $\frown$-Primideal ist. Dazu haben wir die Bedingung (20.2) nachzuweisen, also zu zeigen, daß die Annahmen $a \smile b \in I_*^{\frown}$, $a \notin I_*^{\frown}$, $b \notin I_*^{\frown}$ einen Widerspruch implizieren.

Wir betrachten das kleinste $I_*^{\frown}$ umfassende und a als Element enthaltende $\frown$-Ideal I_a.

[1] Siehe § 30.

I_a ist die im Verband aller Ideale von V gebildete Vereinigung von $I_*^\frown$ und dem Hauptideal (a). Da wir V als distributiv vorausgesetzt haben, können wir die Elemente von I_a durch Lemma 2 von § 12 charakterisieren, wobei wir zu beachten haben, daß wir es im vorliegenden Fall mit $\frown$-Idealen zu tun haben. Damit haben wir

$$c \in I_a \longleftrightarrow \text{Es gibt ein } i \in I_*^\frown \text{ und ein } u \supset a, \text{ so daß } c = i \frown u. \tag{20.4}$$

Entsprechend gilt für das kleinste $I_*^\frown$ umfassende und b als Element enthaltende Ideal I_b:

$$c \in I_b \longleftrightarrow \text{Es gibt ein } j \in I_*^\frown \text{ und ein } v \supset b, \text{ so daß } c = j \frown v. \tag{20.5}$$

I_a umfaßt $I^\frown$, hat daher mit $I^\smile$ ein gemeinsames Element a^*. Ebenso sieht man, daß I_b mit $I^\smile$ ein gemeinsames Element b^* hat. Mit a^* und b^* ist auch $a^* \smile b^* \in I^\smile$. Aus (20.4) und (20.5) gewinnen wir die Darstellungen

$$a^* = i \frown u, \qquad b^* = j \frown v, \qquad i, j \in I_*^\frown, \qquad u \supset a, \qquad v \supset b. \tag{20.6}$$

Mit Hilfe des distributiven Gesetzes folgt

$$\begin{aligned} a^* \smile b^* = (i \frown u) \smile (j \frown v) &= (i \smile (j \frown v)) \frown (u \smile (j \frown v)) \\ &= (i \smile (j \frown v)) \frown (u \smile j) \frown (u \smile v). \end{aligned} \tag{20.7}$$

Wegen $i \in I_*^\frown$ ist $i \smile (j \frown v) \in I_*^\frown$; wegen $j \in I_*^\frown$ ist $u \smile j \in I_*^\frown$; schließlich ist wegen $a \smile b \in I_*^\frown$ auch $u \smile v \in I_*^\frown$, da $u \smile v \supset a \smile b$. Auf der rechten Seite von (20.7) steht also ein Element von $I_*^\frown$. Andererseits ist $a^* \smile b^*$ ein Element von $I^\smile$, also kein Element von $I_*^\frown$. Dieser Widerspruch zeigt, daß $I_*^\frown$, wie behauptet, ein $\frown$-Primideal ist.

Satz 20.4. V sei ein beliebiger Verband. Wir bilden jedes $x \in V$ ab auf die Menge $\boldsymbol{P}(x)$ aller Primideale von V, in denen x liegt. Diese Abbildung hat die folgenden Eigenschaften:

$$\boldsymbol{P}(x \frown y) = \boldsymbol{P}(x) \frown \boldsymbol{P}(y) \tag{20.8}$$

$$\boldsymbol{P}(x \smile y) = \boldsymbol{P}(x) \smile \boldsymbol{P}(y) \tag{20.9}$$

$$x \subset y \to \boldsymbol{P}(x) \subset \boldsymbol{P}(y). \tag{20.10}$$

Dabei sind auf der rechten Seite $\frown$, $\smile$ und $\subset$ im Verband $\mathfrak{P}(\boldsymbol{P}_0)$, also mengentheoretisch, zu bilden, wobei $\boldsymbol{P}_0$ die Menge aller Primideale aus V ist.

Beweis: Es genügt der Beweis für (20.8) und (20.9), da jede dieser Formeln (20.10) nach sich zieht.

$$\begin{aligned} P \in \boldsymbol{P}(x \frown y) &\longleftrightarrow x \frown y \in P && \text{(Definition von } \boldsymbol{P}(x \frown y)) \\ &\longleftrightarrow x \in P \wedge y \in P && \text{((20.1))} \\ &\longleftrightarrow P \in \boldsymbol{P}(x) \wedge P \in \boldsymbol{P}(y) && \text{(Definition von } \boldsymbol{P}(x), \boldsymbol{P}(y)) \\ &\longleftrightarrow P \in \boldsymbol{P}(x) \frown \boldsymbol{P}(y) && \text{(mengentheoretischer Durchschnitt)} \end{aligned}$$

$$\begin{aligned} P \in \boldsymbol{P}(x \cup y) &\longleftrightarrow x \cup y \in P && \text{(Definition von } \boldsymbol{P}(x \cup y)) \\ &\longleftrightarrow x \in P \vee y \in P && ((20.3)) \\ &\longleftrightarrow P \in \boldsymbol{P}(x) \vee P \in \boldsymbol{P}(y) && \text{(Definition von } \boldsymbol{P}(x), \boldsymbol{P}(y)) \\ &\longleftrightarrow P \in \boldsymbol{P}(x) \cup \boldsymbol{P}(y) && \text{(mengentheoretische Vereinigung).} \end{aligned}$$

Wir haben damit für einen beliebigen Verband bewiesen, daß die betrachtete Abbildung von V in $\mathfrak{P}(\boldsymbol{P}_0)$ ein $\frown, \smile$-Homomorphismus ist. Wir wollen jetzt *für einen distributiven Verband V* darüber hinaus beweisen, daß die Abbildung umkehrbar eindeutig, also ein Isomorphismus ist. Es genügt hierzu der Nachweis der Umkehrung von (20.10):

$$\boldsymbol{P}(x) \subset \boldsymbol{P}(y) \rightarrow x \subset y. \tag{20.11}$$

Das erschließen wir indirekt, indem wir zeigen: *wenn $x \not\subset y$, so gibt es ein Primideal P, in dem zwar x, aber nicht y liegt.* Dies ergibt sich aber sofort aus Satz 20.3, wenn man $I^\frown$ gleich dem $\frown$-Hauptideal aller x umfassenden Elemente von V und $I^\smile$ gleich dem $\smile$-Hauptideal aller in y enthaltenen Elemente von V setzt. ($I^\frown$ und $I^\smile$ haben kein gemeinsames Element wegen $x \not\subset y$).

Die vorstehenden Überlegungen zeigen, daß V zu einem Mengenverband isomorph ist, wie es in Satz 20.1 behauptet wurde.

Aufgaben. 20.1. Man gebe eine vollständige Aufzählung aller Ideale in der Booleschen Algebra $\mathfrak{P}(M)$ mit zweielementigem M und zeige, daß die Vereinigung im Idealverband im allgemeinen nicht mengentheoretisch zu bilden ist.

20.2. Man führe die Beweise für die Behauptungen von Beispiel 20.1 vollständig durch.

20.3. Man charakterisiere die Primideale in Ketten.

20.4. a und b seien Elemente eines distributiven Verbandes V und es sei $a \subset b$. Man zeige, daß die Teilmenge A von V, zu der genau diejenigen Elemente $x \in V$ gehören, für die $(b \frown x) \smile a = b$ ist, ein Ideal in V ist. Man zeige ferner, daß A ein Primideal ist, wenn b ein oberer Nachbar von a ist.

20.5. Jeder distributive Verband ist in einen atomaren Verband einbettbar.

20.6. E sei eine endliche nichtleere Teilmenge eines distributiven Verbandes V. V^* sei der kleinste Teilverband von V, der alle Elemente von E enthält. Man zeige, daß unter diesen Voraussetzungen der Verband V^* endlich ist. Anleitung: Man betrachte die Vereinigungen aller Durchschnitte der Elemente aus E.

20.7. Man zeige, daß jedes von V verschiedene $\frown$-Primideal eines Booleschen Verbandes V ein maximales $\frown$-Ideal ist, wobei V nicht als Ideal gerechnet werden soll.

Literatur.

Stone, M. H.: The theory of representations for Boolean algebras, Trans. Amer. math. Soc. Bd. 40 (1936) S. 37–111.

§ 21. Irreduzible Elemente in distributiven Verbänden.

Der Begriff der Irreduzibilität, wie er in der Algebra auftritt, wenn man von einem irreduziblen Ideal oder von einer irreduziblen algebraischen Mannigfaltigkeit spricht, ist rein verbandstheoretischer Natur. Wir wollen ihn in diesem Paragraphen näher untersuchen. Wir gehen aus von der

Definition. Ein Element a eines Verbandes V heißt *irreduzibel* (genauer: $\cup$-irreduzibel), wenn für beliebige Elemente x, y von V gilt:

$$a = x \cup y \rightarrow a = x \vee a = y. \qquad (21.1)$$

Beispiel 21.1. In Abb. 21.1 sind die irreduziblen Elemente durch Vollpunkte markiert. Man beachte, daß in dem distributiven Verband B für die irreduziblen Elemente a auch die Bedingung

$$a \subset x \cup y \rightarrow a \subset x \vee a \subset y \qquad (21.2)$$

gilt, während in dem nur modularen Verband A ein Gegenbeispiel angegeben ist. Wir zeigen allgemein

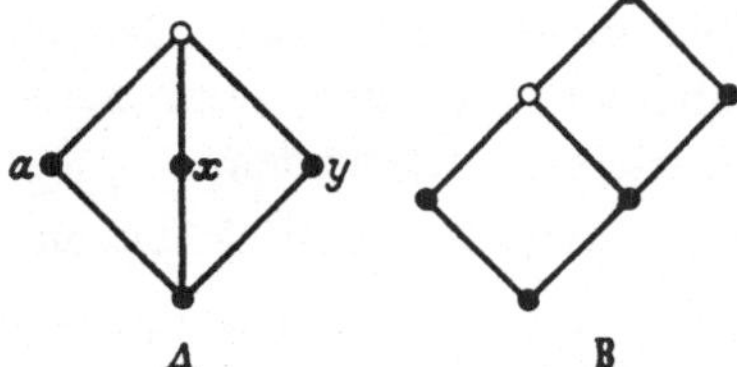

Abb. 21.1. Irreduzible Elemente.

Satz 21.1. Ein Element a eines distributiven Verbandes V ist genau dann irreduzibel, wenn für beliebige $x, y \in V$ die Bedingung (21.2) erfüllt ist.

Beweis: Zunächst zeigen wir, daß drei Elemente a, x, y, die der Bedingung (21.2) genügen, auch die Bedingung (21.1) erfüllen. Ist nämlich $a = x \cup y$, so a fortiori $a \subset x \cup y$, also nach (21.2) $a \subset x$ oder $a \subset y$. Nehmen wir etwa an, daß $a \subset x$. Aus $a = x \cup y$ folgt generell, daß $x \subset a$. Also muß $a = x$ sein, was zu zeigen war.

Für die Umkehrung benötigen wir das distributive Gesetz, von dem wir bisher keinen Gebrauch gemacht haben. Wir wollen zeigen: Wenn für a bei beliebigen x, y die Aussage (21.1) gilt, so gilt auch (21.2) für jedes x und y. Wir nehmen zum Nachweis von (21.2) zunächst an, daß $a \subset x \cup y$. Es folgt $a = a \cap (x \cup y) = (a \cap x) \cup (a \cap y)$. Wenden wir nun (21.1) an auf $x^* = a \cap x$ und $y^* = a \cap y$, so ergibt sich, daß $a = a \cap x$ oder $a = a \cap y$. Es ist also $a \subset x$ oder $a \subset y$, und das war zu zeigen.

Korollar. a sei ein irreduzibles Element und $x_1, \ldots, x_r$ seien beliebige Elemente eines distributiven Verbandes V. Es gelte:

$$a \subset x_1 \cup \cdots \cup x_r.$$

Dann ist a in wenigstens einem der x_j enthalten.

Dies ist für $r = 1$ trivial. Zum Induktionsschluß braucht man nur zu überlegen, daß aus $a \subset (x_1 \cup \cdots \cup x_{r-1}) \cup x_r$ wegen der Irreduzibilität von a folgt, daß $a \subset x_1 \cup \cdots \cup x_{r-1}$ oder daß $a \subset x_r$; im ersten

Falle ist nach Induktionsvoraussetzung a in einem der x_j mit $1 \leqq j \leqq r-1$ enthalten.

Wir nennen eine Darstellung von c der Form

$$c = z_1 \cup \cdots \cup z_r \tag{21.3}$$

unverkürzbar, wenn kein z_j in einem z_k mit $j \neq k$ enthalten ist. Falls eine Darstellung (21.3) nicht unverkürzbar ist, kann man rechts ein geeignet gewähltes z_j weglassen und c als Vereinigung der restlichen $r-1$ Komponenten darstellen. Nach endlich vielen solchen Schritten kommt man immer zu einer unverkürzbaren Darstellung von c als Vereinigung der dann noch übrigbleibenden z_k.

Eindeutigkeitssatz. Ein Element c eines distributiven Verbandes besitzt höchstens eine unverkürzbare Darstellung als Vereinigung endlich vieler irreduzibler Elemente. Dabei sollen Darstellungen als gleich angesehen werden, wenn sie sich nur in der Reihenfolge der Komponenten unterscheiden.

Beweis: c besitze die unverkürzbaren Darstellungen

$$c = u_1 \cup \cdots \cup u_r = v_1 \cup \cdots \cup v_s$$

mit irreduziblen u_i und v_j. Das irreduzible Element u_1 ist in der Vereinigung $v_1 \cup \cdots \cup v_s$ enthalten. Nach dem Korollar muß u_1 in einem der v_j enthalten sein. Wenn wir die v_j geeignet numerieren, können wir annehmen, daß u_1 in v_1 enthalten ist. Umgekehrt zeigt derselbe Schluß, daß das irreduzible Element v_1 in einem der u_j enthalten ist. Wäre v_1 in einem der $u_2, \ldots, u_r$ enthalten, so wäre wegen $u_1 \subset v_1$ auch u_1 in einem der Elemente $u_2, \ldots, u_r$ enthalten. Das widerspricht der Unverkürzbarkeit der Darstellung $c = u_1 \cup \cdots \cup u_r$. Also ist v_1 in u_1 enthalten. Damit haben wir $u_1 = v_1$. Dieselben Schlüsse zeigen, daß u_2 mit einem der v_j übereinstimmen muß. Ein derartiges v_j kann nicht v_1 sein, da sonst $u_1 = u_2$. Wir dürfen also annehmen, daß $u_2 = v_2$. So können wir Schritt für Schritt einsehen, daß bei einer geeigneten Numerierung der v_k jedes u_j mit v_j übereinstimmt. Insbesondere ergibt sich, daß $r \leqq s$ und aus Symmetriegründen auch $s \leqq r$, so daß $r = s$.

Daß im allgemeinen nicht jedes Element eines distributiven Verbandes als Vereinigung von endlich vielen irreduziblen Elementen darstellbar ist, zeigt

Beispiel 21.2. Wir betrachten die BOOLEsche Algebra $\mathfrak{P}(M)$. Die Elemente $A, X, Y, \ldots$ von $\mathfrak{P}(M)$ sind die Teilmengen von M. Gilt für ein höchstens einelementiges A die Gleichung $A = X \cup Y$, so muß offenbar X oder Y gleich A sein. Eine solche Menge A ist also irreduzibel. Ist dagegen A eine mindestens zweielementige Menge, so besitzt A eine echte nichtleere Teilmenge X. Wenn Y das relative Komplement von X in A/L ist, so ist auch Y von A verschieden, und es gilt $A = X \cup Y$. Dies zeigt, daß ein derartiges A reduzibel ist. Ist nun U eine unendliche Teilmenge von M, so kann U nicht als Vereinigung endlich vieler irreduzibler, also höchstens einelementiger Elemente von $\mathfrak{P}(M)$ dargestellt werden.

Wenn M eine unendliche Menge ist, so gilt in $\mathfrak{P}(M)$ nicht die absteigende Kettenbedingung. Dagegen zeigen wir den

Existenzsatz: Gilt in einem beliebigen Verband V die absteigende Kettenbedingung, so ist jedes Element von V als Vereinigung von endlich vielen irreduziblen Elementen darstellbar.

Beweis: Wir schließen indirekt und nehmen an, daß c_0 keine derartige Darstellung besitzt. Dann kann insbesondere c_0 nicht selbst irreduzibel sein. Es muß daher ein c_1 und ein c_1^* geben, so daß $c_0 = c_1 \cup c_1^*$, $c_0 \neq c_1$, $c_0 \neq c_1^*$, also $c_1 \subset c_0$ und $c_1^* \subset c_0$. Wären c_1 und c_1^* als Vereinigungen endlich vieler irreduzibler Elemente darstellbar, so würde dasselbe für c_0 gelten. Wir können also annehmen, daß c_1 keine derartige Darstellung besitzt. Schließt man nun für c_1 ebenso, wie wir oben für c_0 geschlossen haben, so findet man ein $c_2 \subset c_1$, das wiederum keine derartige Darstellung besitzt. Die Existenz der unendlichen absteigenden Folge $c_0 \supset c_1 \supset c_2 \supset \ldots$ steht im Widerspruch zur vorausgesetzten *absteigenden Kettenbedingung.*

Zusammenfassend haben wir den

Satz 21.2 (Zerlegungssatz). *In einem distributiven Verband mit absteigender Kettenbedingung ist jedes Element bis auf die Reihenfolge der Komponenten eindeutig als Vereinigung endlich vieler irreduzibler Elemente darstellbar.*

Beispiel 21.3. $\mathfrak{A}$ sei eine (endliche oder unendliche) Menge von Polynomen in n Unbekannten $x_1, \ldots, x_n$. Die Menge aller Zahlen-n-tupel $\mathfrak{x} = (x_1, \ldots, x_n)$, die gemeinsame Nullstellen jedes Polynoms aus $\mathfrak{A}$ sind, heißt die durch $\mathfrak{A}$ definierte *algebraische Mannigfaltigkeit* $M(\mathfrak{A})$. Jede algebraische Mannigfaltigkeit ist eine Teilmenge des n-dimensionalen Raumes R_n, also ein Element von $\mathfrak{P}(R_n)$. Sind $\mathfrak{A}$ und $\mathfrak{B}$ zwei Polynommengen, so ist

$$M(\mathfrak{A} \cup \mathfrak{B}) = M(\mathfrak{A}) \cap M(\mathfrak{B}), \tag{21.4}$$

wobei $\cap$ und $\cup$ mengentheoretisch zu bilden sind. (21.4) folgt einfach daraus, daß jeder Vektor $\mathfrak{x}$ genau dann eine gemeinsame Nullstelle aller Polynome aus $\mathfrak{A} \cup \mathfrak{B}$ ist, wenn $\mathfrak{x}$ sowohl eine gemeinsame Nullstelle aller Polynome aus $\mathfrak{A}$, als auch eine gemeinsame Nullstelle aller Polynome aus $\mathfrak{B}$ ist. Weiter sei $\mathfrak{C}$ die Menge aller Produkte je eines Polynoms aus $\mathfrak{A}$ mit je einem Polynom aus $\mathfrak{B}$. Jede gemeinsame Nullstelle aller Polynome aus $\mathfrak{A}$ ist dann auch eine gemeinsame Nullstelle aller Polynome aus $\mathfrak{C}$. Dasselbe gilt für $\mathfrak{B}$. Ist umgekehrt $\mathfrak{x}$ weder eine gemeinsame Nullstelle aller Polynome aus $\mathfrak{A}$ noch eine gemeinsame Nullstelle aller Polynome aus $\mathfrak{B}$, so gibt es ein Polynom f aus $\mathfrak{A}$ und ein Polynom g aus $\mathfrak{B}$, so daß $f(\mathfrak{x}) \neq 0$ und $g(\mathfrak{x}) \neq 0$. Dann ist $\mathfrak{x}$ auch keine Nullstelle von $f \cdot g$, also keine gemeinsame Nullstelle aller Polynome aus $\mathfrak{C}$. Diese Überlegungen zeigen, daß

$$M(\mathfrak{C}) = M(\mathfrak{A}) \cup M(\mathfrak{B}), \tag{21.5}$$

wobei $\cup$ wieder die mengentheoretische Vereinigung bedeutet. Aus (21.4) und (21.5) ergibt sich, daß der mengentheoretische Durchschnitt und die mengentheoretische Vereinigung zweier algebraischer Mannigfaltigkeiten wieder eine algebraische Mannigfaltigkeit ist. Die algebraischen Mannigfaltigkeiten bilden also einen Teilverband von $\mathfrak{P}(R_n)$. Insbesondere folgt, daß *der Verband* $\mathfrak{M}$ *der algebraischen Mannigfaltigkeiten distributiv ist.*

Für das Folgende merken wir noch an:

$$\text{Wenn} \quad \mathfrak{A} \subset \mathfrak{B}, \quad \text{so} \quad M(\mathfrak{B}) \subset M(\mathfrak{A}). \tag{21.6}$$

Wir wollen jetzt zeigen, daß in $\mathfrak{M}$ die absteigende Kettenbedingung gilt. Dazu gehen wir aus von der in der Algebra bewiesenen Tatsache, daß man aus jeder Polynommenge $\mathfrak{A}$ eine endliche Teilmenge $\mathfrak{E}$ herausgreifen kann, so daß $M(\mathfrak{A}) = M(\mathfrak{E})$[1]. Gäbe es eine unendliche absteigende Kette in $\mathfrak{M}$:

$$M_1 = M(\mathfrak{A}_1) \supsetneq M_2 = M(\mathfrak{A}_2) \supsetneq M_3 = M(\mathfrak{A}_3) \supsetneq \cdots, \tag{21.7}$$

so sei $\mathfrak{A}$ die Vereinigungsmenge aller $\mathfrak{A}_j$. Wegen (21.6) ist $M = M(\mathfrak{A})$ in jedem M_j enthalten. $\mathfrak{A}$ besitzt eine endliche Teilmenge $\mathfrak{E}$, so daß $M = M(\mathfrak{A}) = M(\mathfrak{E})$. Da jedes Element aus $\mathfrak{E}$ in einem der $\mathfrak{A}_j$ vorkommt, gibt es eine Zahl s, so daß $\mathfrak{E} \subset \mathfrak{A}_1 \cup \cdots \cup \mathfrak{A}_s$. Es folgt:

$$\begin{aligned} M(\mathfrak{E}) &\supset M(\mathfrak{A}_1 \cup \cdots \cup \mathfrak{A}_s) && \text{(nach 21.6)}\\ &= M(\mathfrak{A}_1) \cap \cdots \cap M(\mathfrak{A}_s) && \text{(nach 21.4)}\\ &= M(\mathfrak{A}_s) && \text{(wegen 21.7)}\\ &= M_s, \end{aligned}$$

und hiermit insbesondere $M_s = M \subset M_{s+1}$ im Widerspruch dazu, daß $M_s \supsetneq M_{s+1}$.

Damit ergibt sich aus Satz 21.2, daß sich jede algebraische Mannigfaltigkeit eindeutig als Vereinigung endlich vieler irreduzibler algebraischer Mannigfaltigkeiten darstellen läßt.

Aufgaben. 21.1. Ist a ein Atom oder Nullelement in einem beliebigen Verband, so ist a irreduzibel.

21.2. Man zeige, daß ein Verband genau dann eine Kette ist, wenn er nur irreduzible Elemente besitzt.

[1] Dies ist der sog. *Basissatz für Polynomideale.* Vgl. etwa VAN DER WAERDEN, Moderne Algebra II. Berlin: Springer 1940, S. 20.

21.3. Man zeige, daß ein $\frown$-Hauptideal (a) eines distributiven Verbandes genau dann ein $\frown$-Primideal ist, wenn a irreduzibel ist.

21.4. In Aufgabe 8.4 war zu zeigen, daß die natürlichen Zahlen in bezug auf die Teilbarkeitsbeziehung einen distributiven Verband V bilden. Man bestimme die irreduziblen Elemente von V, beweise für V den Kettensatz und zeige, wie aus Satz 21.2 die eindeutige Primelementzerlegung für natürliche Zahlen folgt.

21.5. Man gebe ein Beispiel für einen nichtleeren distributiven Verband ohne irreduzible Elemente.

21.6. V sei ein distributiver Verband mit absteigender Kettenbedingung. Man bilde jedes Element $a \in V$ ab auf die Menge $\varphi(a)$ aller in a enthaltenen irreduziblen Elemente. Man zeige, daß φ eine isomorphe Abbildung von V auf einen Mengenring liefert.

§ 22. Algebraische Charakterisierung der BOOLEschen Verbände.

Wir wollen uns in diesem Paragraphen mit einer interessanten Beziehung beschäftigen, die die Theorie der BOOLEschen Algebren verknüpft mit der Theorie gewisser Ringe. Diese Ringe nennt man daher *BOOLEsche Ringe*. Die BOOLEschen Ringe charakterisieren wir zunächst rein algebraisch durch die

Definition. Ein *BOOLEscher Ring* ist ein Ring mit Einselement, dessen Elemente sämtlich idempotent sind, d. h. für dessen Elemente a stets $a = a^2$ gilt.

Wir leiten zunächst zwei einfache algebraische Beziehungen für die Elemente eines BOOLEschen Ringes her.

(i) *Jeder BOOLEsche Ring R ist von der Charakteristik 2,*
d. h. für jedes Element a von R gilt $a + a = 0$, also $a = -a$.

Man hat nämlich
$a + a = (a + a)^2 = (a + a)(a + a) = a^2 + a^2 + a^2 + a^2 = a + a + a + a$; und daraus folgt durch beiderseitige Subtraktion von $a + a$, daß $a + a = 0$.

(ii) *Jeder BOOLEsche Ring R ist kommutativ,*
denn es gilt für zwei beliebige Elemente $a, b \in R$:

$$a+b = (a+b)^2 = (a+b)(a+b) = a^2+ab+ba+b^2 = a+ab+ba+b,$$

woraus durch beiderseitige Subtraktion von $a + b$ folgt, daß $ab + ba = 0$ oder $ab = -ba$; nach (i) ist aber $-ba = ba$.

Wir ordnen nun jedem BOOLEschen Verband V einen BOOLEschen Ring $\mathfrak{R}(V)$ zu, und umgekehrt jedem BOOLEschen Ring R einen BOOLEschen Verband $\mathfrak{V}(R)$. Nach einem im *Anhang* bewiesenen Satz brauchen wir nur $V = \mathfrak{V}(\mathfrak{R}(V))$ und $R = \mathfrak{R}(\mathfrak{V}(R))$ zu zeigen zum Nachweis dafür, daß durch die angegebenen Abbildungen die Gesamtheit der BOOLEschen Ringe umkehrbar eindeutig abgebildet wird auf die Gesamtheit der BOOLEschen Algebren.

Wir gehen aus von einer BOOLEschen Algebra V. Wir wollen V einen BOOLEschen Ring $\mathfrak{R}(V)$ zuordnen. Die *Elemente* von $\mathfrak{R}(V)$ seien die Elemente von V. Das *Nullelement* von $\mathfrak{R}(V)$ sei das Nullelement 0 von V; entsprechend soll das *Einselement* von $\mathfrak{R}(V)$ das Einselement von V sein. Das *Negative* eines Elementes a sei gleich a. Die Summe zweier Elemente a und b sei gleich $(a \frown b') \smile (a' \frown b)$. $(a \frown b') \smile (a' \frown b)$ heißt auch die *symmetrische Differenz* von a und b (vgl. den Begriff der Differenzen in § 10, sowie Abb. 22.1). Schließlich sei das *Produkt* von a und b erklärt durch $a \frown b$. Um einzusehen, daß $\mathfrak{R}(V)$ ein BOOLEscher Ring ist, genügt es, die folgenden Behauptungen zu verifizieren:

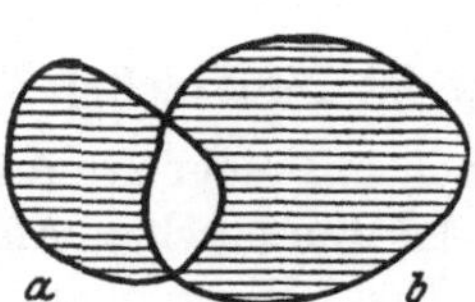

Abb. 22.1.
Zur symmetrischen Differenz ($a + b$ ist die schraffierte Punktmenge).

a) $a + 0 = a$

b) $a + (-a) = 0$

c) $a + b = b + a$

d) $(a + b) + c = a + (b + c)$

e) $(ab)c = a(bc)$

f) $a(b + c) = ab + ac$

g) $(a + b)c = ac + bc$

h) $a \cdot 1 = a$

i) $a \cdot a = a$.

Zum Beweis überlegen wir:

a) $a + 0 = (a \frown 0') \smile (a' \frown 0) = a \smile 0 = a$.

b) $a + (-a) = a + a = (a \frown a') \smile (a' \frown a) = 0 \smile 0 = 0$.

c) $a + b = (a \frown b') \smile (a' \frown b) = (b \frown a') \smile (b' \frown a) = b + a$.

d)
$$\begin{aligned}(a + b) + c &= [((a \frown b') \smile (a' \frown b)) \frown c'] \smile [((a \frown b') \smile (a' \frown b))' \frown c]\\ &= [((a \frown b') \smile (a' \frown b)) \frown c'] \smile [(a' \smile b) \frown (a \smile b') \frown c]\\ &= (a \frown b' \frown c') \smile (a' \frown b \frown c') \smile (a' \frown a \frown c)\\ &\qquad \smile (a' \frown b' \frown c) \smile (b \frown a \frown c) \smile (b \frown b' \frown c)\\ &= (a \frown b \frown c) \smile (a' \frown b' \frown c) \smile (a' \frown b \frown c') \smile (a \frown b' \frown c').\end{aligned}$$

Derselbe Ausdruck ergibt sich, wenn man $a + (b + c)$ ausrechnet. Diese Rechnung kann man sich ersparen, wenn man bedenkt, das in dem letzten Ausdruck genau alle diejenigen $\smile$-Glieder auftreten, die eine gerade Zahl von Komplementbildungen enthalten, was aus Symmetriegründen auch für $a + (b + c)$ gilt.

e) Dies ist das assoziative Gesetz für $\frown$.

f)
$$\begin{aligned}ab + ac &= ((a \frown b) \frown (a \frown c)') \smile ((a \frown b)' \frown (a \frown c))\\ &= ((a \frown b) \frown (a' \smile c')) \smile ((a' \smile b') \frown (a \frown c))\\ &= (a \frown b \frown a') \smile (a \frown b \frown c') \smile (a' \frown a \frown c) \smile (b' \frown a \frown c)\\ &= (a \frown b \frown c') \smile (a \frown b' \frown c)\\ &= a \frown ((b \frown c') \smile (b' \frown c))\\ &= a(b + c).\end{aligned}$$

g) Beweis wie für f).

h) $a \cdot 1 = a \frown 1 = a$.

i) $a \cdot a = a \frown a = a$.

Nun wollen wir einem BOOLEschen Ring R einen BOOLEschen Verband $\mathfrak{V}(R)$ zuordnen. Dabei dürfen wir nach Satz 10.5 einen BOOLEschen Verband als eine Algebra vom Typ $\langle 0, 0, 1, 2, 2\rangle$ auffassen. Die Elemente von $\mathfrak{V}(R)$ seien die Elemente von R. Insbesondere wollen wir die Ringelemente 0 und 1 als Null- und Einselement von $\mathfrak{V}(R)$ nehmen. Wir setzen schließlich $a' = a + 1$, $a \frown b = ab$, $a \smile b = a + b + ab$.

Zunächst haben wir die Verbandsaxiome aus § 1 nachzuweisen. Die Kommutativität von $\frown$ und $\smile$ ergibt sich daraus, daß in einem BOOLEschen Ring neben der selbstverständlichen Kommutativität der Addition auch die Multiplikation kommutativ ist, wie wir weiter oben in (ii) bewiesen haben. Das assoziative Gesetz erfordert nur einen Beweis für $\smile$. Man hat

$$\begin{aligned}(a \smile b) \smile c &= (a + b + ab) + c + (a + b + ab)c\\ &= a + (b + c + bc) + a(b + c + bc)\\ &= a \smile (b \smile c).\end{aligned}$$

Die Verschmelzungsgesetze folgen unmittelbar, wenn man die Idempotenz von R, sowie (i) und (ii) berücksichtigt:

$$\begin{aligned}a \frown (a \smile b) &= a(a + b + ab) = a^2 + ab + ab = a.\\ a \smile (a \frown b) &= a + ab + aab = a.\end{aligned}$$

Zum Nachweis der Distributivität von $\mathfrak{V}(R)$ genügt es, $(D_\frown)$ (§ 8) zu zeigen. Es ist

$$\begin{aligned}(a \frown b) \smile (a \frown c) &= ab + ac + abac\\ &= ab + ac + abc\\ &= a(b + c + bc)\\ &= a \frown (b \smile c).\end{aligned}$$

Zum Schluß haben wir noch zu beweisen, daß in $\mathfrak{V}(R)$ die vier Gesetze gelten, die in Satz 10.5 (*) angegeben sind. Es ist $0 \frown x = 0 \cdot x = 0$, $1 \smile x = 1 + x + 1 \cdot x = 1$, $x \frown x' = x \cdot (x + 1) = x^2 + x = x + x = 0$, $x \smile x' = x + (x + 1) + x(x + 1) = x + x + 1 + + x + x = 1$.

Hilfssatz 22.1. $V = \mathfrak{V}(\mathfrak{R}(V))$.

Beweis. Sei gegeben ein BOOLEscher Verband V mit den Operationen $0, 1, ', \frown, \smile$. Zur Abkürzung setzen wir $R = \mathfrak{R}(V)$, $\overline{V} = \mathfrak{V}(R)$. Die Operationen in $\overline{V}$ seien $\overline{0}, \overline{1}, \overline{'}, \overline{\frown}, \overline{\smile}$. Wir haben zu zeigen, daß $V = \overline{V}$. V und $\overline{V}$ haben dieselben Elemente, nämlich die Elemente von R. Man sieht ebenso unmittelbar, daß $0 = \overline{0}$ und $1 = \overline{1}$. Weiter ist

$$a \mathbin{\overline{\frown}} b = ab = a \frown b. \tag{22.1}$$

Generell gilt

$$x + 1 = (x \frown 1') \smile (x' \frown 1) = 0 \smile x' = x'. \tag{22.2}$$

Damit bekommt man

$$a \mathbin{\bar\smile} b = (a + b) + ab = (a + 1)(b + 1) + 1 = (a' \frown b')' = a \smile b. \tag{22.3}$$

Schließlich ist nach (22.2)

$$a^{\bar{\prime}} = a + 1 = a'. \tag{22.4}$$

Hilfssatz 22.2. $R = \mathfrak{R}(\mathfrak{B}(R))$.

Beweis. Wir gehen aus von dem BOOLEschen Ring R. Wir setzen $V = \mathfrak{B}(R)$, $\bar{R} = \mathfrak{R}(V)$. Die Operationen in R seien $0, 1, -, +, \cdot$, die entsprechenden in $\bar{R}$ seien $\bar{0}, \bar{1}, \dot{-}, \dot{+}, \dot{\times}$. Wie oben sieht man sofort, daß R und $\bar{R}$ dieselben Elemente haben, und daß $0 = \bar{0}$ und $1 = \bar{1}$. Es ist $\dot{-}a = a = -a$. Ferner gilt

$$\begin{aligned} a \dot{+} b &= (a \frown b') \smile (a' \frown b) \\ &= a(b + 1) + (a + 1)b + a(b + 1)(a + 1)b \\ &= ab + a + ab + b + (ab)^2 + ab^2 + a^2b + ab \\ &= a + b. \end{aligned}$$

Endlich hat man $a \dot{\times} b = a \frown b = ab$.

Wir fassen die Ergebnisse zusammen in dem

Satz 22.1. *Durch die oben angegebenen Definitionen läßt sich jedem* BOOLE*schen Verband ein* BOOLE*scher Ring zuordnen und umgekehrt. Diese Zuordnungen vermitteln eine umkehrbar eindeutige Abbildung zwischen den* BOOLE*schen Verbänden und den* BOOLE*schen Ringen. Man darf daher die* BOOLE*schen Verbände mit den* BOOLE*schen Ringen identifizieren.*

Aufgaben. 22.1. Man zeige, daß eine Teilmenge A einer BOOLEschen Algebra V genau dann ein $\smile$-Ideal ist, wenn A bei der ringtheoretischen Auffassung von V ein Ideal im Sinne der Ringtheorie ist. Man zeige ebenso, daß die verbandstheoretischen und die algebraischen Kongruenzrelationen übereinstimmen. Man verwende diese Beziehungen, um die bekannten ringtheoretischen Zusammenhänge zwischen Kongruenzrelationen und Idealen auf die verbandstheoretischen Analoga in BOOLEschen Verbänden zu übertragen.

22.2. Man zeige, daß es einen Ring gibt, dessen Ideale den $\frown$-Idealen einer vorgegebenen BOOLEschen Algebra V entsprechen.

Literatur.

STONE, M. H.: Algebraic characterizations of special Boolean rings. Fund. Math. Bd. 29 (1937) S. 223–303.

§ 23. Topologische Charakterisierung der BOOLEschen Verbände.

Im letzten Paragraphen haben wir gezeigt, daß man die BOOLEschen Verbände mit speziellen Ringen identifizieren darf. In ähnlicher Weise wollen wir jetzt beweisen, daß man die BOOLEschen Algebren auffassen kann als spezielle topologische Räume, die man wegen dieses Zusammenhanges BOOLEsche Räume nennt.

Wir beginnen damit, daß wir die im folgenden verwendeten topologischen Begriffe einführen. R sei eine feste Menge. Es ist üblich, einen topologischen Raum so zu definieren, daß man gewisse Teilmengen von R als „offene Mengen" dieses Raumes auszeichnet. Statt der offenen Mengen kann man aber auch hierzu dual die abgeschlossenen Mengen als Ausgangspunkt wählen. Diesen Weg wollen wir hier gehen. Die Forderungen, daß die Vereinigung je zweier und der Durchschnitt beliebig vieler abgeschlossener Mengen abgeschlossen sind, und daß man die leere Teilmenge L von R zu den abgeschlossenen Mengen zu rechnen hat, wollen wir rein verbandstheoretisch formulieren. So kommen wir zu der

Definition: Eine Teilmenge $\mathfrak{R}$ von $\mathfrak{P}(R)$ heißt ein *topologischer Raum* über R, wenn die folgenden drei Bedingungen erfüllt sind[1]:

$$\mathfrak{R} \text{ ist ein Teilverband von } \mathfrak{P}(R), \tag{23.1}$$

$$\mathfrak{R} \text{ ist ein vollständiger } \frown\text{-Teilbund von } \mathfrak{P}(R), \tag{23.2}$$

$$L \text{ ist ein Element von } \mathfrak{R}. \tag{23.3}$$

Die Elemente von R heißen *Punkte*, die Teilmengen von R, die Elemente von $\mathfrak{R}$ sind, *abgeschlossene Mengen*. $\mathfrak{R}$ heißt ein *Hausdorffscher Raum*, wenn es zu je zwei verschiedenen Punkten x, y von R fremde[2] abgeschlossene Mengen A, B gibt, so daß $x \in A$ und $y \in B$. Ein HAUSDORFFscher Raum heißt *kompakt*[3], wenn für jede Teilmenge $\mathfrak{A}$ von $\mathfrak{R}$ gilt:

Wenn $\bigcap \mathfrak{A} = L$, so gibt es eine *endliche* Teilmenge $\mathfrak{E}$ von $\mathfrak{A}$, so daß bereits

$$\bigcap \mathfrak{E} = L. \tag{23.4}$$

Man nennt eine Teilmenge M von R *unzusammenhängend*, wenn es eine Zerlegung[4] von R in zwei abgeschlossene Mengen A und B

---

[1] Vgl. hierzu Beispiel 6.5. — Wir drücken uns hier genauer aus, als es in der Topologie üblich ist, indem wir nicht die Menge R der Punkte, sondern die Menge der abgeschlossenen Mengen mit dem topologischen Raum identifizieren.

[2] Zwei Mengen ohne gemeinsames Element heißen *fremd*.

[3] In der neueren mathematischen Literatur bürgert es sich mehr und mehr ein, unter der Kompaktheit eines HAUSDORFFschen Raumes die Eigenschaft (23.4) (oder eine hierzu äquivalente Eigenschaft, wie etwa die Gültigkeit des HEINE-BORELschen Überdeckungssatzes) zu verstehen (vgl. etwa BOURBAKI, Topologie générale. Paris: Hermann und Cie. 1953, S. 45). Diese Eigenschaft nennt man in der älteren Literatur *Bikompaktheit* (so etwa bei ALEXANDROFF-HOPF, Topologie. Berlin: Springer, 1935, S. 86. während dort die Kompaktheit eine andere Bedeutung hat).

[4] Man spricht von einer *Zerlegung* von R in A und B, wenn $A \frown B = L$ und $A \smile B = R$.

gibt, so daß sowohl $M \frown A$ als auch $M \frown B$ nichtleer sind. Eine nicht unzusammenhängende Menge heißt *zusammenhängend*. Enthält M höchstens einen Punkt, so muß bei jeder Zerlegung von R in zwei Mengen A und B die Menge $M \frown A$ oder die Menge $M \frown B$ leer sein. Die leere Menge und die einpunktigen Mengen sind also zusammenhängend. Wenn es in $\mathfrak{R}$ keine anderen zusammenhängenden Mengen gibt, so heißt $\mathfrak{R}$ *total unzusammenhängend*. Manchmal ist es bequem, eine etwas andere Formulierung zu verwenden:

(*) Ein topologischer Raum $\mathfrak{R}$ ist genau dann total unzusammenhängend, wenn es zu je zwei verschiedenen Punkten x, y eine Zerlegung von R in zwei abgeschlossene Mengen A und B gibt, so daß $x \in A$ und $y \in B$.

Ist nämlich $\mathfrak{R}$ total unzusammenhängend, so ist insbesondere die zweipunktige Menge $\{x, y\}$ unzusammenhängend, so daß es eine Zerlegung von R mit der in (*) angegebenen Eigenschaft gibt. Gibt es umgekehrt zu je zwei verschiedenen Punkten eine Zerlegung in abgeschlossene Mengen A, B mit $x \in A$ und $y \in B$, so kann es in $\mathfrak{R}$ keine mehrpunktige zusammenhängende Menge C geben; denn sind x, y verschiedene Punkte aus C, so ist für zwei derartige Mengen A, B sowohl $C \frown A$ als auch $C \frown B$ nicht leer.

Die Charakterisierung (*) der total unzusammenhängenden Räume zeigt insbesondere, daß diese Räume zu den HAUSDORFFschen Räumen gehören. Wir beschließen die rein topologischen Erklärungen mit der

Definition: Ein kompakter und total unzusammenhängender topologischer Raum heißt ein BOOLE*scher Raum*.

Beispiel 23.1. In der reellen Analysis wird gezeigt, wie man jede nichtleere Teilmenge M der Menge der reellen Zahlen als Menge der Punkte eines topologischen Raumes $\mathfrak{M}$ auffassen kann. Gleichzeitig wird bewiesen, daß $\mathfrak{M}$ genau dann kompakt ist, wenn M beschränkt ist, und wenn die folgende Bedingung erfüllt ist:

$$\text{Falls } \inf_{\varrho \in M} |\varrho - \sigma| = 0 \text{ für eine reelle Zahl } \sigma, \text{ so } \sigma \in M. \tag{23.5}$$

Wir betrachten nun die Menge D aller reellen Zahlen ϱ, die eine Trialbruchentwicklung der Form $0, a_1 a_2 a_3 \ldots$ besitzen, deren Koeffizienten a_ν sämtlich von 1 verschieden sind. Man überlegt sich leicht, daß eine reelle Zahl höchstens *eine* derartige Entwicklung haben kann. Sind ϱ und σ zwei verschiedene Elemente aus D, so gibt es einen kleinsten Index r, in dem sich die Trialbruchentwicklungen von ϱ und σ unterscheiden. Wir haben dann, wenn wir etwa annehmen, daß $\varrho < \sigma$:

$$\begin{aligned} \varrho &= 0, c_1 \ldots c_{r-1} 0\, a_{r+1} \ldots, \\ \sigma &= 0, c_1 \ldots c_{r-1} 2\, b_{r+1} \ldots \end{aligned} \tag{23.6}$$

Es folgt sofort, daß $|\varrho - \sigma| \geqq 3^{-r}$. Statt dessen können wir auch sagen: Wenn ϱ und σ Elemente von D sind mit $|\varrho - \sigma| < 3^{-r}$, so stimmen die Entwicklungen von ϱ und σ bis mindestens zur r-ten Stelle nach dem Komma überein.

Der zu D gehörige topologische Raum $\mathfrak{D}$ heißt das CANTOR*sche Diskontinuum.* Wir wollen zeigen, daß $\mathfrak{D}$ ein BOOLEscher Raum ist. Da D beschränkt ist, genügt (23.5) zum Nachweis der Kompaktheit. Wir nehmen an, daß σ eine reelle Zahl mit $\inf\limits_{\varrho \in D} |\varrho - \sigma| = 0$. Dann gibt es zu jedem r ein $\varrho_r \in D$, so daß $|\varrho_r - \sigma| < 3^{-r-1}$. Es folgt für $r < s$:

$$|\varrho_r - \varrho_s| \leqq |\varrho_r - \sigma| + |\sigma - \varrho_s| < 3^{-r-1} + 3^{-s-1} < 3^{-r}.$$

ϱ_r und ϱ_s stimmen also in ihrer Entwicklung bis mindestens zur r-ten Stelle überein. a_r sei die r-te Stelle der Entwicklung von ϱ_r. Wir setzen $\tau = 0, a_1 a_2 a_3 \ldots$. Dann ist sicher $\tau \in D$, da jedes $a_r \neq 1$. Aus der vorangehenden Überlegung folgt, daß die r ersten Stellen der Entwicklungen von τ und ϱ_r übereinstimmen. Für jedes r gilt also:

$$|\tau - \sigma| \leqq |\tau - \varrho_r| + |\varrho_r - \sigma| < 3^{-r} + 3^{-r-1} < 3^{-r+1}.$$

σ muß also gleich τ sein und ist damit als ein Element von D nachgewiesen.

Es bleibt zu zeigen, daß $\mathfrak{D}$ total unzusammenhängend ist. ϱ und σ seien verschiedene Punkte aus D. Wir nehmen an, daß $\varrho < \sigma$. Es gibt einen kleinsten Index r, in dem sich die Entwicklungen von ϱ und σ unterscheiden. Wir haben also die Darstellungen (23.6). Für $\tau = 0, c_1 \ldots c_{r-1} 0222 \ldots$ gilt $\varrho \leqq \tau < \sigma$. Wir zerlegen D in die Menge A der Zahlen, die $\leqq \tau$ und die Menge B der Zahlen, die $> \tau$ sind. Dann ist $\varrho \in A$ und $\sigma \in B$. Man sieht leicht, daß jedes Element aus B von τ mindestens den Abstand 3^{-r} besitzt. Daraus kann man schließen, daß A und B abgeschlossene Mengen des Raumes $\mathfrak{D}$ sind. Diese Zerlegung von D in fremde abgeschlossene Mengen, die ϱ bzw. σ als Element enthalten, zeigt, daß $\mathfrak{D}$ total unzusammenhängend ist.

Wir wollen jedem BOOLEschen Verband V einen BOOLEschen Raum $\mathfrak{B}(V)$ zuordnen, und umgekehrt jedem BOOLEschen Raum $\mathfrak{R}$ einen BOOLEschen Verband $\mathfrak{V}(\mathfrak{R})$. Wir wollen zeigen, daß $V \cong \mathfrak{V}(\mathfrak{B}(V))$ und $\mathfrak{R} \cong \mathfrak{B}(\mathfrak{V}(\mathfrak{R}))$, so daß man vom strukturellen Standpunkt aus die BOOLEschen Verbände mit den BOOLEschen Räumen identifizieren darf.

Wir gehen aus von einer BOOLEschen Algebra V. Im folgenden betrachten wir $\frown$-Ideale und $\frown$-Primideale aus V, die wir wie in § 20 kurz *Ideale* bzw. *Primideale* nennen wollen. Dabei wollen wir abweichend von der in § 20 eingeführten Terminologie an ein Primideal P ein für allemal die zusätzliche Forderung stellen, daß $P \neq V$[1]. Wir notieren

[1] Primideale, die der Bedingung $P \neq V$ genügen, nennt man oft *eigentliche Primideale.* Ein solches Primideal in einem Potenzmengenverband heißt auch *Ultrafilter.* (Vgl. Aufg. 12.5.)

der Übersichtlichkeit halber noch einmal die charakteristischen Eigenschaften der

Ideale: I nicht leer; $a \cap b \in I \longleftrightarrow a \in I \wedge b \in I$, (23.7)

Primideale: zusätzlich: $P \neq V$; $a \cup b \in P \longleftrightarrow a \in P \vee b \in P$. (23.8)

Wir wollen zunächst einige Hilfssätze über Ideale und Primideale eines BOOLEschen Verbandes V herleiten.

Hilfssatz 1. $I_1 \cap I_2 \subset P \longleftrightarrow I_1 \subset P \vee I_2 \subset P$.

Da $I_1 \cap I_2 \subset P$, sobald eine der Mengen I_1 oder I_2 in P enthalten ist, brauchen wir nur zu zeigen, daß aus der linken die rechte Aussage folgt. Wir nehmen dazu an, daß $I_1 \cap I_2 \subset P$, aber nicht $I_2 \subset P$. Es gibt also ein $i_2 \in I_2$ mit $i_2 \notin P$. Wir haben zu beweisen, daß jedes Element $i_1 \in I_1$ in P liegt. Da I_1 und I_2 Ideale sind, muß $i_1 \cup i_2$ sowohl in I_1 als auch in I_2 liegen, damit auch in $I_1 \cap I_2$, also nach Voraussetzung in P. Nach (23.8) muß dann i_1 oder i_2 in P liegen; das kann aber wegen $i_2 \notin P$ nur für i_1 gelten.

Hilfssatz 2. Für jedes $x \in V$ und jedes Primideal P von V liegt genau eines der Elemente x, x' in P.

Zunächst ist nämlich $1 = x \cup x'$ ein Element von P, also nach (23.8) auch x oder x'. Wären beide Elemente von P, so auch $x \cap x' = 0$, und damit $P = V$, was ausgeschlossen wurde.

Hilfssatz 3. $x \in I_1 \cup I_2 \longleftrightarrow$ Es gibt Elemente $i_1 \in I_1$ und $i_2 \in I_2$, so daß $x = i_1 \cap i_2$.

Dies ist die duale Aussage zu Lemma 2 von § 12.

Hilfssatz 4. $x \in \bigcup I_\alpha \longleftrightarrow$ Es gibt *endlich* viele $i_{\alpha_1} \in I_{\alpha_1}, \ldots, i_{\alpha_r} \in I_{\alpha_r}$, so daß $x = i_{\alpha_1} \cap \cdots \cap i_{\alpha_r}$.

Dies ist eine Verallgemeinerung von Hilfssatz 3 und wird ebenso bewiesen: Man braucht nur zu zeigen, daß die Menge der Elemente x, die in der angegebenen Form darstellbar sind, ein Ideal bilden. Das ist für die Durchschnittseigenschaft unmittelbar klar. Daß mit x auch jedes größere Element y in dieser Form darstellbar ist, folgt aus dem distributiven Gesetz:

$$y = x \cup y = (i_{\alpha_1} \cap \cdots \cap i_{\alpha_r}) \cup y = (i_{\alpha_1} \cup y) \cap \cdots \cap (i_{\alpha_r} \cup y);$$

dabei ist $i_{\alpha_k} \cup y$ für jedes k ein Element von I_{α_k}.

Hilfssatz 5. Zu jedem Ideal $I \neq V$ gibt es wenigstens ein I umfassendes Primideal P.

Nach Voraussetzung gibt es ein $x \in V$ mit $x \notin I$. $I^{\smile}$ sei die Menge aller in x enthaltenen Elemente von V. Offenbar ist der Durchschnitt von I und $I^{\smile}$ leer. Satz 20.3 liefert die Existenz eines Primideals P, welches I umfaßt.

Hilfssatz 6. Zu jedem $x \in V$ mit $x \neq 1$ gibt es ein Primideal P, so daß $x \notin P$.

Nach Voraussetzung ist $x' \neq 0$, also $(x') \neq V$. Nach Hilfssatz 5 gibt es daher ein (x') umfassendes Primideal P. Nach Hilfssatz 2 kann x kein Element von P sein.

Wir betrachten nun die Menge $\mathfrak{E}$ aller Primideale von V. Jedem Ideal I von V ordnen wir die Menge $\mathfrak{E}(I)$ aller Primideale zu, die I umfassen. Wir haben also:

$$P \in \mathfrak{E}(I) \longleftrightarrow I \subset P. \tag{23.9}$$

Speziell setzen wir für ein Hauptideal (x) zur Abkürzung $\mathfrak{E}(x)$ an Stelle von $\mathfrak{E}((x))$.

Wir lassen jetzt I alle Ideale von V durchlaufen und betrachten die Menge $\mathfrak{B}(V)$ der zugehörigen Mengen $\mathfrak{E}(I)$. Wir behaupten

Satz 23.1. $\mathfrak{B}(V)$ ist ein BOOLEscher Raum über der Menge $\mathfrak{E}$ aller Primideale von V[1].

Beweis. Zunächst haben wir zu zeigen, daß $\mathfrak{B}(V)$ ein topologischer Raum ist.

(23.1) ergibt sich aus den beiden Aussagen[2]:

$$\mathfrak{E}(I_1) \frown \mathfrak{E}(I_2) = \mathfrak{E}(I_1 \smile I_2), \tag{23.10}$$

$$\mathfrak{E}(I_1) \smile \mathfrak{E}(I_2) = \mathfrak{E}(I_1 \frown I_2). \tag{23.11}$$

Diese Aussagen zeigt man bequem durch den Nachweis, daß jedes Primideal P gleichzeitig Element beider Seiten ist. Wir beginnen mit (23.10):

$$\begin{aligned} P \in \mathfrak{E}(I_1) \frown \mathfrak{E}(I_2) &\longleftrightarrow P \in \mathfrak{E}(I_1) \wedge P \in \mathfrak{E}(I_2) \\ &\longleftrightarrow I_1 \subset P \wedge I_2 \subset P \\ &\longleftrightarrow I_1 \smile I_2 \subset P \\ &\longleftrightarrow P \in \mathfrak{E}(I_1 \smile I_2). \end{aligned}$$

(23.11) folgt ebenso mit Hilfe von Hilfssatz 1:

$$\begin{aligned} P \in \mathfrak{E}(I_1) \smile \mathfrak{E}(I_2) &\longleftrightarrow P \in \mathfrak{E}(I_1) \vee P \in \mathfrak{E}(I_2) \\ &\longleftrightarrow I_1 \subset P \vee I_2 \subset P \\ &\longleftrightarrow I_1 \frown I_2 \subset P \\ &\longleftrightarrow P \in \mathfrak{E}(I_1 \frown I_2). \end{aligned}$$

(23.2) erfordert den Nachweis, daß $\bigcap \mathfrak{E}(I_\alpha)$ eine abgeschlossene Menge ist, wenn α eine beliebige Indexmenge durchläuft. Dies folgt aus

$$\bigcap \mathfrak{E}(I_\alpha) = \mathfrak{E}(\bigcup I_\alpha). \tag{23.12}$$

[1] Die Punkte von $\mathfrak{B}(V)$ sind also die Primideale von V. Ist I ein Ideal, so ist die Menge aller I umfassenden Primideale eine abgeschlossene Punktmenge. Alle abgeschlossenen Punktmengen erhält man auf diese Weise.

[2] Man beachte, daß $I_1 \frown I_2$ sowie $I_1 \smile I_2$ im Verband aller Ideale zu bilden sind (wobei $I_1 \frown I_2$ der mengentheoretische Durchschnitt ist), und daß man $\mathfrak{E}(I_1) \frown \mathfrak{E}(I_2)$ sowie $\mathfrak{E}(I_1) \smile \mathfrak{E}(I_2)$ mengentheoretisch nehmen muß.

(23.12) ist eine Verallgemeinerung von (23.10) und läßt sich genau so einfach beweisen:

$$\begin{aligned} P \in \bigcap \mathfrak{C}(I_\alpha) &\longleftrightarrow P \in \mathfrak{C}(I_\alpha) \quad \text{für jedes } \alpha \\ &\longleftrightarrow I_\alpha \subset P \quad \text{für jedes } \alpha \\ &\longleftrightarrow \bigcup I_\alpha \subset P \\ &\longleftrightarrow P \in \mathfrak{C}(\bigcup I_\alpha). \end{aligned}$$

(23.3) ergibt sich sofort aus der Bemerkung, daß $\mathfrak{C}(V)$ für das Ideal V leer ist, da kein Primideal V umfassen kann.

Wir wollen nun zeigen, daß $\mathfrak{B}(V)$ kompakt ist. Dazu müssen wir (23.4) nachweisen. Wir gehen aus von einer Menge von abgeschlossenen Mengen in der Form $\mathfrak{C}(I_\alpha)$, wobei α eine Indexmenge durchläuft. Es sei $\bigcap \mathfrak{C}(I_\alpha)$ leer. Nach (23.12) ist $\bigcap \mathfrak{C}(I_\alpha) = \mathfrak{C}(\bigcup I_\alpha)$. Es gibt also kein Primideal, welches das Ideal $\bigcup I_\alpha$ umfaßt. Daher muß nach Hilfssatz 5 $\bigcup I_\alpha$ mit dem Gesamtideal V übereinstimmen.

Wegen $0 \in V$ hat man nach Hilfssatz 4 eine Darstellung

$$0 = i_{\alpha_1} \frown \cdots \frown i_{\alpha_r}.$$

Es folgt hieraus, daß $0 \in I_{\alpha_1} \smile \cdots \smile I_{\alpha_r}$ und damit leicht $V = I_{\alpha_1} \smile \cdots \smile I_{\alpha_r}$. Zusammenfassend haben wir nun

$$\begin{aligned} \bigcap \mathfrak{C}(I_\alpha) = \mathfrak{C}(\bigcup I_\alpha) = \mathfrak{C}(V) &= \mathfrak{C}(I_{\alpha_1} \smile \cdots \smile I_{\alpha_r}) \\ &= \mathfrak{C}(I_{\alpha_1}) \frown \cdots \frown \mathfrak{C}(I_{\alpha_r}). \end{aligned}$$

Es bleibt zu zeigen, daß $\mathfrak{B}(V)$ *total unzusammenhängend* ist. Dazu muß man zu je zwei verschiedenen Primidealen P_1 und P_2 Ideale I_1 und I_2 finden, so daß

(a) $P_1 \in \mathfrak{C}(I_1)$, $P_2 \in \mathfrak{C}(I_2)$,

(b) $\mathfrak{C}(I_1) \frown \mathfrak{C}(I_2) = \mathfrak{L}$[1],

(c) $\mathfrak{C}(I_1) \smile \mathfrak{C}(I_2) = \mathfrak{C}$.

Wegen $P_1 \neq P_2$ gibt es ein Element $x \in V$, so daß $x \in P_1$ und $x \notin P_2$ (oder $x \notin P_1$ und $x \in P_2$, wonach man analog schließen kann). Wir setzen:

$$I_1 = (x), \qquad I_2 = (x'). \tag{23.13}$$

ad (a). Da P_1 mit x auch jedes größere Element enthält, ist $(x) \subset P_1$ und damit $P_1 \in \mathfrak{C}(x)$. Es ist $x \smile x' = 1 \in P_2$, also nach (23.8) $x' \in P_2$, woraus sich wie eben $P_2 \in \mathfrak{C}(x')$ ergibt.

ad (b). Nach Hilfssatz 2 kann kein Primideal zugleich x und x' als Element haben.

ad (c). Jedes Primideal hat nach Hilfssatz 2 x oder x' als Element.

Bekanntlich heißt eine Menge von Punkten eines topologischen Raumes *offen*, wenn ihre Komplementärmenge abgeschlossen ist. Aus dem Beweis, den wir oben dafür gegeben haben, daß $\mathfrak{B}(V)$ total unzusammenhängend ist, kann man insbesondere entnehmen, daß für

[1] $\mathfrak{L}$ sei die leere Menge von Primidealen.

jedes Hauptideal (x) die Menge $\mathfrak{E}(x)$ sowohl offen als auch abgeschlossen ist[1]. Wir wollen umgekehrt zeigen, daß I_1 ein Hauptideal sein muß, wenn $\mathfrak{E}(I_1)$ offen (und abgeschlossen) ist. Nach dieser Voraussetzung gibt es ein Ideal I_2, so daß $\mathfrak{E}(I_2)$ die Komplementärmenge von $\mathfrak{E}(I_1)$ ist.

Zunächst schließen wir auf

$$I_1 \cup I_2 = (0), \quad I_1 \cap I_2 = (1). \tag{23.14}$$

Es ist nämlich $\mathfrak{E}(I_1 \cup I_2) = \mathfrak{E}(I_1) \cap \mathfrak{E}(I_2) = \mathfrak{L}$, also $I_1 \cup I_2 = V = (0)$ nach Hilfssatz 5. Ferner ist $\mathfrak{E}(I_1 \cap I_2) = \mathfrak{E}(I_1) \cup \mathfrak{E}(I_2) = \mathfrak{E}$. Das kann nach Hilfssatz 6 nicht gelten, sobald in $I_1 \cap I_2$ ein Element $x \neq 1$ liegt.

Aus $I_1 \cup I_2 = (0)$ folgt die Existenz einer Darstellung

$$0 = i_1 \cap i_2, \quad i_1 \in I_1, \quad i_2 \in I_2.$$

Das Element $i_1 \cup i_2$ liegt in I_1 und in I_2, also in $I_1 \cap I_2$ und muß infolgedessen nach (23.14) gleich 1 sein. Damit haben wir $i_1' = i_2$.

Wegen $i_1 \in I_1$ ist $(i_1) \subset I_1$. Wir wollen zeigen, daß $I_1 = (i_1)$. Sonst gäbe es ein $i_1^* \in I_1$ mit $i_1 \not\subset i_1^*$, also $i_1^* \cup i_1' \neq 1$, d. h. $i_1^* \cup i_2 \neq 1$.

Dies widerspricht aber (23.14), da $i_1^* \cup i_2$ offenbar sowohl zu I_1 als auch zu I_2 gehört. — Wir fassen die letzten Überlegungen zusammen in

Satz 23.2. Eine Punktmenge $\mathfrak{A} = \mathfrak{E}(I)$ des BOOLEschen Raumes $\mathfrak{B}(V)$ ist genau dann zugleich offen und abgeschlossen, wenn I ein Hauptideal ist.

Satz 23.2 gibt einen Hinweis darauf, wie man von einem BOOLEschen Raum zu einem BOOLEschen Verband gelangen kann. Als Elemente des Verbandes wird man die zugleich offenen und abgeschlossenen Teilmengen des Raumes nehmen. Für Hauptideale (x), (y) ist $(x) \cap (y) = (x \cup y)$ und $(x) \cup (y) = (x \cap y)$, so daß sich die Gleichungen (23.10) und (23.11) spezialisieren zu:

$$\mathfrak{E}(x) \cap \mathfrak{E}(y) = \mathfrak{E}(x \cap y), \tag{23.15}$$

$$\mathfrak{E}(x) \cup \mathfrak{E}(y) = \mathfrak{E}(x \cup y). \tag{23.16}$$

Nun gehen wir von einem BOOLEschen Raum $\mathfrak{R}$ aus. Wir ordnen $\mathfrak{R}$ eine Algebra $\mathfrak{B}(\mathfrak{R})$ zu. Elemente von $\mathfrak{B}(\mathfrak{R})$ seien die zugleich offenen und abgeschlossenen Teilmengen von $\mathfrak{R}$. Als Operationen in $\mathfrak{B}(\mathfrak{R})$ nehmen wir die mengentheoretische Durchschnitts-, Vereinigungs- und Komplementbildung in Verbindung mit den uneigentlichen Operationen, die leere und die volle Teilmenge aller Punkte von $\mathfrak{R}$, 0 bzw. 1. Wir haben zunächst zu zeigen, daß diese Operationen in $\mathfrak{B}(\mathfrak{R})$ ausführbar sind: Die leere Punktmenge ist nach (23.3) abgeschlossen. Der Durchschnitt der leeren Menge von abgeschlossenen Mengen ist die

[1] (b) und (c) besagen für (23.13), daß $\mathfrak{E}(x')$ die Komplementärmenge von $\mathfrak{E}(x)$ ist. $\mathfrak{E}(x)$ und $\mathfrak{E}(x')$ sind definitionsgemäß abgeschlossen.

gesamte Punktmenge, die nach (23.2) auch abgeschlossen ist. Aus diesen beiden Tatsachen folgt, daß 0 und 1 Elemente von $\mathfrak{B}(\mathfrak{R})$ sind. Da die offenen Mengen als Komplemente der abgeschlossenen Mengen erklärt sind, muß das Komplement einer zugleich offenen und abgeschlossenen Menge ebenfalls zugleich offen und abgeschlossen sein. Das zeigt, daß die Komplementbildung nicht aus $\mathfrak{B}(\mathfrak{R})$ hinaus führt. Sind schließlich A und B zugleich offen und abgeschlossen, so gilt dies auch für $A \frown B$ (und ebenso für $A \smile B$): Nach (23.1) ist $A \frown B$ abgeschlossen; da A und B offen sind, müssen A', B' und nach (23.1) auch $A' \smile B' = (A \frown B)'$ abgeschlossen sein, so daß $A \frown B$ auch offen ist. — Wir haben alle Operationen in $\mathfrak{B}(\mathfrak{R})$ mengentheoretisch eingeführt. Daher ist es klar, daß $\mathfrak{B}(\mathfrak{R})$ ein Boolescher Verband ist, und wir haben:

Satz 23.3. Die zugleich offenen und abgeschlossenen Teilmengen der Menge aller Punkte eines Booleschen Raumes $\mathfrak{R}$ bilden in bezug auf die mengentheoretischen Verknüpfungen einen Booleschen Verband $\mathfrak{B}(\mathfrak{R})$.

Zum Nachweis des Zusammenhangs zwischen Booleschen Räumen und Booleschen Verbänden beweisen wir zwei Hilfssätze.

Hilfssatz 7. $V \cong \mathfrak{B}(\mathfrak{B}(V))$.

Beweis. Wir ordnen dem Element $a \in V$ als Bild die Menge $\mathfrak{E}(a)$ aller (a) umfassenden Primideale zu. Satz 23.2 zeigt, daß wir auf diese Weise alle zugleich offenen und abgeschlossenen Teilmengen von $\mathfrak{B}(V)$ bekommen, also genau alle Elemente von $\mathfrak{B}(\mathfrak{B}(V))$. (23.15) und (23.16) zeigen, daß die Abbildung ein Isomorphismus ist in bezug auf $\frown$ und $\smile$, und daraus kann man leicht schließen, daß es sich auch um einen Isomorphismus für die restlichen Operationen handelt.

Hilfssatz 8. $\mathfrak{R} \cong \mathfrak{R}(\mathfrak{B}(\mathfrak{R}))$.

Beweis. Bekanntlich heißen zwei topologische Räume isomorph (homöomorph), wenn man die Punktmengen der beiden Räume so umkehrbar eindeutig aufeinander abbilden kann, daß dabei die abgeschlossenen Mengen einander entsprechen. R sei die Menge der Punkte von $\mathfrak{R}$. Wir haben jedem Punkt $q \in R$ einen Punkt von $\mathfrak{R}(\mathfrak{B}(\mathfrak{R}))$, d. h. ein Primideal $P = P(q)$ von $\mathfrak{B}(\mathfrak{R})$ zuzuordnen. Wir definieren $P(q)$ als die Menge der Elemente $A, B, \ldots$ von $\mathfrak{B}(\mathfrak{R})$[1], die q als Element enthalten. Wir haben also für jedes A die Äquivalenz:

$$A \in P(q) \longleftrightarrow q \in A. \tag{23.17}$$

Zunächst haben wir zu zeigen, daß $P(q)$ ein Primideal in $\mathfrak{B}(\mathfrak{R})$ ist:

[1] Im folgenden sollen A, B stets zugleich offene und abgeschlossene Mengen von $\mathfrak{R}$ bedeuten.

Wir beginnen mit der Idealbedingung (23.7). $P(q)$ ist wegen $R \in P(q)$ nicht leer. Es gilt die Äquivalenz

$$\begin{aligned} A \cap B \in P(q) &\longleftrightarrow q \in A \cap B \\ &\longleftrightarrow q \in A \wedge q \in B \\ &\longleftrightarrow A \in P(q) \wedge B \in P(q). \end{aligned}$$

Weiter hat man die Primidealeigenschaft (23.8):

$$\begin{aligned} A \cup B \in P(q) &\longleftrightarrow q \in A \cup B \\ &\longleftrightarrow q \in A \vee q \in B \\ &\longleftrightarrow A \in P(q) \vee B \in P(q). \end{aligned}$$

$P(q)$ ist vom Gesamtverband $\mathfrak{B}(\mathfrak{R})$ verschieden, da die leere Menge $L \notin P(q)$.

Wenn $P(q) = P(r)$, so enthält jede zugleich offene und abgeschlossene Menge, in der q liegt, auch r. Das kann nur gelten, wenn $q = r$, da $\mathfrak{R}$ total unzusammenhängend ist. Die Abbildung $P(q)$ ist also umkehrbar eindeutig.

Nun zeigen wir indirekt, daß jedes Primideal P sich in der Form $P(q)$ für ein geeignet gewähltes q darstellen läßt. Sonst wäre $P \neq P(q)$ für jedes q. Zu jedem q muß also eine Menge A existieren, die zu P, aber nicht zu $P(q)$ gehört (erster Fall), oder eine Menge A, die zu $P(q)$, aber nicht zu P gehört (zweiter Fall). Die beiden Fälle schließen sich nicht aus.

Nehmen wir zunächst an, daß für jedes q der erste Fall vorliegt. Dann gibt es unter Berücksichtigung von (23.17) zu jedem q ein A, so daß $A \in P$, aber $q \notin A$. Es folgt, daß $\bigcap P = L$. Da hier ein Durchschnitt von abgeschlossenen Mengen zu bilden ist, gibt es wegen der Kompaktheit von $\mathfrak{R}$ eine endliche Teilmenge $\{A_1, \ldots, A_r\}$ von P mit $A_1 \cap \cdots \cap A_r = L$. Dann wäre aber wegen der Idealeigenschaft von P die leere Menge L ein Element von P und damit P gleich $\mathfrak{B}(\mathfrak{R})$, was nicht sein kann.

Nun bleibt die Situation zu behandeln, daß es ein q gibt, auf das der erste Fall nicht zutrifft. Dann muß für ein solches q der zweite Fall vorliegen. Man hat also unter Berücksichtigung von (23.17) ein A, so daß $q \in A$, aber $A \notin P$. Wegen $A \notin P$ muß nach Hilfssatz 2 von § 23 gelten, daß $A' \in P$. Da für q nach Voraussetzung der erste Fall nicht vorliegen soll, kann man aus $A' \in P$ folgern, daß $q \in A'$. Das ist aber ein Widerspruch, da q nicht zugleich ein Element von A und von A' sein kann. Diese Situation kann also nicht eintreten.

Wir haben noch zu zeigen, daß bei dieser Abbildung die abgeschlossenen Mengen der Räume $\mathfrak{R}$ und $\mathfrak{R}(\mathfrak{B}(\mathfrak{R}))$ einander umkehrbar eindeutig entsprechen. Wir beginnen mit einer Vorbemerkung.

M sei eine beliebige abgeschlossene Menge von $\mathfrak{R}$. Wir bilden die Menge I aller zugleich offenen und abgeschlossenen Mengen von $\mathfrak{R}$, in denen M enthalten ist. Wir haben also für jedes A

$$A \in I \longleftrightarrow M \subset A. \tag{23.18}$$

Es ist unmittelbar klar, daß I ein Ideal aus $\mathfrak{B}(\mathfrak{R})$ ist. $\mathfrak{C}(I)$ ist daher eine abgeschlossene Teilmenge von $\mathfrak{R}(\mathfrak{B}(\mathfrak{R}))$.

Wir zeigen:

(1) $P \in \mathfrak{C}(I) \longleftrightarrow (M \subset A \to A \in P)$ für jedes A.

(2) $\bigcap I = M$.

ad (1). Wir haben

$$\begin{aligned} P \in \mathfrak{C}(I) &\longleftrightarrow I \subset P && \text{(nach (23.9))} \\ &\longleftrightarrow (A \in I \to A \in P) && \text{für alle } A \\ &\longleftrightarrow (M \subset A \to A \in P) && \text{für alle } A. \end{aligned}$$

ad (2). Sicher ist $M \subset \bigcap I$. Um die umgekehrte Inklusion einzusehen, betrachten wir einen beliebigen Punkt $q \notin M$. Es genügt zu zeigen, daß es eine M umfassende Menge A gibt, die q nicht als Element enthält. Zu jedem $p \in M$ gibt es wegen (*) ein A_p mit $p \in A_p$ und $q \notin A_p$. Man hat natürlich $M \subset \bigcup_{p \in M} A_p$. Dies besagt, daß $M \cap \big(\bigcup_{p \in M} A_p\big)' = M \cap \bigcap_{p \in M} A'_p = L$. M und alle A'_p sind abgeschlossen. Wegen der Kompaktheit von $\mathfrak{R}$ gibt es endlich viele $p_1, \ldots, p_r \in M$, so daß bereits

$$M \cap A'_{p_1} \cap \cdots \cap A'_{p_r} = L, \quad \text{d. h.} \quad M \subset A_{p_1} \cup \cdots \cup A_{p_r}.$$

$A = A_{p_1} \cup \cdots \cup A_{p_r}$ leistet das Verlangte, da A eine M umfassende, zugleich offene und abgeschlossene Teilmenge von $\mathfrak{R}$ ist, die q nicht als Element enthält, da dies für jedes $A_{p_1}, \ldots, A_{p_r}$ gilt.

Nun zeigen wir, daß die abgeschlossene Menge M auf $\mathfrak{C}(I)$, also auf eine abgeschlossene Menge von $\mathfrak{R}(\mathfrak{B}(\mathfrak{R}))$ abgebildet wird. Dazu müssen wir nachweisen, daß $P(q) \in \mathfrak{C}(I) \longleftrightarrow q \in M$. Wir haben

$$\begin{aligned} P(q) \in \mathfrak{C}(I) &\longleftrightarrow \big(M \subset A \to A \in P(q)\big) && \text{für jedes } A && \text{(nach (1))} \\ &\longleftrightarrow (M \subset A \to q \in A) && \text{für jedes } A && \text{(nach (23.17))} \\ &\longleftrightarrow (A \in I \to q \in A) && \text{für jedes } A && \text{(nach (23.18))} \\ &\longleftrightarrow q \in \bigcap I \\ &\longleftrightarrow q \in M. && && \text{(nach (2))} \end{aligned}$$

Schließlich müssen wir uns davon überzeugen, daß jede abgeschlossene Menge $\mathfrak{C}(I)$ von $\mathfrak{R}(\mathfrak{B}(\mathfrak{R}))$ als Bild einer abgeschlossenen Menge M von $\mathfrak{R}$ auftritt. Wir setzen $M = \bigcap I$. M ist abgeschlossen. Wir haben zu zeigen, daß $q \in M$ genau dann gilt, wenn $P(q) \in \mathfrak{C}(I)$:

$$\begin{aligned} P(q) \in \mathfrak{C}(I) &\longleftrightarrow I \subset P(q) && \text{(nach (23.9))} \\ &\longleftrightarrow \big(A \in I \to A \in P(q)\big) && \text{für alle } A \\ &\longleftrightarrow (A \in I \to q \in A) && \text{für alle } A \quad \text{(nach (23.17))} \\ &\longleftrightarrow q \in \bigcap I \\ &\longleftrightarrow q \in M. \end{aligned}$$

Wir fassen die Ergebnisse dieses Paragraphen zusammen in

Satz 23.4. *Die* BOOLE*schen Verbände entsprechen umkehrbar eindeutig den* BOOLE*schen Räumen. Dabei sind isomorphe* BOOLE*sche Verbände einerseits und isomorphe (homöomorphe)* BOOLE*sche Räume andererseits zu identifizieren.*

In § 20 haben wir gezeigt, daß jeder distributive Verband zu einem Mengenverband isomorph ist. Für BOOLEsche Verbände können wir dieses Ergebnis verschärfen (vgl. auch Korollar 2 zu Satz 11.4):

Satz 23.5. *Jede* BOOLE*sche Algebra V ist isomorph zu einem Mengenkörper.*

Beweis. Wir bilden die Elemente x von V ab auf die Teilmengen $\mathfrak{E}(x)$ von $\mathfrak{E}$. Diese Abbildung ist umkehrbar eindeutig: Ist $x \neq y$, so $x \not\subset y$ (oder $y \not\subset x$, wonach man analog weiterschließt). Nach einer Bemerkung am Schluß von § 20 gibt es daher ein Primideal P, in dem zwar x, aber nicht y liegt. Offenbar ist $P \neq V$. Es folgt, daß $P \in \mathfrak{E}(x)$, $P \notin \mathfrak{E}(y)$, also $\mathfrak{E}(x) \neq \mathfrak{E}(y)$. Die Abbildung $\mathfrak{E}(x)$ ist daher umkehrbar. Aus (23.15) und (23.16) ergibt sich die Homomorphieeigenschaft für $\frown$ und $\smile$. Sei schließlich x ein beliebiges Element von V. Hilfssatz 2 zeigt, daß $\mathfrak{E}(x) \frown \mathfrak{E}(x')$ leer, und daß $\mathfrak{E}(x) \smile \mathfrak{E}(x') = \mathfrak{E}$ ist. $\mathfrak{E}(x')$ ist also das mengentheoretische Komplement $\mathfrak{E}(x)'$ von $\mathfrak{E}(x)$ in bezug auf $\mathfrak{E}$. Nach (10.8) hat man $\mathfrak{E}(x) - \mathfrak{E}(y) = \mathfrak{E}(x) \frown \mathfrak{E}(y)' = \mathfrak{E}(x) \frown \mathfrak{E}(y')$. Damit ist der Satz bewiesen.

Literatur.

STONE, M. H.: Applications of the theory of Boolean rings to general topology. Trans. Amer. math. Soc. Bd. 41 (1937) S. 375–481.

§ 24. Unendliche distributive Gesetze.

Wir haben einen Verband distributiv genannt, wenn für seine Elemente die beiden distributiven Gesetze

$$x \frown (y \smile z) = (x \frown y) \smile (x \frown z), \tag{24.1}$$

$$x \smile (y \frown z) = (x \smile y) \frown (x \smile z) \tag{24.2}$$

gelten. Wir wollen uns in diesem Paragraphen mit distributiven Gesetzen beschäftigen, die stärker sind als die beiden genannten. Wir setzen ein für allemal voraus, daß wir es mit einem *distributiven Verband* zu tun haben.

Zunächst ist es trivial, (24.1) bzw. (24.2) durch Induktion auf endlich viele Glieder zu verallgemeinern:

$$x \frown \bigcup_{k=1}^{n} y_k = \bigcup_{k=1}^{n} (x \frown y_k), \tag{24.3}$$

$$x \smile \bigcap_{k=1}^{n} y_k = \bigcap_{k=1}^{n} (x \smile y_k). \tag{24.4}$$

Schon die Verallgemeinerung auf abzählbar viele Glieder gilt im allgemeinen in einem distributiven Verband *nicht*, wie das folgende Beispiel zeigt. Diese und andere Verallgemeinerungen kann man so aussprechen, daß man jedesmal expliziert verlangt, daß die betreffenden unendlichen Vereinigungen oder Durchschnitte existieren. Wir wollen im folgenden der Einfachheit halber immer voraussetzen, daß wir es mit einem *vollständigen distributiven Verband* zu tun haben.

Beispiel 24.1[1]. Wir betrachten im folgenden die Menge V der Zahlen $1, 2, 3, \ldots$, *einschließlich* 0 in bezug auf die Teilbarkeitsbeziehung a/b als Inklusion. Definiert man wie üblich a/b dadurch, daß $b = ac$ für wenigstens ein c, so ergibt sich insbesondere, daß jede Zahl ein Teiler von 0 ist, und daß 0 nur 0 teilt. In bezug auf die Teilbarkeitsbeziehung ist also 0 das größte und 1 das kleinste Element von V. A sei eine Teilmenge von V. Ist A leer, oder enthält A höchstens das Element 0, so ist $\inf A = 0$. Für jedes andere (auch unendliche) A folgt leicht auf dem üblichen Wege die Existenz einer unteren Grenze. V ist also nach Satz 6.1 ein vollständiger Verband. Man überzeugt sich ebenfalls leicht davon, daß V distributiv ist. Man hat

$$2 \frown \bigcup_{k=0}^{\infty} (2k+1) = 2 \frown 0 = 2,$$

jedoch

$$\bigcup_{k=0}^{\infty} (2 \frown (2k+1)) = \bigcup_{k=0}^{\infty} 1 = 1.$$

Der betrachtete Verband ist keine BOOLEsche Algebra, da keine von 0 und 1 verschiedene Zahl ein Komplement besitzt. Dagegen zeigen wir

Satz 24.1. *In jedem vollständigen* BOOLE*schen Verband gelten die Gesetze*

$$x \frown \bigcup y_\alpha = \bigcup (x \frown y_\alpha), \tag{24.5}$$

$$x \smile \bigcap y_\alpha = \bigcap (x \smile y_\alpha). \tag{24.6}$$

Beweis. Man braucht nur (24.5) zu zeigen, da (24.6) zu (24.5) dual ist[2]. In jedem vollständigen Verband gilt $x \frown y_\alpha \subset x \frown \bigcup y_\alpha$, also $\bigcup (x \frown y_\alpha) \subset x \frown \bigcup y_\alpha$. Es genügt daher, die umgekehrte Inklusion zu beweisen. Wir setzen zur Abkürzung $u = \bigcup (x \frown y_\alpha)$. Dann gilt für jedes α der Reihe nach: $x \frown y_\alpha \subset u$, $(x \frown y_\alpha) \smile x' \subset u \smile x'$, $y_\alpha \smile x' \subset u \smile x'$, $y_\alpha \subset u \smile x'$, also $\bigcup y_\alpha \subset u \smile x'$, und dann weiter $x \frown \bigcup y_\alpha \subset x \frown (u \smile x') = x \frown u \subset u$, was zu beweisen war.

In Verbindung mit Satz 7.4 ist von Interesse:

[1] Vgl. Aufgabe 8.4.

[2] Man darf ferner eine nichtleere Indexmenge voraussetzen, da $x \frown \bigcup L = x \frown 0 = 0$, und da auf der rechten Seite ebenfalls $\bigcup L$ zu bilden ist.

Satz 24.2. Die Formel (24.5) gilt in einem vollständigen distributiven Verband schon dann, wenn sie für jede gerichtete Menge $\{y_\alpha\}$ gilt.

Beweis. z_β durchlaufe die Menge aller Vereinigungen von je endlich vielen Elementen der Menge $\{y_\alpha\}$. $\{z_\beta\}$ ist eine gerichtete Menge und offenbar $\bigcup y_\alpha = \bigcup z_\beta$. Zunächst gilt für jedes β

$$x \cap z_\beta \subset \bigcup (x \cap y_\alpha),$$

denn für $z_\beta = y_{\alpha_1} \cup \cdots \cup y_{\alpha_r}$ hat man mit Hilfe des distributiven Gesetzes

$$x \cap z_\beta = x \cap (y_{\alpha_1} \cup \cdots \cup y_{\alpha_r}) = (x \cap y_{\alpha_1}) \cup \cdots \cup (x \cap y_{\alpha_r}) \subset \bigcup (x \cap y_\alpha).$$

Und nun gewinnt man die wesentliche Hälfte von (24.5) unmittelbar:

$$x \cap \bigcup y_\alpha = x \cap \bigcup z_\beta = \bigcup (x \cap z_\beta) \subset \bigcup (x \cap y_\alpha).$$

Satz 24.2 ergibt zusammen mit der dualen Aussage den

Satz 24.2': Ein vollständiger distributiver Verband ist genau dann stetig, wenn in ihm die beiden Gesetze (24.5), (24.6) für beliebige Mengen gelten.

Die distributiven Gesetze (24.5) und (24.6) sind noch ziemlich spezieller Natur. Auf der linken Seite von (24.5) steht der Durchschnitt von zwei Vereinigungen, von denen die erste zur Vereinigung eines Elementes zusammenschrumpft. Man wird allgemeiner nach einem Gesetz fragen, das beliebige Durchschnitte beliebiger Vereinigungen umzurechnen gestattet. Um uns über die Form eines möglichen Gesetzes zu orientieren, betrachten wir vorbereitend den endlichen Fall. Wir haben dann den Durchschnitt endlich vieler Elemente z_α, $\alpha \in A$, zu bilden; dabei ist jedes z_α selbst eine Vereinigung von endlich vielen Elementen $z_{\alpha\beta}$, wobei der Index β seinerseits eine endliche Indexmenge B_α durchläuft, die von α abhängig sein kann. Das entstehende Element $\bigcap\limits_{\alpha \in A} \bigcup\limits_{\beta \in B_\alpha} z_{\alpha\beta}$ kann man nach dem gewöhnlichen distributiven Gesetz ausrechnen: Wir gehen vorübergehend zur Schreibweise $A = \{1, \ldots, r\}$, $B_j = \{1, \ldots, r_j\}$ über und haben

$$\begin{aligned}
&\bigcap_{\alpha \in A} \bigcup_{\beta \in B_\alpha} z_{\alpha\beta} \\
&= \bigcap_{j=1}^{r} \bigcup_{k=1}^{r_j} z_{jk} \\
&= (z_{11} \cup \cdots \cup z_{1r_1}) \cap (z_{21} \cup \cdots \cup z_{2r_2}) \cap \cdots \cap (z_{r1} \cup \cdots \cup z_{rr_r}) \\
&= (z_{11} \cap z_{21} \cdots \cap z_{r1}) \cup (z_{12} \cap z_{21} \cap \cdots \cap z_{r1}) \cup \cdots \cup (z_{1r_1} \cap z_{2r_2} \cap \cdots \cap z_{rr_r}).
\end{aligned}$$

Auf der rechten Seite steht eine Vereinigung von Durchschnitten. Die dabei auftretenden Durchschnitte enthalten genau je ein Glied aus jeder der ursprünglichen Vereinigungen. Man kann die Möglichkeiten systematisch beschreiben mit Hilfe von Auswahlfunktionen. φ sei eine Funktion, die für jedes k einen der Werte $1, \ldots, r_k$ annimmt. Dann ist $z_{1\varphi(1)} \cap \ldots \cap z_{r\varphi(r)}$ einer der Durchschnitte des Endergebnisses. Man bekommt alle diese Durchschnitte, wenn man φ die Menge C aller dieser Auswahlfunktionen durchlaufen läßt. Damit hat man das Endergebnis:

$$\bigcap_{\alpha \in A} \bigcup_{\beta \in B_\alpha} z_{\alpha\beta} = \bigcup_{\varphi \in C} \bigcap_{\alpha \in A} z_{\alpha\varphi(\alpha)}. \tag{24.7}$$

Diese Formel sowie die dazu duale

$$\bigcup_{\alpha \in A} \bigcap_{\beta \in B_\alpha} z_{\alpha\beta} = \bigcap_{\varphi \in C} \bigcup_{\alpha \in A} z_{\alpha\varphi(\alpha)} \tag{24.8}$$

gelten also für endliche Vereinigungen von Elementen eines distributiven Verbandes. Für unendliche Vereinigungen, in denen natürlich C die Menge aller der Funktionen ist, die für jedes $\alpha \in A$ erklärt sind, und für die $\varphi(\alpha)$ ein Element aus B_α ist, gilt diese Formel auch in vollständigen Verbänden nicht allgemein, wie wir schon oben gesehen haben. Daß (24.7) und (24.8) im allgemeinen mehr verlangen als (24.5) und (24.6), zeigt der nächste Satz in Verbindung mit Beispiel 24.2.

Wir wollen noch die selbstverständlichen Tatsachen vermerken, daß (24.5) aus (24.7), und daß (24.6) aus (24.8) folgt.

Satz 24.3. *In einem vollständigen* BOOLE*schen Verband V sind die folgenden Bedingungen untereinander äquivalent:*

(a) *V ist isomorph zu einem Verband $\mathfrak{P}(M)$,*

(b) *In V gilt* (24.7),

(c) *In V gilt* (24.8),

(d) *V ist atomar.*

Zum Beweis genügt der Nachweis für (a) → (b) → (d) → (a), da man (c) aus Dualitätsgründen ebenso einschalten kann.

(a) → (b). In *jedem* vollständigen Verband ist die rechte Seite von (24.7) in der linken enthalten. Zunächst ist $u_\varphi = \bigcap_{\alpha \in A} z_{\alpha\varphi(\alpha)}$ für jedes α in $z_{\alpha\varphi(\alpha)}$ und damit auch in $\bigcup_{\beta \in B_\alpha} z_{\alpha\beta}$ enthalten: Da diese Aussage für jedes α gilt und da u_φ nicht von α abhängt, ist u_φ, und damit auch $\bigcup_{\varphi \in C} u_\varphi$ in $\bigcap_{\alpha \in A} \bigcup_{\beta \in B_\alpha} z_{\alpha\beta}$ enthalten, was zu beweisen war.

Um die umgekehrte Inklusion nachzuweisen, können wir annehmen, daß die $z_{\alpha\beta}$ Teilmengen einer Menge M sind. Sei ϱ ein Element von M mit $\varrho \in \bigcap_{\alpha \in A} \bigcup_{\beta \in B_\alpha} z_{\alpha\beta}$. Dann gilt $\varrho \in \bigcup_{\beta \in B_\alpha} z_{\alpha\beta}$ für jedes α. Zu jedem α gibt es daher ein $\beta \in B_\alpha$, so daß $\varrho \in z_{\alpha\beta}$. φ sei eine für alle $\alpha \in A$ definierte Funktion, die aus jedem B_α eines der Elemente β auswählt, für welche ϱ ein Element von $z_{\alpha\beta}$ ist. Eine derartige Funktion existiert, wenn wir das *Auswahlaxiom* voraussetzen[1]; damit ist sicher ϱ für jedes α ein Element von $z_{\alpha\varphi(\alpha)}$, also ein Element von $\bigcap\limits_{\alpha\in A} z_{\alpha\varphi(\alpha)}$ für dieses φ, und daher ein Element von $\bigcup\limits_{\varphi\in C}\bigcap\limits_{\alpha\in A} z_{\alpha\varphi(\alpha)}$.

(b) → (d). Wir gehen aus von einer BOOLEschen Algebra V, in der (24.7) gilt. Wir setzen $A = V$. Die Elemente von A sind also die Elemente von V und sollen deshalb im folgenden mit a (und nicht mit α) wiedergegeben werden. Für jedes a setzen wir B_a gleich der festen zweielementigen Menge $\{1, 2\}$. Schließlich setzen wir fest:

$$z_{a1} = a, \quad z_{a2} = a'. \tag{24.9}$$

Es ist $\bigcup\limits_{\beta\in B_a} z_{a\beta} = a \cup a' = 1$, also nach (24.7), wenn wir die Abkürzung $u_\varphi = \bigcap\limits_{a\in A} z_{a\varphi(a)}$ einführen:

$$1 = \bigcap_{a\in A} 1 = \bigcap_{a\in A}\bigcup_{\beta\in B_a} z_{a\beta} = \bigcup_{\varphi\in C}\bigcap_{a\in A} z_{a\varphi(a)} = \bigcup_{\varphi\in C} u_\varphi. \tag{24.10}$$

Wir behaupten nun, daß u_φ gleich 0 oder ein Atom ist. Dazu haben wir zu widerlegen, daß es ein v gibt, so daß $0 \subset\!\!\!\cdot\; v \subset\!\!\!\cdot\; u_\varphi$. Es ist $z_{v\varphi(v)} = v$ oder v'. $z_{v\varphi(v)}$ kann nicht gleich v sein, da sonst $u_\varphi = \bigcap\limits_{a\in A} z_{a\varphi(a)} \subset v$; $z_{v\varphi(v)}$ kann aber auch nicht gleich v' sein, da anderenfalls $u_\varphi \subset v'$ und damit $v = v \cap u_\varphi \subset v \cap v' = 0$.

Ist nun x ein beliebiges von Null verschiedenes Element von V, so haben wir, wiederum mit Hilfe von (24.7):

$$x = x \cap 1 = x \cap \bigcup_{\varphi\in C} u_\varphi = \bigcup_{\varphi\in C} (x \cap u_\varphi).$$

Aus dieser Gleichung folgt, daß nicht alle $x \cap u_\varphi$ verschwinden können. Wenn aber für ein φ das Element $x \cap u_\varphi \neq 0$ ist, so muß $x \cap u_\varphi$ ein Atom unter x sein. Damit ist gezeigt, daß V atomar ist.

(d) → (a). Dies haben wir bereits im Korollar zu Satz **11.5** bewiesen. Hier soll kurz ein weiterer, einfacher Beweis gegeben werden, der auf dem für vollständige BOOLEsche Algebren bereits bewiesenen distributiven Gesetz (24.5) beruht.

M sei die Menge der Atome von V. Wir bilden $a \in V$ ab auf die Menge $[a]$ aller in a enthaltenen Atome. Dabei tritt jede Teilmenge A von M als Bild auf: Wir dürfen annehmen, daß A nicht leer ist. p_α durchlaufe A. p sei ein Atom unter $\bigcup p_\alpha$. Dann ist nach Satz 24.1

$$p = p \cap \bigcup p_\alpha = \bigcup (p \cap p_\alpha),$$

und dies kann nur dann gelten, wenn p mit einem der p_α übereinstimmt. In Verbindung mit der trivialen Inklusion $A \subset [\bigcup A]$ ergibt sich hieraus $A = [\bigcup A]$. Aus $a \subset b$ folgt $[a] \subset [b]$, und aus $A \subset B$, daß $\bigcup A \subset \bigcup B$. Es bleibt zu zeigen, daß $a = \bigcup [a]$. Es genügt der Nachweis für $a \subset \bigcup [a]$. Wäre diese Aussage falsch, so wäre nach

[1] Vgl. § 30.

Satz 10.4 (f) $a \frown (\bigcup[a])' \neq 0$. Wegen der vorausgesetzten Atomarität gäbe es ein Atom p unter $a \frown (\bigcup[a])'$. p läge unter a, also unter $\bigcup[a]$ und unter $(\bigcup[a])'$, und damit unter $\bigcup[a] \frown (\bigcup[a])' = 0$, was nicht sein kann.

Beispiel 24.2. Wir geben ein Beispiel für einen vollständigen und nicht atomaren BOOLEschen Verband V. In V kann auf Grund des letzten Satzes nicht das verallgemeinerte distributive Gesetz (24.7) gelten. Wir können V wie jeden distributiven Verband in einen Verband $\mathfrak{P}(M)$ einbetten (z. B. nach der Methode von § 20). Wir sehen jetzt, daß wir *V in keinen Verband $\mathfrak{P}(M)$ vollständig einbetten können.* In $\mathfrak{P}(M)$ gilt nämlich, wie wir soeben gezeigt haben, das distributive Gesetz (24.7), und dieses Gesetz überträgt sich offenbar auf jeden Verband, der vollständig in $\mathfrak{P}(M)$ eingebettet werden kann.

Wir betrachten im folgenden das abgeschlossene Intervall I aller reellen Zahlen ϱ mit $0 \leqq \varrho \leqq 1$. Wir können I in der bekannten Weise als topologischen Raum auffassen. Wir bezeichnen die abgeschlossene Hülle einer Teilmenge M von I mit hM und das in I gebildete (mengentheoretische) Komplement mit cM. Ist A eine offene Menge, so gilt $A \subset hA$, $chA \subset cA$, $hchA \subset hcA = cA$, da cA abgeschlossen ist, und damit schließlich $ccA \subset chchA$, d. h.:

$$A \subset chchA. \tag{24.11}$$

Eine offene Menge A, für die auch umgekehrt $chchA \subset A$, also $chchA = A$ gilt, wollen wir *regulär* nennen. Man sieht sofort, daß jedes offene Intervall ebenso wie die leere Menge L und das Gesamtintervall I regulär sind. Ist A die Menge aller von $\frac{1}{2}$ verschiedenen Punkte aus I, so ist $chchA = I \neq A$. Es gibt also nicht reguläre offene Mengen. Wir wollen im folgenden zeigen, daß *die regulären Mengen in bezug auf die mengentheoretische Inklusion einen vollständigen BOOLEschen Verband V bilden. V ist nicht atomar*, denn in jeder nichtleeren regulären Menge ist wenigstens ein offenes Intervall, also eine reguläre Menge, echt enthalten.

Die offenen Mengen von I bilden einen vollständigen $\smile$-Teilbund V_0 von $\mathfrak{P}(I)$. V_0 ist distributiv, da die endlichen V_0-Durchschnitte offener Mengen mengentheoretisch zu bilden sind. Die Elemente von V_0 wollen wir mit $A, B, \ldots$ bezeichnen. A ist per definitionem genau dann regulär, wenn $chchA \subset A$. Nun ist die Operation $chch$ ein Endomorphismus des vollständigen Verbandes V_0. Dazu genügt der Nachweis, daß ch ein Antiendomorphismus von V_0 ist:

$$\begin{aligned} A \subset B &\rightarrow hA \subset hB \\ &\rightarrow chB \subset chA \end{aligned} \tag{24.12}$$

(für jede Teilmenge M von I ist chM als Komplement der abgeschlossenen Menge hM offen). Auf Grund der Bemerkung hinter Satz 6.6

ist $chch$ eine Hüllenoperation in V_0. Nach Satz 6.6 bilden daher die regulären Mengen einen vollständigen $\frown$-Teilbund V von V_0, und es gilt:

$$S \cup T = chch(S \underset{\mathrm{m}}{\cup} T) \quad \text{für } S, T \in V, \tag{24.13}$$

wobei $\underset{\mathrm{m}}{\cup}$ die mengentheoretische Vereinigung bedeuten soll.

Für das Folgende benötigen wir einige Hilfssätze:

Hilfssatz 1. $chchchA = chA$.

Dies folgt unmittelbar aus (24.11) und (24.12).

Hilfssatz 2. $A \cap B = L \leftrightarrow A \subset chB$.

Wenn $A \cap B = L$, so $B \subset cA$, $hB \subset hcA = cA$, $A = ccA \subset chB$. Wenn umgekehrt $A \subset chB$, so $A \cap cchB = L$, $A \cap hB = L$, $A \cap B = L$.

Hilfssatz 3. $A \cap chA = L$.

Dies ergibt sich für $A = chB$ nach Hilfssatz 2 und wegen (24.11).

Hilfssatz 4. $ch(A \cap B) = ch(chchA \cap chchB)$.

Trivial ergibt sich: $A \cap B \subset A \subset chchA$, und mit der entsprechenden Gleichung für B: $A \cap B \subset chchA \cap chchB$, schließlich wegen (24.12) $ch(chchA \cap chchB) \subset ch(A \cap B)$. Umgekehrt schließen wir so:

$ch(A \cap B) \cap A \cap B = L$ (Hilfssatz 3)

$ch(A \cap B) \cap chchA \cap chchB \cap A \cap B = L$

$ch(A \cap B) \cap chchA \cap chchB \cap A \subset chB$ (Hilfssatz 2)

$ch(A \cap B) \cap chchA \cap chchB \cap A \subset chchB$.

Die linke Seite ist also ein Durchschnitt der beiden rechten Seiten und damit nach Hilfssatz 3 in L enthalten.

$ch(A \cap B) \cap chchA \cap chchB \cap A = L$.

Jetzt eliminieren wir A:

$ch(A \cap B) \cap chchA \cap chchB \subset chA$ (Hilfssatz 2)

$ch(A \cap B) \cap chchA \cap chchB \subset chchA$.

$ch(A \cap B) \cap chchA \cap chchB = L$

$ch(A \cap B) \subset ch(chchA \cap chchB)$ (Hilfssatz 2)

Hilfssatz 5. $ch(A \cap B) = chA \cup chB$[1].

Beweis: $ch(A \cap B) = ch(chchA \cap chchB)$ (nach Hilfssatz 4)

$= chc(hchA \underset{\mathrm{m}}{\cup} hchB)$ (nach Satz 10.4 (d))

$= chch(chA \underset{\mathrm{m}}{\cup} chB)$[2]

$= chA \cup chB$. (nach (24.13))

[1] Man beachte, daß $\cup$ die Vereinigung in V bedeutet.

[2] In einem topologischen Raum gilt generell $h(M \underset{\mathrm{m}}{\cup} N) = h(M) \underset{\mathrm{m}}{\cup} h(N)$.

Nun wollen wir zeigen, daß V distributiv ist. Da wir schon wissen, daß V_0 distributiv ist, und da $chch$ wegen $S = chchS$ für $S \in V$ den Verband V_0 auf V abbildet, genügt es zu zeigen, daß diese Abbildung ein $\frown, \smile$-Homomorphismus ist, weil ein derartiger Homomorphismus natürlich das distributive Gesetz auf den Bildverband überträgt. Es ist:

$$\begin{aligned} chch(A \frown B) &= ch(chA \smile chB) && \text{(nach Hilfssatz 5)} \\ &= chchch(chA \underset{m}{\smile} chB) && \text{(nach (24.13))} \\ &= ch(chA \underset{m}{\smile} chB) && \text{(nach Hilfssatz 1)} \\ &= c(hchA \underset{m}{\smile} hchB)^1 && \\ &= chchA \frown chchB. && \\ chch(A \underset{m}{\smile} B) &= chc(hA \underset{m}{\smile} hB)^1 && \\ &= ch(chA \frown chB) && \\ &= chchA \smile chchB && \text{(nach Hilfssatz 5).} \end{aligned}$$

Es bleibt zu zeigen, daß V (im Gegensatz zu V_0) komplementär ist. Wir behaupten, daß für jedes $S \in V$ das Element chS ein Komplement von S ist. Nach Hilfssatz 3 ist $S \frown chS = L$. Damit und mit Hilfssatz 5 gewinnen wir:

$$S \smile chS = chchS \smile chS = ch(chS \frown S) = chL = cL = I.$$

Aufgabe 24.1. Man zeige, daß Satz 24.2 nicht für beliebige vollständige Verbände gilt. (Anleitung: Man betrachte die Menge aller linearen Teilräume der Euklidischen Ebene; vgl. Satz 7.4.)

Literatur.

TARSKI, A.: Zur Grundlegung der Booleschen Algebra I, Fund. Math. Bd. 24 (1935) S. 177—198.

§ 25. Pseudoboolesche Verbände.

Zur Einführung betrachten wir zwei Elemente a, c eines beliebigen Verbandes V mit Nullelement. Es gelte

$$\textit{für alle } x \in V: \quad x \subset c \longleftrightarrow x \frown a = 0. \tag{25.1}$$

Für $x = c$ gilt die linke Seite von (25.1); also ist $c \frown a = 0$. Damit ist *eine* der beiden Bedingungen (10.1) dafür erfüllt, daß c ein Komplement von a ist. Ein $c \in V$, welches für vorgegebenes a der Bedingung (25.1) genügt, soll ein *Pseudokomplement von a bezüglich* 0 heißen. Es braucht kein solches c zu geben. Dies zeigt der Verband Abb. 8.1B (S. 43), wenn man a mit dem dort ebenso bezeichneten Element identifiziert (man beachte übrigens, daß dieser Verband komplementär ist!).

[1] In einem topologischen Raum gilt generell $h(M \underset{m}{\smile} N) = h(M) \underset{m}{\smile} h(N)$.

Sind c_1, c_2 zwei Elemente von V, die der Bedingung (25.1) mit festem a genügen, so ist $x \subset c_1 \leftrightarrow x \subset c_2$ für jedes $x \in V$, also $c_1 = c_2$ nach (2.2). Falls daher zu a überhaupt ein c existiert, das der Bedingung (25.1) genügt, so ist c eindeutig bestimmt. Es heißt dann *das Pseudokomplement von a bezüglich* 0 und wird durch $a \rightarrow\!\!\!\!\ni 0$ bezeichnet.

Nach dieser vorbereitenden Betrachtung werde ein beliebiger Verband V zugrunde gelegt.

Definition. a, b, c seien Elemente aus V. c heißt ein *Pseudokomplement von a in bezug auf b*, wenn

$$\textit{für jedes } x \in V\colon \quad x \subset c \leftrightarrow x \cap a \subset b. \tag{25.2}$$

Wie oben sieht man, daß *höchstens ein* Pseudokomplement von a in bezug auf b existieren kann. Ein solches wird durch $a \rightarrow\!\!\!\!\ni b$ bezeichnet. Es gilt also:

$$\textit{für jedes } x \in V\colon \quad x \subset a \rightarrow\!\!\!\!\ni b \leftrightarrow x \cap a \subset b. \tag{25.3}$$

Zunächst einige Rechenregeln:

Falls die vorkommenden Pseudokomplemente existieren, so gilt:

$$b \subset a \rightarrow\!\!\!\!\ni b, \tag{25.4}$$

$$a \cap (a \rightarrow\!\!\!\!\ni b) \subset b, \tag{25.5}$$

$$\text{falls } a_1 \subset a_2, \quad \text{so} \quad a_2 \rightarrow\!\!\!\!\ni b \subset a_1 \rightarrow\!\!\!\!\ni b, \tag{25.6}$$

$$\text{falls } b_1 \subset b_2, \quad \text{so} \quad a \rightarrow\!\!\!\!\ni b_1 \subset a \rightarrow\!\!\!\!\ni b_2. \tag{25.7}$$

Falls V ein Einselement hat, so existieren die im folgenden angegebenen Pseudokomplemente und es ist

$$a \rightarrow\!\!\!\!\ni 1 = 1, \tag{25.8}$$

$$1 \rightarrow\!\!\!\!\ni b = b, \tag{25.9}$$

$$a \rightarrow\!\!\!\!\ni a = 1. \tag{25.10}$$

Falls V zudem ein Nullelement hat, so existiert $0 \rightarrow\!\!\!\!\ni b$ und es ist

$$0 \rightarrow\!\!\!\!\ni b = 1. \tag{25.11}$$

Falls V ein Einselement hat und $a \subset b$, so existiert $a \rightarrow\!\!\!\!\ni b$, und es ist

$$a \rightarrow\!\!\!\!\ni b = 1. \tag{25.12}$$

Falls V ein Einselement hat und $a \rightarrow\!\!\!\!\ni b$ existiert, und

$$\text{falls } a \rightarrow\!\!\!\!\ni b = 1, \quad \text{so} \quad a \subset b. \tag{25.13}$$

Falls $a \rightarrow\!\!\!\!\ni a$ existiert, so hat V ein Einselement und es ist $a \rightarrow\!\!\!\!\ni a = 1$. (25.14)

Beweis.

(25.4) folgt aus (25.3) für $x = b$.

(25.5) folgt aus (25.3) für $x = a \rightarrow b$.

Bei (25.6) genügt es nach (2.1) zu zeigen, daß stets aus $x \subset a_2 \rightarrow b$ folgt, daß $x \subset a_1 \rightarrow b$. Dies besagt wegen (25.3), daß stets aus $x \cap a_2 \subset b$ folgt, daß $x \cap a_1 \subset b$. Das ergibt sich aus $a_1 \subset a_2$.

Bei (25.7) schließt man analog: Wegen $b_1 \subset b_2$ ergibt sich aus $x \cap a \subset b_1$, daß $x \cap a \subset b_2$; also aus $x \subset a \rightarrow b_1$, daß $x \subset a \rightarrow b_2$. Da dies für jedes x gilt, ist $a \rightarrow b_1 \subset a \rightarrow b_2$.

Für das Folgende werde vorausgesetzt, daß $1 \in V$.

Es ist $x \subset 1 \leftrightarrow x \cap a \subset 1$, da beide Seiten gelten. Daraus folgt (25.8).

Es ist $x \subset b \leftrightarrow x \cap 1 \subset b$. Damit hat man (25.9).

Es ist $x \subset 1 \leftrightarrow x \cap a \subset a$. Dies ergibt (25.10).

Falls auch $0 \in V$, so ist $x \subset 1 \leftrightarrow x \cap 0 \subset b$, da beide Seiten gelten. Dies liefert (25.11).

Wenn $a \subset b$, so ist $x \subset 1 \leftrightarrow x \cap a \subset b$, da beide Seiten gelten. Es folgt (25.12).

Ersetzt man in (25.3) $a \rightarrow b$ durch 1, so sieht man, daß $x \subset 1 \leftrightarrow x \cap a \subset b$ für jedes x. Es folgt, daß $x \cap a \subset b$ für jedes x. Setzt man nun $x = a$, so erhält man $a \subset b$. Damit hat man (25.13).

Existiert $a \rightarrow a$, so ist stets $x \subset a \rightarrow a \leftrightarrow x \cap a \subset a$. Die rechte Seite gilt immer. Also ist auch stets $x \subset a \rightarrow a$. Daraus folgt, daß $a \rightarrow a$ Einselement ist, womit (25.14) bewiesen ist.

Definition. Ein Verband V heißt ein *pseudoboolescher Verband* (eine *pseudoboolesche Algebra*), falls er ein Nullelement hat, und falls für beliebige Elemente $a, b \in V$ stets $a \rightarrow b$ existiert.

Aus (25.14) ergibt sich:

Satz 25.1. Ein pseudoboolescher Verband hat stets ein Einselement.

Während sich also aus der Forderung, daß stets $a \rightarrow b$ existiert, die Existenz von 1 beweisen läßt, gilt nicht das Analoge für 0. Dieses zeigt Beispiel 25.2. Man könnte einen Begriff eines „relativ pseudokomplementären" Verbandes einführen, indem man nur die Existenz der Pseudokomplemente fordert, nicht dagegen auch die Existenz von 0. Dies liefert jedoch nichts wesentlich Neues; vgl. Aufgabe 25.3.

Die pseudobooleschen Verbände lassen sich durch ein Gleichungssystem charakterisieren. Dies zeigt

Satz 25.2. Eine Algebra vom Typ $\langle 0, 0, 2, 2, 2 \rangle$ mit den Operationen $0, 1, \cap, \cup, \rightarrow$ ist genau dann ein pseudoboolescher Verband, wenn außer den Verbandsaxiomen (§ 1) noch die folgenden Axiome erfüllt sind:

$$\begin{aligned}
&\text{(PB1)} && 0 \cap a = 0, \\
&\text{(PB2)} && 1 \cup a = 1, \\
&\text{(PB3)} && a \rightarrow a = 1, \\
&\text{(PB4)} && a \cap (a \rightarrow b) = a \cap b, \\
&\text{(PB5)} && (a \cap b) \rightarrow c = a \rightarrow (b \rightarrow c), \\
&\text{(PB6)} && (a \rightarrow b) \cap b = b.
\end{aligned}$$

Beweis. Zuerst wird gezeigt, daß ein pseudoboolescher Verband V die Axiome (PB1) bis (PB6) erfüllt, wenn man 0 als Nullelement, 1 als Einselement und $\rightarrow$ als das relative Pseudokomplement nimmt. (PB3) ist bei (25.10) bewiesen. Wegen (25.4) hat man $a \cap b \subset a \cap (a \rightarrow b)$, und (25.5) liefert $a \cap (a \rightarrow b) \subset a \cap b$; also gilt (PB4). (PB5) erhält man, wenn man beachtet, daß wegen (25.3) die folgenden Äquivalenzen für alle $x \in V$ gelten:

$$\begin{aligned}
x \subset a \rightarrow (b \rightarrow c) &\leftrightarrow x \cap a \subset b \rightarrow c \\
&\leftrightarrow x \cap a \cap b \subset c \\
&\leftrightarrow x \subset (a \cap b) \rightarrow c.
\end{aligned}$$

Schließlich ergibt sich (PB6) unmittelbar aus (25.4).

Jetzt wird umgekehrt gezeigt, daß ein Verband V mit Elementen 0, 1 und einer zusätzlichen Operation $\rightarrow$, für welche (neben den Verbandsaxiomen) die Axiome (PB1) bis (PB6) gelten, pseudoboolesch ist.

Wegen (PB1) hat V ein Nullelement. Ferner ist wegen (PB2) 1 Einselement von V.

Seien a, b, x beliebige Elemente von V und sei $x \subset a \rightarrow b$. Dann ist $x \cap a = a \cap x \subset a \cap (a \rightarrow b) = a \cap b$ nach (PB4), also $x \cap a \subset b$.

Seien a, b, x beliebige Elemente von V und sei umgekehrt $x \cap a \subset b$. Dann hat man

$$\begin{aligned}
(x \cap a) \rightarrow b &= (x \cap a \cap b) \rightarrow b && \text{wegen } x \cap a \subset b \\
&= (x \cap a) \rightarrow (b \rightarrow b) && \text{nach (PB5)} \\
&= (x \cap a) \rightarrow 1 && \text{nach (PB3)} \\
&= \big((x \cap a) \rightarrow 1\big) \cap 1 && \\
&= 1 && \text{nach (PB6).}
\end{aligned}$$

Es folgt:

$$\begin{aligned}
x &= x \cap 1 \\
&= x \cap \big((x \cap a) \rightarrow b\big) \\
&= x \cap \big(x \rightarrow (a \rightarrow b)\big) && \text{nach (PB5)} \\
&= x \cap (a \rightarrow b) && \text{nach (PB4),}
\end{aligned}$$

also $x \subset a \rightarrow b$.

Beispiel 25.1. Jede BOOLEsche Algebra V ist ein pseudoboolescher Verband. Es gilt für beliebige a, b aus V:

$$a \rightarrow b = a' \cup b \quad \text{(also insbesondere } a \rightarrow 0 = a'). \tag{25.15}$$

Für jedes $x \in V$ gilt nämlich nach Satz 10.4 (f), (d) und (b): $x \subset a' \cup b \leftrightarrow x \cap (a' \cup b)' = 0 \leftrightarrow x \cap a \cap b' = 0 \leftrightarrow x \cap a \subset b$.

Beispiel 25.2. Jede Kette K mit 0 und 1 ist ein pseudoboolescher Verband. Sind a, b beliebige Elemente aus K, so ist $a \subset b$ oder $b \subset a$. Falls $a \subset b$, so existiert $a \rightarrow b$ nach (25.12). Falls $b \subset a$ und $b \neq a$, so ist $a \rightarrow b = b$, denn für jedes $x \in K$ gilt dann $x \subset b \leftrightarrow x \cap a \subset b$. Von rechts nach links schließt man so: Sei $x \cap a \subset b$. Da K eine Kette ist, hat man $x \cap a = a$ oder $x \cap a = x$. Es ist $x \cap a \neq a$, da sonst $a = b$ wegen $x \cap a \subset b$. Also ist $x \cap a = x$, und damit $x \subset b$. — Da es Ketten mit 1 und ohne 0 gibt, kann in der Definition des pseudobooleschen Verbandes die Bedingung, daß V ein Nullelement hat, nicht weggelassen werden.

Beispiel 25.3. V sei eine BOOLEsche Algebra. Es sei in V ein Hüllenoperator $\bar{x}$ gegeben. Es gilt also (vgl. § 6)

$$x \subset y \rightarrow \bar{x} \subset \bar{y}, \quad x \subset \bar{x}, \quad \bar{\bar{x}} \subset \bar{x}. \quad \text{(Es folgt } \bar{1} = 1.) \tag{25.16}$$

Darüber hinaus sei

$$\overline{x \cup y} = \bar{x} \cup \bar{y}, \quad \bar{0} = 0. \tag{25.17}$$

Ein BOOLEscher Verband mit einer Operation $\bar{x}$, die den Bedingungen (25.16) und (25.17) genügt, heißt auch ein *topologischer* BOOLE*scher Verband*[1].

Die fünf Forderungen (25.16) und (25.17) sind nicht unabhängig. (a) Die erste Forderung folgt aus der vierten: Sei $x \subset y$. Daraus ergibt sich $x \cup y = y$, $\overline{x \cup y} = \bar{y}$, $\bar{x} \cup \bar{y} = \bar{y}$, $\bar{x} \subset \bar{y}$. (b) Die Teilaussage $\bar{x} \cup \bar{y} \subset \overline{x \cup y}$ ergibt sich offenbar aus der ersten Forderung.

Ein Element x eines topologischen BOOLEschen Verbandes heißt

$$\textit{offen}, \text{ wenn } \overline{x'} = x'. \tag{25.18}$$

$\bar{x}'$ ist immer offen, denn $\overline{\bar{x}''} = \bar{\bar{x}} = \bar{x} = \bar{x}''$. Umgekehrt läßt sich jedes offene Element x darstellen in der Form $x = \bar{y}'$. Setzt man nämlich $y = x'$, so hat man $\bar{y}' = \overline{x'}' = x''$ (wegen (25.18)) $= x$. 0 ist offen, da $\overline{0'} = \bar{1} = 1 = 0'$. 1 ist offen, da $\overline{1'} = \bar{0} = 0 = 1'$. Sind x und y offen, so auch $x \cap y$ und $x \cup y$: (a) Da x und y offen sind, gibt es Elemente u und v, so daß $x = \bar{u}'$ und $y = \bar{v}'$. Dann ist $x \cap y = \bar{u}' \cap \bar{v}' = (\bar{u} \cup \bar{v})' =$

[1] Die Bezeichnung „topologischer BOOLEscher Verband" wird in diesem Sinne verwendet von RASIOWA-SIKORSKI. BIRKHOFF versteht unter einem topologischen Verband einen Verband, der zusätzlich ein topologischer Raum ist und bei dem die Verbandsoperationen $\cap$ und $\cup$ „stetig" sind bezüglich der gegebenen Topologie.

$\overline{u \cup v}'$, also offen. (b) Es ist $\overline{(x \cup y)'} = \overline{x' \cap y'} \subset \overline{x'} \cap \overline{y'}$ wegen (25.16). Da x und y offen sind, ist $\overline{x'} \cap \overline{y'} = x' \cap y' = (x \cup y)'$. Man hat also $\overline{(x \cup y)'} \subset (x \cup y)'$. Die umgekehrte Inklusion folgt aus (25.16). Es ist daher $\overline{(x \cup y)'} = (x \cup y)'$. $x \cup y$ ist also offen.

Die offenen Elemente von V bilden also einen Teilverband $\mathring{V}$ mit demselben Null- und Einselement wie V. *$\mathring{V}$ ist ein pseudoboolescher Verband.* Für je zwei Elemente a, b aus $\mathring{V}$ ist nämlich

$$a \twoheadrightarrow b = \overline{a \cap b'}'. \tag{25.19}$$

(Man beachte, daß $\overline{a \cap b'}'$ offen ist.) Zum Nachweis von (25.19) muß gezeigt werden, daß

$$x \subset \overline{a \cap b'}' \leftrightarrow x \cap a \subset b \text{ für jedes offene } x.$$

Zunächst sei $x \subset \overline{a \cap b'}'$. Es ist (vgl. Satz 10.4) $a \cap b' \subset \overline{a \cap b'} \subset x'$, also $x \cap (a \cap b') = 0$, und damit $x \cap a \subset b$. (Hier braucht nicht vorausgesetzt zu werden, daß x offen ist.)

Sei umgekehrt x offen und $x \cap a \subset b$. Dann ist $x \cap (a \cap b') = 0$, also $a \cap b' \subset x'$ und nach (25.16) $\overline{a \cap b'} \subset \overline{x'} = x'$ (da x offen ist). Hieraus folgt $x \subset \overline{a \cap b'}'$. –

Wenn stets $\bar{x} = x$ („ausgeartete Hüllenoperation"), so gelten (25.16) und (25.17). Dann ist $\mathring{V} = V$, so daß sich Beispiel 25.1 als Spezialfall von Beispiel 25.3 ergibt. In der Tat ist dann $\overline{a \cap b'}' = (a \cap b')' = a' \cup b$ (vgl. (25.19) und (25.15)).

Beispiel 25.3 ist insbesondere im Hinblick auf Satz 25.7 wichtig.

Satz 25.3. Jeder pseudoboolesche Verband ist distributiv.

Beweis. Nach § 8 ($D'_\cap$) genügt es zu zeigen, daß stets

$$a \cap (b \cup c) \subset (a \cap b) \cup (a \cap c).$$

Sei $d = (a \cap b) \cup (a \cap c)$. Nach (25.3) ist $b \subset a \twoheadrightarrow d \leftrightarrow b \cap a \subset d$. Also ist $b \subset a \twoheadrightarrow d$. Ebenso sieht man, daß $c \subset a \twoheadrightarrow d$. Es folgt $b \cup c \subset a \twoheadrightarrow d$. Wiederum nach (25.3) ist $b \cup c \subset a \twoheadrightarrow d \leftrightarrow a \cap (b \cup c) \subset d$. Damit hat man $a \cap (b \cup c) \subset d$.

Satz 25.4. Ein vollständiger Verband ist genau dann pseudoboolesch, wenn in ihm das distributive Gesetz

$$x \cap \bigcup y_\alpha = \bigcup (x \cap y_\alpha) \tag{25.20}$$

gilt (vgl. dazu auch Satz 24.1; es genügt wie dort, den Satz für nichtleere Indexmengen zu zeigen).

Beweis.

(1) V sei vollständig und pseudoboolesch. Es braucht (vgl. Seite 130) nur gezeigt zu werden, daß $x \cap \bigcup y_\alpha \subset \bigcup (x \cap y_\alpha)$. Sei $b = \bigcup (x \cap y_\alpha)$. Es

ist $y_\alpha \frown x \subset b$. Nach (25.3) folgt $y_\alpha \subset x \rightarrow\!\!\!\ni b$. Daraus ergibt sich $\bigcup y_\alpha \subset x \rightarrow\!\!\!\ni b$, und hieraus wieder nach (25.3) $\bigcup y_\alpha \frown x \subset b$.

(2) V sei vollständig, und es gelte stets die Gleichung (25.20). V hat als vollständiger Verband ein Nullelement. a, b seien beliebige Elemente aus V. Es bleibt zu zeigen, daß $a \rightarrow\!\!\!\ni b$ existiert. y_α durchlaufe die Menge derjenigen Elemente u, für welche $a \frown u \subset b$. Dann ist $\bigcup (a \frown y_\alpha) \subset b$, also nach (25.20) auch $a \frown \bigcup y_\alpha \subset b$. Es soll gezeigt werden, daß $a \rightarrow\!\!\!\ni b = \bigcup y_\alpha$. Dazu muß nachgewiesen werden, daß stets

$$x \subset \bigcup y_\alpha \leftrightarrow x \frown a \subset b.$$

Sei zunächst $x \subset \bigcup y_\alpha$. Dann ist $x \frown a \subset b$, weil sogar $\bigcup y_\alpha \frown a \subset b$. Sei jetzt $x \frown a \subset b$. Dann ist x ein y_α, also $x \subset \bigcup y_\alpha$.

Satz 25.5. Jeder endliche (aber nicht jeder unendliche) distributive Verband ist pseudoboolesch.

Beweis: Jeder endliche Verband ist vollständig. Ist er zudem distributiv, so genügt er trivialerweise (vgl. (24.3) und (24.4)) dem Gesetz (25.20). — In Beispiel 24.1 wird ein vollständiger distributiver Verband angegeben, der nicht dem Gesetz (25.20) genügt. Dieser Verband kann nach Satz 25.3 nicht pseudoboolesch sein.

Satz 25.6. Ein pseudoboolescher Verband V ist genau dann eine BOOLEsche Algebra, wenn für alle $a \in V$

$$a \smile (a \rightarrow\!\!\!\ni 0) = 1. \tag{25.21}$$

Beweis. Sei V eine BOOLEsche Algebra. Wegen (25.15) ist $a \rightarrow\!\!\!\ni 0 = a'$, also $a \smile (a \rightarrow\!\!\!\ni 0) = 1$. — Sei umgekehrt V ein pseudoboolescher Verband, in dem (25.21) gilt. Wegen (25.5) hat man $a \frown (a \rightarrow\!\!\!\ni 0) = 0$. $a \rightarrow\!\!\!\ni 0$ ist also ein Komplement von a. V ist daher komplementär. Nach Satz 25.3 ist V distributiv. V ist also eine BOOLEsche Algebra.

Satz 25.7 *(Einbettungssatz)*. V sei ein beliebiger pseudoboolescher Verband. Dann gibt es eine topologische BOOLEsche Algebra T, so daß V isomorph ist zu $\mathring{T}$ (zur Bezeichnung $\mathring{T}$ vgl. Beispiel 25.3).

Beweis. V ist nach Satz 25.3 distributiv. Nach einer Bemerkung zu Satz 20.1 (Seite 107) ist jeder distributive Verband in eine BOOLEsche Algebra einbettbar. Der dort gegebene Beweis zeigt, daß man zusätzlich voraussetzen kann, daß bei dieser Einbettung das Null- bzw. Einselement des distributiven Verbandes (falls ein solches Element vorhanden ist) dieselbe Eigenschaft in der einbettenden BOOLEschen Algebra behält.

Es gibt also eine BOOLEsche Algebra B, derart daß V ein Teilverband von B ist und so, daß die Nullelemente bzw. die Einselemente von V und B übereinstimmen.

Wir definieren nun eine Teilmenge T von B durch die Festsetzung, daß ein Element x von B genau dann zu T gehören soll, wenn es endlich viele Elemente a_i, b_i *aus* V gibt ($i = 1, \ldots, n$) derart, daß

$$x = \bigcup_{i=1}^{n} (a_i \cap b_i') \left(= \bigcup_{i=1}^{n} (a_i' \cup b_i)'\right), \qquad (a_i, b_i \in V). \tag{25.22}$$

Wir wollen nun zeigen:

(a) Wenn $x \in V$, so $x \in T$.

(b) Wenn $x \in T$, so $x' \in T$.

(c) Wenn $x \in T$ und $y \in T$, so $x \cup y \in T$.

(d) Wenn $x \in T$ und $y \in T$, so $x \cap y \in T$.

(e) Für alle $u, a, b \in V$ mit $u \subset a \twoheadrightarrow b$ ist $u \subset a' \cup b$.

(f) Für alle $a, b \in V$ ist $a \twoheadrightarrow b \subset a' \cup b$.

Die Eigenschaften (a), ..., (d) besagen, daß T *eine* BOOLE*sche Teilalgebra von* B in bezug auf $0, 1, \cap, \cup, '$ *ist, welche* V *umfaßt*.

Nachweis der Gültigkeit von (a), ..., (f):

(a) $x = x \cap 0'$.

(b) Aus (25.22) ergibt sich

$$x' = \bigcap_{i=1}^{n} (a_i \cap b_i')' = \bigcap_{i=1}^{n} (a_i' \cup b_i)$$
$$= (a_1' \cup b_1) \cap (a_2' \cup b_2) \cap \ldots \cap (a_n' \cup b_n).$$

Rechnet man dies nach dem distributiven Gesetz aus, so erhält man eine Vereinigung von Elementen der Form

$$(z_1 \cap \ldots \cap z_r) \cap (w_1' \cap \ldots \cap w_s'), \tag{25.23}$$

wobei die z_j (die mit gewissen b_i übereinstimmen) und die w_l (die mit gewissen a_i übereinstimmen) Elemente aus V sind. Es kann auch sein, daß in (25.23) entweder die z_j oder die w_l ganz fehlen.

Es genügt zu zeigen, daß jedes Element (25.23) in der Form $a \cap b'$ darstellbar ist, wobei $a, b \in V$. Dies gilt in der Tat, wenn man $a = z_1 \cap \ldots \cap z_r$ und $b = w_1 \cup \ldots \cup w_s$ setzt. Wenn die z_j fehlen, so nehme man $a = 1$; wenn die w_l nicht auftreten, setze man $b = 0$.

(c) ergibt sich sofort daraus, daß die Vereinigung von zwei Elementen der Form (25.22) wieder in dieser Form darstellbar ist.

(d) Es ist $x \cap y = (x' \cup y')' \in T$ nach (b) und (c).

(e) Zunächst folgt nach (25.3) aus $u \subset a \twoheadrightarrow b$, daß $u \cap a \subset b$. Daraus ergibt sich nach Satz 10.4 (f) $u \cap a \cap b' = 0$, also $u \cap (a' \cup b)' = 0$, und schließlich $u \subset a' \cup b$.

(f) Dies ergibt sich sofort aus (e) für $u = a \twoheadrightarrow b$.

Es soll jetzt *in der* BOOLE*schen Algebra T eine Hüllenoperation* eingeführt werden, die den Bedingungen (25.16) und (25.17) genügt. Jedes Element x von T ist in der Form (25.22) darstellbar, mit geeigneten Elementen $a_i, b_i \in V$. Ausgehend von einer solchen Darstellung definiert man

$$\bar{x} = \bigcup_{i=1}^{n} (a_i \rightarrow\!\!\ni b_i)'. \tag{25.24}$$

Dabei ist zu beachten, daß $a_i \rightarrow\!\!\ni b_i$ für die Elemente a_i, b_i des pseudobooleschen Verbandes V erklärt ist.

Die Definition (25.24) muß gerechtfertigt werden, da die Darstellung (25.22) nicht eindeutig zu sein braucht. Geht man von einer anderen Darstellung

$$x = \bigcup_{j=1}^{m} (c_j \cap d_j') \qquad (c_j, d_j \in V)$$

aus, so ist zu zeigen, daß

$$\bigcup_{i=1}^{n} (a_i \rightarrow\!\!\ni b_i)' = \bigcup_{j=1}^{m} (c_j \rightarrow\!\!\ni d_j)'.$$

Man setze $y = \bigcup_{j=1}^{m} (c_j \rightarrow\!\!\ni d_j)'$. Es genügt, zu zeigen:

$$\textit{Wenn } a, b \in V \text{ und } a \cap b' \subset x, \textit{ so } (a \rightarrow\!\!\ni b)' \subset y. \tag{25.25}$$

Dann ergibt sich nämlich, daß für jedes i $(a_i \rightarrow\!\!\ni b_i)' \subset y$, und damit $\bigcup (a_i \rightarrow\!\!\ni b_i)' \subset y = \bigcup (c_j \rightarrow\!\!\ni d_j)'$. Die umgekehrte Inklusion folgt aus Symmetriegründen.

Zum Nachweis von (25.25) werde vorausgesetzt, daß $a, b \in V$ und $a \cap b' \subset x$. Nach (f) ist $c_j \rightarrow\!\!\ni d_j \subset c_j' \cup d_j$, also $c_j \cap d_j' = (c_j' \cup d_j)' \subset (c_j \rightarrow\!\!\ni d_j)'$. Damit ist $c_j \cap d_j' \subset \bigcup (c_j \rightarrow\!\!\ni d_j)'$ und $\bigcup (c_j \cap d_j') \subset \bigcup (c_j \rightarrow\!\!\ni d_j)'$, also $x \subset y$. Es ist also $a \cap b' \subset y$, und damit $a \cap b' \cap y' = 0$, $y' \cap a \subset b$. Es ist $y' \in V$ $\big($da $y' = (\bigcup (c_j \rightarrow\!\!\ni d_j)')' = \bigcap (c_j \rightarrow\!\!\ni d_j)\big)$. Es folgt aus (25.3), daß $y' \subset a \rightarrow\!\!\ni b$. Es ist also $(a \rightarrow\!\!\ni b)' \subset y$, w.z.b.w.

Damit ist die Definition (25.24) legitimiert, und es bleibt nachzuweisen, daß die Bedingungen (25.16) und (25.17) erfüllt sind.

(*) $x \subset \bar{x}$: Geht man aus von der Darstellung (25.22) und der Definition (25.24), so ist zu zeigen, daß $\bigcup (a_i \cap b_i') \subset \bigcup (a_i \rightarrow\!\!\ni b_i)'$. Dies folgt sofort aus (f) $\big($vgl. den Nachweis von (25.25)$\big)$.

(**) $\bar{\bar{x}} \subset \bar{x}$: Es sei $x = \bigcup (a_i \cap b_i')$. Dann ist $\bar{x} = \bigcup (a_i \rightarrow\!\!\ni b_i)' = \bigcup \big(1 \cap (a_i \rightarrow\!\!\ni b_i)'\big)$. Wendet man (25.24) sinngemäß auf diese Darstellung von $\bar{x}$ an, so erhält man $\bar{\bar{x}} = \bigcup \big(1 \rightarrow\!\!\ni (a_i \rightarrow\!\!\ni b_i)\big)' = \bigcup (a_i \rightarrow\!\!\ni b_i)'$ nach (25.9). Dies zeigt, daß $\bar{\bar{x}} = \bar{x}$.

(***) $\overline{x \cup y} = \bar{x} \cup \bar{y}$ folgt sofort aus der Definition (25.24).

(****) $\bar{0} = 0$: Es ist $0 = 0 \cap 1'$, also $\bar{0} = (0 \rightarrow\!\!\ni 1)' = 1' = 0$ wegen (25.11).

Wir haben damit V in eine BOOLEsche Algebra T eingebettet, in der wir eine Hüllenoperation erklärt haben, die den Bedingungen (25.16) und

(25.17) genügt. Wir betrachten nun die offenen Elemente von T. In Beispiel 25.3 wurde gezeigt, daß diese offenen Elemente eine pseudoboolesche Algebra $\mathring{T}$ bilden. Der Einbettungssatz folgt nun sofort aus der Behauptung $V = \mathring{T}$.

Zunächst soll gezeigt werden, daß $\mathring{T} \subset V$. Sei $x \in \mathring{T}$, d.h. $x \in T$ und $\overline{x'} = x'$. Mit x ist auch $x' \in T$. Es gibt also eine Darstellung $x' = \bigcup (a_i \frown b_i')$, $a_i, b_i \in V$. Dann ist $\overline{x'} = \bigcup (a_i \rightarrow b_i)'$. Es folgt $x = x'' = (x')' = \overline{x'}' = (\bigcup (a_i \rightarrow b_i)')' = \bigcap (a_i \rightarrow b_i)$, also $x \in V$.

Schließlich gilt $V \subset \mathring{T}$: Sei $x \in V$. Dann zeigt die Darstellung $x' = 1 \frown x'$, daß $x' \in T$. Es folgt $\overline{x'} = (1 \rightarrow x)' = x'$ nach (25.9). Dies zeigt, daß $x \in \mathring{T}$.

Im Hinblick auf eine Anwendung in § 27 zeigen wir

Satz 25.8. S sei eine *endliche* Teilmenge einer BOOLEschen Algebra B. Es sei $0 \in S$. Eine Vereinigung v von Elementen von S (wozu wenigstens ein Element von S gehören soll) heiße eine *Norm* von $x \in B$, wenn $x \subset v$. 0 ist also eine Norm von 0. Jedes $x \in S$ hat endlich viele Normen. x heiße normal, wenn x wenigstens eine Norm besitzt. Man führe in B eine Operation $\tilde{}$ ein durch die Festsetzung:

$$\tilde{x} = \begin{cases} \text{Durchschnitt aller Normen von } x, \text{ wenn } x \text{ normal ist,} \\ 1, \text{ wenn } x \text{ nicht normal ist.} \end{cases} \tag{25.26}$$

Dann ist B in bezug auf $\tilde{}$ ein topologischer BOOLEscher Verband.

Beweis. (1) $\tilde{0} = 0$, da 0 eine Norm von 0 ist.

(2) $x \subset \tilde{x}$. Ist x nicht normal, so ist $\tilde{x} = 1$. Ist x normal, so ist $\tilde{x}$ als Durchschnitt aller Normen von x eine obere Schranke von x.

(3) $\tilde{\tilde{x}} \subset \tilde{x}$. Ist x nicht normal, so ist $\tilde{x} = 1$. Ist x normal, so ist jede Norm von x auch eine Norm von $\tilde{x}$. $\tilde{x}$ ist also ebenfalls normal und $\tilde{\tilde{x}} \subset \tilde{x}$.

(4) $x \subset y \rightarrow \tilde{x} \subset \tilde{y}$. Sei $x \subset y$. Ist y nicht normal, so ist $\tilde{y} = 1$. Ist y normal, so ist wegen $x \subset y$ auch x normal, und jede Norm von y ist auch eine Norm von x. Daraus folgt $\tilde{x} \subset \tilde{y}$.

(5) $\widetilde{x \cup y} \subset \tilde{x} \cup \tilde{y}$. Ist $x \cup y$ nicht normal, so können x und y nicht beide normal sein. Dann ist aber die rechte Seite gleich 1. Ist $x \cup y$ normal, so sind x und y normal. $\tilde{x} \cup \tilde{y}$ ist die Vereinigung des Durchschnitts aller Normen von x und des Durchschnitts aller Normen von y. Nach dem distributiven Gesetz ist dies der Durchschnitt aller Vereinigungen einer Norm von x und einer Norm von y. Jede solche Vereinigung ist aber eine Norm von $x \cup y$. $\tilde{x} \cup \tilde{y}$ ist also als Durchschnitt gewisser Normen von $x \cup y$ eine obere Schranke des Durchschnitts *aller* Normen von $x \cup y$.

Für spätere Verwendung in § 29 wird hier noch der folgende Satz bewiesen.

Satz 25.9. V sei ein pseudoboolescher Verband und P ein $\frown$-Primideal von V. Für beliebige $a, b \in V$ sind die folgenden beiden Aussagen (1) und (2) äquivalent:

(1) $a \rightarrow\!\!\!\ni b \in P$,

(2) Für alle $\frown$-Primideale Q von V gilt:

$$P \subset Q \wedge a \in Q \rightarrow b \in Q.$$

Beweis:

a) Es sei $a \rightarrow\!\!\!\ni b \in P$, $P \subset Q$ und $a \in Q$. Dann ist $a, a \rightarrow\!\!\!\ni b \in Q$, also $a \frown (a \rightarrow\!\!\!\ni b) \in Q$, weil Q ein $\frown$-Ideal ist. Wegen (25.5) ist $a \frown (a \rightarrow\!\!\!\ni b) \subset b$, also $b \in Q$.

b) Es gelte (2). Es ist zu zeigen, daß $a \rightarrow\!\!\!\ni b \in P$. Im Idealverband $\mathfrak{J}_\frown(V)$ bilde man die Vereinigung $I = P \smile A$ von P und dem $\frown$-Hauptideal A aller a umfassenden Elemente von V (vgl. § 12). Wir unterscheiden zwei Fälle:

b_1) $b \in I$. Dann gibt es (nach der zu § 12, Lemma 2 dualen Aussage für $\frown$-Ideale) ein $p \in P$ und ein $u \in A$ (also $a \subset u$) mit $b = p \frown u$. Es folgt $p \frown a \subset p \frown u = b$, also $p \subset a \rightarrow\!\!\!\ni b$, und damit $a \rightarrow\!\!\!\ni b \in P$ wegen $p \in P$.

b_2) $b \notin I$. Man bilde das $\smile$-Hauptideal B aller in b enthaltenen Elemente von V. B und I haben kein gemeinsames Element (ein gemeinsames Element c wäre wegen $c \in B$ in b enthalten, und damit wäre $b \in I$ wegen $c \in I$). Nach Satz 20.3 existiert ein I umfassendes $\frown$-Primideal Q, welches mit B kein gemeinsames Element hat. Wegen $I = P \smile A$ umfaßt Q auch P, und es ist $a \in Q$. Aus der Voraussetzung (2) ergibt sich nun $b \in Q$. Andererseits ist $b \in B$, entgegen der Tatsache, daß B und Q kein gemeinsames Element haben. Fall b_2) kann also nicht eintreten.

Korollar. V sei ein pseudoboolescher Verband und P ein $\frown$-Primideal von V. Für beliebiges $a \in V$ sind die folgenden Aussagen (1') und (2') äquivalent:

(1') $a \rightarrow\!\!\!\ni 0 \in P$,

(2') Für alle von V verschiedenen $\frown$-Primideale Q von V gilt:

$$P \subset Q \rightarrow a \notin Q.$$

Beweis:

a) Es sei $a \rightarrow\!\!\!\ni 0 \in P$ und Q ein von V verschiedenes $\frown$-Primideal von V, welches P umfaßt. Wir nehmen entgegen der Behauptung (2') an, daß $a \in Q$. Dann wäre $Q = V$, entgegen der Voraussetzung.

b) Es sei $P \subset Q \rightarrow a \notin Q$ für alle von V verschiedenen $\frown$-Primideale Q von V. Für ein derartiges Primideal Q ist aus logischen Gründen die Behauptung $P \subset Q \wedge a \in Q \rightarrow 0 \in Q$ richtig. Diese Behauptung gilt aber auch für das $\frown$-Primideal $Q = V$ wegen $0 \in V$. Es gilt daher die Aussage (2) von Satz 25.9 für $b = 0$. Es folgt die Aussage (1) für $b = 0$, d. h. $a \rightarrow\!\!\!\ni 0 \in P$.

Aufgaben. 25.1. V sei eine pseudoboolesche Algebra. Man zeige:

a) $(a \rightarrow b) \frown (a \rightarrow c) = a \rightarrow (b \frown c)$

b) $(a \rightarrow c) \frown (b \rightarrow c) = (a \smile b) \rightarrow c$

c) $(a \rightarrow b) \frown (b \rightarrow c) \subset a \rightarrow c$

d) $a \subset (a \rightarrow 0) \rightarrow 0$

e) $a \rightarrow b \subset (b \rightarrow 0) \rightarrow (a \rightarrow 0)$.

25.2. a sei ein Element eines distributiven Verbandes V mit 0 und 1. a besitze ein Komplement a'. Dann existiert für jedes $b \in V$ das Pseudokomplement $a \rightarrow b$, und es ist $a \rightarrow b = a' \smile b$.

25.3. In V existiere für je zwei Elemente a, b das Pseudokomplement $a \rightarrow b$. V besitze kein Nullelement. Man adjungiere zu V ein neues Element 0 und setze zusätzlich für jedes a aus $V' = V \smile \{0\}$: $a \frown 0 = 0 \frown a = 0$ und $a \smile 0 = 0 \smile a = a$. Man zeige, daß V' ein pseudoboolescher Verband ist, und daß für Elemente $a, b \in V$ das in V' gebildete Pseudokomplement mit dem in V gebildeten Pseudokomplement übereinstimmt. Für alle $a \in V$ gilt $a \rightarrow 0 = 0$.

25.4. Man zeige, daß für einen distributiven Verband V mit Nullelement der in Satz 12.3 eingeführte Verband $\mathfrak{J}_{\smile}(V)$ der $\smile$-Ideale von V pseudoboolesch ist.

Literatur.

RASIOWA, H., SIKORSKI, R.: The Mathematics of Metamathematics. Warszawa: Pańistwowe Wydawnictwo Naukowe 1963.

Fünftes Kapitel.

Wortprobleme und Beziehungen zur Aussagenlogik.

§ 26. Erzeugungsverfahren für die in den verschiedenen Verbandsklassen gültigen Terminklusionen.

Die Klasse A_v der Verbände läßt sich durch ein Gleichungssystem definieren (vgl. dazu den *Anhang*, Nr. 6). Dasselbe gilt für die Klassen A_m, A_d, A_p und A_b der modularen, distributiven, pseudobooleschen und BOOLEschen Verbände. Man kann daher auf jede dieser Verbandsklassen den letzten Satz von Nr. 7 des *Anhangs* (deren Kenntnis hier vorausgesetzt wird) anwenden. Dort wird für jede Klasse A von Algebren, welche durch endlich viele Gleichungen definiert sind, ein Kalkül angegeben, mit desen Hilfe man alle Termgleichungen herleiten kann, welche in A gültig sind.

Für eine *spezielle* durch Gleichungen definierte Klasse A von Algebren gibt es möglicherweise *einfachere* Kalküle zur Herleitung aller gültigen Termgleichungen, verglichen mit dem Kalkül, welcher durch das allgemeine Verfahren von Nr. 7 des Anhangs geliefert wird. Man könnte in dieser Hinsicht die verschiedenen oben genannten Verbandsklassen untersuchen. Für diese Verbandsklassen läßt sich aber die Problemstellung auch variieren: Man kann neben *Termgleichungen* $\alpha = \beta$ auch *Terminklusionen* $\alpha \subset \beta$ betrachten. Eine solche *Terminklusion* heißt in einer der oben angegebenen Klassen A von Verbänden *gültig*, wenn für jeden Verband V aus A und für jede Bewertung B über V stets $B(\alpha) \subset B(\beta)$. Wenn man einen Kalkül hat, mit dessen Hilfe man genau die in A gültigen *Terminklusionen* erzeugen kann, so hat man auch ein Verfahren zur Herstellung aller in A gültigen *Termgleichungen*, denn es ist offenbar $\alpha = \beta$ genau dann in A gültig, wenn sowohl $\alpha \subset \beta$ als auch $\beta \subset \alpha$ in A gültig sind.

Im folgenden sollen einfache Kalküle angegeben werden, mit deren Hilfe man genau die in A_v, A_m, A_d, A_p bzw. A_b gültigen Terminklusionen gewinnen kann. Mehrere dieser Kalküle treten auch in der mathematischen Logik auf. Der Kalkül für A_b entspricht der klassischen Aussagenlogik (vgl. § 28), der Kalkül für A_p der intuitionistischen Aussagenlogik (vgl. § 29).

Hat man ein Verfahren, mit dessen Hilfe man alle in einer Verbandsklasse A gültigen Terminklusionen gewinnen kann, so besitzt man damit noch nicht ohne weiteres ein Verfahren, mit dessen Hilfe man für eine beliebige Terminklusion in endlich vielen Schritten *entscheiden* kann, ob diese Terminklusion in A gilt oder nicht. In § 27 werden wir zeigen, daß es solche Verfahren für die Verbandsklassen A_v, A_d, A_p und A_b gibt. Für A_m ist dieses Problem zur Zeit noch ungelöst.

Im folgenden sollen die Operationen $\frown$, $\smile$, $\multimap$, $'$, 0, 1 der Deutlichkeit halber von den entsprechenden zur Termbildung verwendeten Verknüpfungssymbolen $\wedge$, $\vee$, $\rightarrow$, $\neg$, $\perp$, $\top$ unterschieden werden. Die zu den Verbänden, sowie den modularen und distributiven Verbänden gehörenden Terme werden mit Hilfe von $\wedge$ und $\vee$ gebildet. Die zu den pseudobooleschen bzw. BOOLEschen Verbänden gehörenden Terme werden mit Hilfe von $\wedge$, $\vee$, $\rightarrow$, $\perp$, $\top$ bzw. $\wedge$, $\vee$, $\neg$, $\perp$, $\top$ aufgebaut.

Im Hinblick auf die genaue Darstellung in Nr. 7 des Anhangs sollen in diesem Paragraphen nicht alle Einzelheiten ausgeführt werden. —

Zunächst behandeln wir die Klasse A_v der Verbände.

Der Kalkül Σ_v sei gegeben durch die folgenden Regeln:

R 1.1	$\Rightarrow \alpha\, \alpha$
R 1.2	$\alpha\, \beta,\ \beta\, \gamma \Rightarrow \alpha\, \gamma$
R 2.1	$\Rightarrow (\alpha \wedge \beta)\, \alpha$
R 2.2	$\Rightarrow (\alpha \wedge \beta)\, \beta$
R 2.3	$\alpha\, \beta,\ \alpha\, \gamma \Rightarrow \alpha\, (\beta \wedge \gamma)$
R 3.1	$\Rightarrow \alpha\, (\alpha \vee \beta)$
R 3.2	$\Rightarrow \beta\, (\alpha \vee \beta)$
R 3.3	$\alpha\, \gamma,\ \beta\, \gamma \Rightarrow (\alpha \vee \beta)\, \gamma$

$\alpha \vdash_v \beta$ bedeute, daß die Sequenz $\alpha\, \beta$ mit Hilfe der Regeln von Σ_v hergeleitet werden kann. $\alpha \Vdash_v \beta$ soll heißen, daß die Terminklusion $\alpha \subset \beta$ in der Klasse A_v aller Verbände gültig ist.

Satz 26.1$_v$. $\alpha \vdash_v \beta$ genau dann, wenn $\alpha \Vdash_v \beta$.

Beweis. (1) Zunächst muß gezeigt werden, daß der Kalkül Σ_v *korrekt* ist, d. h., daß stets $\alpha \Vdash_v \beta$, falls $\alpha \vdash_v \beta$. Eine Sequenz $\alpha\beta$ soll *korrekt* heißen, wenn $\alpha \Vdash_v \beta$. Es ist zu zeigen, daß jede Regel von Σ_v nur korrekte Sequenzen liefert, bzw. von korrekten Sequenzen stets zu korrekten Sequenzen führt. Der leichte Beweis sei dem Leser überlassen.

(2) Es bleibt zu zeigen, daß der Kalkül Σ_v *vollständig* ist, d. h., daß stets $\alpha \vdash_v \beta$, wenn $\alpha \Vdash_v \beta$. Es sei $\alpha \dashv\Vdash_v \beta$ genau dann, wenn $\alpha \vdash_v \beta$ und $\beta \vdash_v \alpha$. Wegen R1.1. und R1.2 ist $\dashv\Vdash_v$ eine Äquivalenzrelation. Man kann jedem Term α die Klasse $M_v(\alpha)$ der zu α äquivalenten Terme zuordnen. Für diese Termklassen führe man nun einen Durchschnitt und eine Vereinigung ein durch die Festsetzungen:

$$M_v(\alpha) \frown M_v(\beta) = M_v(\alpha \wedge \beta), \quad M_v(\alpha) \smile M_v(\beta) = M_v(\alpha \vee \beta). \tag{26.1}$$

Es ist zu zeigen, daß diese Definitionen unabhängig sind von den gewählten Klassenrepräsentanten. Dazu hat man nachzuweisen:

Wenn $\alpha_1 \dashv\Vdash_v \alpha_2$ und $\beta_1 \dashv\Vdash_v \beta_2$, *so* $(\alpha_1 \wedge \beta_1) \dashv\Vdash_v (\alpha_2 \wedge \beta_2)$ und $(\alpha_1 \vee \beta_1) \dashv\Vdash_v (\alpha_2 \vee \beta_2)$. (26.2)

Nach Voraussetzung sind insbesondere die Sequenzen $\alpha_1\alpha_2$ und $\beta_1\beta_2$ mit Hilfe der Regeln Σ_v ableitbar. Man schreibe Ableitungen dieser Sequenzen untereinander und füge zu der so entstandenen Folge hinzu:

$(\alpha_1 \wedge \beta_1)\,\alpha_1$ (R2.1)
$(\alpha_1 \wedge \beta_1)\,\alpha_2$ (R1.2)
$(\alpha_1 \wedge \beta_1)\,\beta_1$ (R2.2)
$(\alpha_1 \wedge \beta_1)\,\beta_2$ (R1.2)
$(\alpha_1 \wedge \beta_1)\,(\alpha_2 \wedge \beta_2)$ (R2.3)

Die Gesamtableitung zeigt, daß $(\alpha_1 \wedge \beta_1) \vdash_v (\alpha_2 \wedge \beta_2)$. $(\alpha_2 \wedge \beta_2) \vdash_v (\alpha_1 \wedge \beta_1)$ folgt analog.

Einen Beweis für $(\alpha_1 \vee \beta_1) \vdash_v (\alpha_2 \vee \beta_2)$ gewinnt man, indem man Beweise für $\alpha_1\alpha_2$ und $\beta_1\beta_2$ untereinander schreibt und hinzufügt:

$\alpha_2\,(\alpha_2 \vee \beta_2)$ (R3.1)
$\alpha_1\,(\alpha_2 \vee \beta_2)$ (R1.2)
$\beta_2\,(\alpha_2 \vee \beta_2)$ (R3.2)
$\beta_1\,(\alpha_2 \vee \beta_2)$ (R1.2)
$(\alpha_1 \vee \beta_1)\,(\alpha_2 \vee \beta_2)$ (R3.3)

Entsprechend zeigt man, daß $(\alpha_2 \vee \beta_2) \vdash_v (\alpha_1 \vee \beta_1)$.

Es soll nun gezeigt werden, daß die Termklassen in bezug auf die beiden soeben eingeführten Verknüpfungen $\frown$ und $\smile$ einen *Verband* $V_v(T)$ bilden. Wir beschränken uns auf den Nachweis der Verbandsgesetze

$(K_\frown)$, $(A_\frown)$ und $(V_\frown)$ (die dualen Gesetze ergeben sich analog). Es genügt zu zeigen, daß die Sequenzen

$$(\alpha \wedge \beta)\ (\beta \wedge \alpha) \tag{26.3}$$

$$((\alpha \wedge \beta) \wedge \gamma)\ (\alpha \wedge (\beta \wedge \gamma)) \tag{26.4}$$

$$(\alpha \wedge (\beta \wedge \gamma))\ ((\alpha \wedge \beta) \wedge \gamma) \tag{26.5}$$

$$(\alpha \wedge (\alpha \vee \beta))\ \alpha \tag{26.6}$$

$$\alpha\ \ (\alpha \wedge (\alpha \vee \beta)) \tag{26.7}$$

herleitbar sind. Daraus folgt nämlich sofort:

$$M(\alpha \wedge \beta) = M(\beta \wedge \alpha) \tag{26.8}$$

$$M((\alpha \wedge \beta) \wedge \gamma) = M(\alpha \wedge (\beta \wedge \gamma)) \tag{26.9}$$

$$M(\alpha \wedge (\alpha \vee \beta)) = M(\alpha), \tag{26.10}$$

und damit

$$M(\alpha) \frown M(\beta) = M(\alpha \wedge \beta) = M(\beta \wedge \alpha) = M(\beta) \frown M(\alpha)$$

$$(M(\alpha) \frown M(\beta)) \frown M(\gamma) = M((\alpha \wedge \beta) \wedge \gamma) = M(\alpha \wedge (\beta \wedge \gamma))$$
$$= M(\alpha) \frown (M(\beta) \frown M(\gamma))$$

$$M(\alpha) \frown (M(\alpha) \smile M(\beta)) = M(\alpha \wedge (\alpha \vee \beta)) = M(\alpha).$$

Beweise von (26.3), ..., (26.7) mit Hilfe der Regeln von Σ_v:

$(\alpha \wedge \beta)\ \alpha$ (R2.1)
$(\alpha \wedge \beta)\ \beta$ (R2.2)
$(\alpha \wedge \beta)\ (\beta \wedge \alpha)$ (R2.3)

—

$((\alpha \wedge \beta) \wedge \gamma)\ (\alpha \wedge \beta)$	(R2.1)	$(\alpha \wedge (\beta \wedge \gamma))\ (\beta \wedge \gamma)$	(R2.2)
$(\alpha \wedge \beta)\ \alpha$	(R2.1)	$(\beta \wedge \gamma)\ \beta$	(R2.1)
$((\alpha \wedge \beta) \wedge \gamma)\ \alpha$	(R1.2)	$(\alpha \wedge (\beta \wedge \gamma))\ \beta$	(R1.2)
$(\alpha \wedge \beta)\ \beta$	(R2.2)	$(\beta \wedge \gamma)\ \gamma$	(R2.2)
$((\alpha \wedge \beta) \wedge \gamma)\ \beta$	(R1.2)	$(\alpha \wedge (\beta \wedge \gamma))\ \gamma$	(R1.2)
$((\alpha \wedge \beta) \wedge \gamma)\ \gamma$	(R2.2)	$(\alpha \wedge (\beta \wedge \gamma))\ \alpha$	(R2.1)
$((\alpha \wedge \beta) \wedge \gamma)\ (\beta \wedge \gamma)$	(R2.3)	$(\alpha \wedge (\beta \wedge \gamma))\ (\alpha \wedge \beta)$	(R2.3)
$((\alpha \wedge \beta) \wedge \gamma)\ (\alpha \wedge (\beta \wedge \gamma))$	(R2.3)	$(\alpha \wedge (\beta \wedge \gamma))\ ((\alpha \wedge \beta) \wedge \gamma)$	(R2.3)

—

$(\alpha \wedge (\alpha \vee \beta))\ \alpha$	(R2.1)	$\alpha\ \alpha$	(R1.1)
		$\alpha\ (\alpha \vee \beta)$	(R3.1)
		$\alpha\ (\alpha \wedge (\alpha \vee \beta))$	(R2.3)

Vermöge der Abbildung von α auf $M_v(\alpha)$ wird jedem Term α ein Element des Verbandes $V_v(T)$ zugeordnet. (26.1) zeigt, daß diese Abbildung eine *Bewertung über* $V_v(T)$ ist.

Um die Vollständigkeit von Σ_v zu zeigen, gehen wir aus von zwei Termen α, β mit $\alpha \Vdash_v \beta$. Aus der Definition von $\Vdash_v$ ergibt sich, daß $M_v(\alpha) \subset M_v(\beta)$. Dies bedeutet $M_v(\alpha) \frown M_v(\beta) = M_v(\alpha)$, d. h. $M_v(\alpha \wedge \beta) = M_v(\alpha)$. Die durch $(\alpha \wedge \beta)$ und α erzeugten Verbandsklassen sind daher gleich. Es ist also $(\alpha \wedge \beta) \dashv\vdash_v \alpha$. Insbesondere ist $\alpha \vdash_v (\alpha \wedge \beta)$. Wir verlängern einen Beweis für die Sequenz $\alpha\,(\alpha \wedge \beta)$ durch die beiden Zeilen:

$$(\alpha \wedge \beta)\ \beta \quad (\mathrm{R}2.2)$$
$$\alpha\ \beta \quad (\mathrm{R}1.2)$$

Damit haben wir einen Beweis für die Sequenz $\alpha\,\beta$. Es ist also $\alpha \vdash_v \beta$, w. z. b. w. —

Satz 26.1$_v$ zeigt, daß man die in der Klasse A_v aller Verbände gültigen Terminklusionen in dem Kalkül Σ_v herleiten kann. Es sollen nun auch für die Klassen A_m, A_d, A_p, A_b Kalküle Σ_m, Σ_d, Σ_p, und Σ_b angegeben und jeweils entsprechende Sätze bewiesen werden. Die Regeln von Σ_v gehören zu den Regeln aller neuen Kalküle.

Ist A irgend eine der genannten Verbandsklassen und Σ der dazu angegebene Kalkül, so verläuft der Beweis dafür, daß genau die in A gültigen Terminklusionen in Σ herleitbar sind, nach demselben Verfahren, mit dem Satz 26.1$_v$ oben bewiesen wurde.

$\alpha \Vdash \beta$ soll bedeuten, daß die Terminklusion $\alpha \subset \beta$ für die Verbandsklasse A gültig ist. $\alpha \vdash \beta$ heiße, daß $\alpha\,\beta$ in Σ herleitbar ist. Es ist also zu zeigen, daß $\alpha \Vdash \beta$ genau dann, wenn $\alpha \vdash \beta$. Der Beweis für die Korrektheit von Σ (d. h. dafür, daß $\alpha \Vdash \beta$, wenn $\alpha \vdash \beta$) ergibt sich leicht aus den für das jeweilige A gültigen Gesetzen und sei dem Leser überlassen. Es wird nur auf den Beweis für die Vollständigkeit von Σ (d. h. dafür, daß $\alpha \vdash \beta$, wenn $\alpha \Vdash \beta$) eingegangen. Dazu wird mit Hilfe von Σ eine Relation $\dashv\vdash$ eingeführt. Daß $\dashv\vdash$ eine Äquivalenzrelation ist, ergibt sich wie für $\dashv\vdash_v$, da zu diesem Beweis nur auf die Regeln von Σ_v (die zu Σ gehören) zurückgegriffen wird. Für die zu $\dashv\vdash$ gehörenden Termklassen $M(\alpha)$ werden Verknüpfungen $\frown$, $\smile$ durch (26.1) und gegebenenfalls weitere Verknüpfungen definiert. Die Unabhängigkeit von den Repräsentanten für die Definition von $\frown$ und $\smile$, die sich aus den Regeln von Σ_v ergibt, braucht nicht neu bewiesen zu werden. Es wird gezeigt, daß die Termklassen in bezug auf die für sie eingeführten Operationen eine Algebra $V(T)$ bilden, die zu A gehört. Dabei kann man sich für die Gültigkeit der Verbandsgesetze wieder auf den Beweis von Satz 26.1$_v$ berufen. Aus den Definitionen der Verknüpfungen für $V(T)$ ergibt sich sofort, daß die Abbildung von α auf $M(\alpha)$ eine Bewertung ist. Daraus ergibt sich die Vollständigkeit von Σ sofort wie oben für Σ_v.

Nach diesen Erläuterungen bleibt zum Beweis der Satz 26.1$_v$ entsprechenden Sätze jeweils nur zu zeigen: (1) Die Definition der von $\frown$ und $\smile$ verschiedenen Operationen ist unabhängig von den Repräsentanten.

(2) Für die Klassen $M(\alpha)$ gelten die über die Verbandsaxiome hinausgehenden Gesetze von A (wobei jeweils auf eine geeignete Axiomatisierung von A hingewiesen wird). —

Im folgenden machen wir gelegentlich Gebrauch von dem

Lemma. Für jeden der genannten Kalküle gilt

$$M(\alpha) \subset M(\beta) \longleftrightarrow \alpha \vdash \beta. \tag{26.11}$$

Beweis. (a) Sei $M(\alpha) \subset M(\beta)$. Dann ist $M(\alpha) = M(\alpha) \frown M(\beta) = M(\alpha \wedge \beta)$, also insbesondere $\alpha \vdash (\alpha \wedge \beta)$. Daraus gewinnt man $\alpha \vdash \beta$ mit R2.2. (b) Sei $\alpha \vdash \beta$. Hieraus erhält man mit R1.1 und R2.3, daß $\alpha \vdash (\alpha \wedge \beta)$. Generell gilt wegen R2.1, daß $(\alpha \wedge \beta) \vdash \alpha$. Es folgt $M(\alpha) = M(\alpha \wedge \beta) = M(\alpha) \frown M(\beta)$, also $M(\alpha) \subset M(\beta)$. —

Klasse A_m der modularen Verbände. Der Kalkül Σ_m habe neben den Regeln aus Σ_v die folgende Regel:

R4 $\qquad \alpha\gamma \Rightarrow ((\alpha \vee \beta) \wedge \gamma)\ (\alpha \vee (\beta \wedge \gamma))$.

$\alpha \vdash_m \beta$ bedeute, daß die Sequenz $\alpha\beta$ mit Σ_m herleitbar ist. $\alpha \Vdash_m \beta$ bedeute, daß die Terminklusion $\alpha \subset \beta$ in A_m gültig ist. Es gilt

Satz 26.1$_m$. $\alpha \vdash_m \beta$ genau dann, wenn $\alpha \Vdash_m \beta$.

Beweis. Für die Äquivalenzklassen $M_m(\alpha)$ in bezug auf die Äquivalenzrelation $\alpha \dashv\vdash_m \beta$ (d. h. $\alpha \vdash_m \beta$ und $\beta \vdash_m \alpha$) führe man Operationen $\frown$ und $\smile$ durch (26.1) ein. Die Klassen $M_m(\alpha)$ bilden einen modularen Verband $V_m(T)$. Um dies nachzuweisen, genügt es, das Gesetz (M′) aus § 8 zu prüfen. Es sei $M_m(\alpha) \subset M_m(\gamma)$. Es folgt $M_m(\alpha) = M_m(\alpha) \frown M_m(\gamma) = M_m(\alpha \wedge \gamma)$, also $\alpha \dashv\vdash_m (\alpha \wedge \gamma)$. Es ist also insbesondere die Sequenz $\alpha(\alpha \wedge \gamma)$ mit Σ_m herleitbar. Damit ergibt sich (mit R2.2 und R1.2) die Herleitbarkeit von $\alpha\gamma$ und daraus (mit R4) die Herleitbarkeit von $((\alpha \vee \beta) \wedge \gamma)\ (\alpha \vee (\beta \wedge \gamma))$. Hieraus folgt aber, daß $M_m((\alpha \vee \beta) \wedge \gamma) \subset M_m(\alpha \vee (\beta \wedge \gamma))$, also

$$(M_m(\alpha) \smile M_m(\beta)) \frown M_m(\gamma) = M_m(\alpha) \smile (M_m(\beta) \frown M_m(\gamma)),$$

womit (M′) wegen (26.11) bewiesen ist. —

Klasse A_d der distributiven Verbände. Der Kalkül Σ_d habe neben den Regeln aus Σ_v die folgende Regel:

R5 $\qquad \Rightarrow (\alpha \wedge (\beta \vee \gamma))\ ((\alpha \wedge \beta) \vee (\alpha \wedge \gamma))$.

$\alpha \vdash_d \beta$ bedeute, daß die Sequenz $\alpha\beta$ mit Σ_d herleitbar ist. $\alpha \Vdash_d \beta$ bedeute, daß die Terminklusion $\alpha \subset \beta$ in A_d gültig ist. Es gilt

Satz 26.1$_d$. $\alpha \vdash_d \beta$ genau dann, wenn $\alpha \Vdash_d \beta$.

Beweis. Für die Äquivalenzklassen $M_d(\alpha)$ in bezug auf die Äquivalenzrelation $\alpha \dashv\vdash_d \beta$ (d. h. $\alpha \vdash_d \beta$ und $\beta \vdash_d \alpha$) führt man Operationen $\frown$ und

$\cup$ durch (26.1) ein. Die Klassen $M_d(\alpha)$ bilden einen distibutiven Verband $V_d(T)$. Um dies nachzuweisen, genügt es, daß Gesetz ($D'_\cap$) aus § 8 zu prüfen. Wegen R5 ist $(\alpha \wedge (\beta \vee \gamma)) \vdash_d ((\alpha \wedge \beta) \vee (\alpha \wedge \gamma))$. Hieraus ergibt sich (vgl. die analoge Betrachtung am Schluß des Beweises von Satz 26.1_m), daß

$$M_d(\alpha) \cap (M_d(\beta) \cup M_d(\gamma)) = (M_d(\alpha) \cap M_d(\beta)) \cup (M_d(\alpha) \cap M_d(\gamma)),$$

womit ($D'_\cap$) bewiesen ist. —

Klasse A_p der pseudobooleschen Verbände. Der Kalkül Σ_p habe neben den Regeln aus Σ_v die folgenden Regeln:

R6.1	$(\alpha \wedge \beta)\,\gamma \Rightarrow \alpha\,(\beta \to \gamma)$
R6.2	$\alpha\,(\beta \to \gamma) \Rightarrow (\alpha \wedge \beta)\,\gamma$
R6.3	$\Rightarrow \bot\,\alpha$
R6.4	$\Rightarrow \alpha\,\top$

$\alpha \vdash_p \beta$ bedeute, daß die Sequenz $\alpha\,\beta$ mit Σ_p herleitbar ist. $\alpha \Vdash_p \beta$ bedeute, daß die Terminklusion $\alpha \subset \beta$ in A_p gültig ist. Es gilt

Satz 26.1_p. $\alpha \vdash_p \beta$ genau dann, wenn $\alpha \Vdash_p \beta$.

Beweis. Für die Äquivalenzklassen $M_p(\alpha)$ in bezug auf die Äquivalenzrelation $\alpha \dashv\vdash_p \beta$ (d. h. $\alpha \vdash_p \beta$ und $\beta \vdash_p \alpha$) führe man Operationen $\cap$ und $\cup$ durch (26.1) ein. Ferner definiere man:

$$M_p(\alpha) \twoheadrightarrow M_p(\beta) = M_p(\alpha \to \beta) \tag{26.12}$$

und

$$0 = M_p(\bot),\ 1 = M_p(\top). \tag{26.13}$$

Definition (26.12) ist unabhängig von den Repräsentanten: Es sei $\alpha_1 \dashv\vdash_p \alpha_2$ und $\beta_1 \dashv\vdash_p \beta_2$. Es ist zu zeigen, daß $(\alpha_1 \to \beta_1) \dashv\vdash_p (\alpha_2 \to \beta_2)$. Aus Symmetriegründen genügt es, $(\alpha_1 \to \beta_1) \vdash_p (\alpha_2 \to \beta_2)$ zu beweisen. Dazu schreiben wir Ableitungen von $\beta_1\,\beta_2$ und von $\alpha_2\,\alpha_1$ untereinander und fügen hinzu:

$(\alpha_1 \to \beta_1)\ (\alpha_1 \to \beta_1)$	(R1.1)
$((\alpha_1 \to \beta_1) \wedge \alpha_1)\ \beta_1$	(R6.2)
$((\alpha_1 \to \beta_1) \wedge \alpha_1)\ \beta_2$	(R1.2)
$((\alpha_1 \to \beta_1) \wedge \alpha_2)\ (\alpha_1 \to \beta_1)$	(R2.1)
$((\alpha_1 \to \beta_1) \wedge \alpha_2)\ \alpha_2$	(R2.2)
$((\alpha_1 \to \beta_1) \wedge \alpha_2)\ \alpha_1$	(R1.2)
$((\alpha_1 \to \beta_1) \wedge \alpha_2)\ ((\alpha_1 \to \beta_1) \wedge \alpha_1)$	(R2.3)
$((\alpha_1 \to \beta_1) \wedge \alpha_2)\ \beta_2$	(R1.2)
$(\alpha_1 \to \beta_1)\ (\alpha_2 \to \beta_2)$	(R6.1)

Man erhält so eine Ableitung in Σ_p, welche zeigt, daß $(\alpha_1 \to \beta_1) \vdash_p (\alpha_2 \to \beta_2)$.

Die Klassen $M_p(\alpha)$ bilden einen pseudobooleschen Verband $V_p(T)$. Dazu genügt es zu zeigen: (1) $M_p(\perp)$ ist Nullelement in $V_p(T)$, und (2) $M_p(\alpha) \twoheadrightarrow M_p(\beta)$ ist Pseudokomplement von $M_p(\alpha)$ bez. $M_p(\beta)$ in $V_p(T)$.

Zu (1): Wegen R6.3 und (26.11) ist $M_p(\perp) \subset M_p(\alpha)$ für jedes α.

Zu (2): Wegen (25.3) ist zu zeigen, daß für jedes γ

$$M_p(\gamma) \subset M_p(\alpha) \twoheadrightarrow M_p(\beta) \longleftrightarrow M_p(\gamma) \frown M_p(\alpha) \subset M_p(\beta),$$

d. h.

$$M_p(\gamma) \subset M_p(\alpha \to \beta) \longleftrightarrow M_p(\gamma \wedge \alpha) \subset M_p(\beta),$$

d. h. nach (26.11)

$$\gamma \vdash (\alpha \to \beta) \longleftrightarrow (\gamma \wedge \alpha) \vdash \beta.$$

Dies ergibt sich aber sofort aus R6.1 und R6.2.—

Klasse A_b der BOOLE*schen Verbände. Der Kalkül Σ_b* habe neben den Regeln aus Σ_v und R5 die folgenden Regeln:

R7.1	$\Rightarrow \perp \alpha$
R7.2	$\Rightarrow \alpha \top$
R7.3	$\Rightarrow (\alpha \wedge \neg \alpha) \perp$
R7.4	$\Rightarrow \top (\alpha \vee \neg \alpha)$

$\alpha \vdash_b \beta$ bedeute, daß die Sequenz $\alpha \beta$ mit Σ_b herleitbar ist. $\alpha \Vdash_b \beta$ bedeute, daß die Terminklusion $\alpha \subset \beta$ in A_b gültig ist. Es gilt

Satz 26.1$_b$. $\alpha \vdash_b \beta$ genau dann, wenn $\alpha \Vdash_b \beta$.

Beweis. Für die Äquivalenzklassen $M_b(\alpha)$ in bezug auf die Äquivalenzrelation $\alpha \dashv\vdash_b \beta$ (d. h. $\alpha \vdash_b \beta$ und $\beta \vdash_b \alpha$) führe man Operationen $\frown$ und $\smile$ durch (26.1) ein: Ferner definiere man 0 und 1 durch (26.13). Schließlich sei ein Komplement erklärt durch

$$(M_b(\alpha))' = M_b(\neg \alpha). \tag{26.14}$$

Diese Definition ist unabhängig von dem Repräsentanten von $M_b(\alpha)$: Es sei $\alpha \dashv\vdash_b \beta$. Es ist zu zeigen, daß $\neg \alpha \dashv\vdash_b \neg \beta$. Aus Symmetriegründen genügt es, $\neg \beta \vdash_b \neg \alpha$ zu beweisen. Dazu gehe man aus von einer Ableitung von $\alpha \beta$ und füge hinzu:

$\beta \; (\beta \vee \neg \alpha)$	(R3.1)
$\alpha \; (\beta \vee \neg \alpha)$	(R1.2)
$\neg \alpha \; \neg \alpha$	(R1.1)
$\neg \alpha \; (\beta \vee \neg \alpha)$	(R3.2)
$(\alpha \vee \neg \alpha) \; (\beta \vee \neg \alpha)$	(R3.3)
$\top \; (\alpha \vee \neg \alpha)$	(R7.4)
$\top \; (\beta \vee \neg \alpha)$	(R1.2)

$$\begin{array}{rll}
 & \neg\beta\ \top & \text{(R7.2)}\\
 & \neg\beta\ (\beta\vee\neg\alpha) & \text{(R1.2)}\\
 & \neg\beta\ \neg\beta & \text{(R1.1)}\\
 & \neg\beta\ (\neg\beta\wedge(\beta\vee\neg\alpha)) & \text{(R2.3)}\\
 & (\neg\beta\wedge(\beta\vee\neg\alpha))\ ((\neg\beta\wedge\beta)\vee(\neg\beta\wedge\neg\alpha)) & \text{(R5)}\\
 & \neg\beta\ ((\neg\beta\wedge\beta)\vee(\neg\beta\wedge\neg\alpha)) & \text{(R1.2)}\\
 & (\neg\beta\wedge\beta)\ \neg\beta & \text{(R2.1)}\\
 & (\neg\beta\wedge\beta)\ \beta & \text{(R2.2)}\\
 & (\neg\beta\wedge\beta)\ (\beta\wedge\neg\beta) & \text{(R2.3)}\\
 & (\beta\wedge\neg\beta)\ \bot & \text{(R7.3)}\\
 & (\neg\beta\wedge\beta)\ \bot & \text{(R1.2)}\\
 & \bot\ (\neg\beta\wedge\alpha) & \text{(R7.1)}\\
 & (\neg\beta\wedge\beta)\ (\neg\beta\wedge\neg\alpha) & \text{(R1.2)}\\
 & (\neg\beta\wedge\neg\alpha)\ (\neg\beta\wedge\neg\alpha) & \text{(R1.1)}\\
 & ((\neg\beta\wedge\beta)\vee(\neg\beta\wedge\neg\alpha))\ (\neg\beta\wedge\neg\alpha) & \text{(R3.3)}\\
 & \neg\beta\ (\neg\beta\wedge\neg\alpha) & \text{(R1.2)}\\
 & \neg(\beta\wedge\neg\alpha)\ \neg\alpha & \text{(R2.2)}\\
 & \neg\beta\ \neg\alpha & \text{(R1.2)}
\end{array}$$

Man erhält so eine Ableitung in Σ_b, welche zeigt, daß $\neg\beta \vdash_b \neg\alpha$.

Die Klassen $M_b(\alpha)$ bilden einen Booleschen Verband $V_b(T)$. Wegen Satz 10.5 genügt es, die dort angegebenen Gesetze (*) zu beweisen. Dies folgt leicht aus den Regeln von Σ_b.

§ 27. Entscheidungsverfahren für die in den verschiedenen Verbandsklassen gültigen Terminklusionen.

A sei eine Klasse von Verbänden. Man kann nach der Existenz eines Verfahrens fragen, mit dessen Hilfe man für beliebige Terme α, β in endlich vielen Schritten feststellen kann

(a) ob die Termgleichung $\alpha = \beta$ für alle Verbände aus A gilt,

(b) ob die Terminklusion $\alpha \subset \beta$ für alle Verbände aus A gilt.

Wenn es für A ein Verfahren für (a) gibt, so auch für (b), und umgekehrt, denn: (1) $\alpha \subset \beta$ gilt in A genau dann, wenn $(\alpha \wedge \beta) = \alpha$ in A gilt, und (2) $\alpha = \beta$ gilt in A genau dann, wenn sowohl $\alpha \subset \beta$ als auch $\beta \subset \alpha$ in A gelten. Wir werden uns daher im folgenden auf die Behandlung von Termgleichungen beschränken.

Es soll in diesem Paragraphen gezeigt werden, daß Entscheidungsverfahren für die Gültigkeit von Terminklusionen (also auch für Termgleichungen) existieren für die Klassen A_v der Verbände, A_d der distributiven Verbände, A_p der pseudobooleschen Verbände und A_b der Booleschen Verbände[1]. Es ist zur Zeit unbekannt, ob es ein derartiges Verfahren auch für die Klasse A_m der modularen Verbände gibt. Wir beweisen anschließend den

Satz 27.1. Man kann jeder Termgleichung $\alpha = \beta$ effektiv natürliche Zahlen $f_v(\alpha, \beta)$, $f_d(\alpha, \beta)$, $f_p(\alpha, \beta)$ und $f_b(\alpha, \beta)$ zuordnen derart, daß $\alpha = \beta$ in jedem Verband (bzw. in jedem distributiven, pseudobooleschen und BOOLEschen Verband) genau dann gilt, wenn $\alpha = \beta$ in jedem derartigen Verband mit höchstens $f_v(\alpha, \beta)$ (bzw. $f_d(\alpha, \beta)$, $f_p(\alpha, \beta)$, $f_b(\alpha, \beta)$) Elementen gilt.

Es gibt nur endlich viele nichtisomorphe Verbände (bzw. distributive, pseudoboolesche, BOOLEsche) Verbände mit höchstens $f_v(\alpha, \beta)$ (bzw. $f_d(\alpha, \beta)$, $f_p(\alpha, \beta)$, $f_b(\alpha, \beta)$) Elementen. Diese Verbände kann man durch Ausprobieren (wie bei der Herstellung von Gruppentafeln) effektiv auffinden. Danach kann man effektiv nachprüfen, ob $\alpha = \beta$ in diesen Verbänden gilt. Mit Satz 27.1 erhält man also

Satz 27.2. Es gibt ein Verfahren, mit dessen Hilfe man für jede Termgleichung $\alpha = \beta$ in endlich vielen Schritten feststellen kann, ob $\alpha = \beta$ in A_v (bzw. A_d, A_p, A_b) gilt.

Um Satz 27.1 zu zeigen, genügt es offenbar nachzuweisen, daß eine Termgleichung, die *nicht* in jedem Verband der Verbandsklasse A gilt, auch *nicht* in jedem Verband aus A mit höchstens $f(\alpha, \beta)$ Elementen gilt (wobei f die zu A gehörende Funktion ist). —

Wir behandeln zunächst die Klasse A_v aller Verbände. Zur Vorbereitung der Definition der Funktion f_v führen wir den Begriff des *Teilterms* eines Terms α ein durch die folgende induktive Definition:

Ist α eine Variable, so ist α der einzige Teilterm von α.

Ist α identisch mit $(\beta \wedge \gamma)$ oder mit $(\beta \vee \gamma)$, so ist jeder Teilterm von β und jeder Teilterm von γ ein Teilterm von α; schließlich soll α selbst ein Teilterm von α sein.

Die Anzahl der Teilterme von α läßt sich offenbar nach oben abschätzen durch die Funktion $t(\alpha)$, welche wie folgt induktiv definiert ist:

Ist α eine Variable, so ist $t(\alpha) = 1$.

Ist α identisch mit $(\beta \wedge \gamma)$ oder mit $(\beta \vee \gamma)$, so ist $t(\alpha) = t(\beta) + t(\gamma) + 1$[2].

Mit Hilfe von t definieren wir nun:

$$f_v(\alpha, \beta) = 2^{t(\alpha) + t(\beta)}. \tag{27.1}$$

---

[1] Man sagt auch, daß *das Wortproblem für A_v, A_d, A_p und A_b lösbar ist*, um auszudrücken, daß ein Entscheidungsverfahren für die in den angegebenen Verbandsklassen gültigen Gleichungen existiert.

[2] Wir werden später auch BOOLEsche bzw. pseudoboolesche Verbände betrachten, bei denen auch $\perp$, $\top$ und $\neg$ bzw. $\perp$, $\top$ und $\rightarrow$ zur Termbildung beitragen. Hier ist die Definition von t zu ergänzen durch $t(\perp) = t(\top) = 1$, $t(\neg\alpha) = t(\alpha) + 1$, $t(\alpha \rightarrow \beta) = t(\alpha) + t(\beta) + 1$.

Wir nehmen nun an, daß $\alpha = \beta$ *nicht* in jedem Verband gilt. V sei ein Verband, in dem $\alpha = \beta$ nicht gilt. Wir haben zu zeigen, daß es einen Verband V_0 mit höchstens $f_v(\alpha, \beta)$ Elementen gibt, in welchem $\alpha = \beta$ nicht gilt.

Da $\alpha = \beta$ in V nicht gilt, gibt es eine Bewertung B über V mit $B(\alpha) \neq B(\beta)$. E_0 sei die Menge aller $B(\gamma)$, wobei γ ein Teilterm von α oder von β ist. E_0 hat offenbar höchstens $t(\alpha) + t(\beta)$ Elemente. V_0 sei die Menge aller Durchschnitte $\bigcap F$, wobei F eine nichtleere Teilmenge von E_0 ist. Außerdem soll zu V_0 die Vereinigung e aller Elemente der endlichen Menge E_0 gehören. Damit ist *jeder* Teilmenge F von E_0 ein Element von V_0 zugeordnet (nämlich $\bigcap F$, wenn F nichtleer, und e, wenn F leer ist). Die Anzahl $f_v(\alpha, \beta)$ aller Teilmengen von E_0 ist also eine obere Schranke für die Anzahl der Elemente von V_0.

Man sieht unmittelbar, daß V_0 die folgenden Eigenschaften hat:

(a) Ist γ ein Teilterm von α oder von β, so ist $B(\gamma) \in V_0$.

(b) e ist größtes Element (S. 8) von V_0.

(c) $V_0 \subset V$.

(d) Der (in V gebildete) Durchschnitt zweier Elemente von V_0 ist wieder ein Element von V_0.

V_0 ist in bezug auf die (aus V übernommene) Inklusion $\subset$ eine Halbordnung. Zwei Elemente x, y von V_0 haben in V_0 stets eine untere Grenze $x \frown_0 y$ und eine obere Grenze $x \smile_0 y$: (1) Wegen (d) ist $x \frown y = x \frown_0 y$ untere Grenze von x und y. (2) e ist nach (b) eine gemeinsame obere Schranke von x und y. Da V_0 endlich ist, gibt es in V_0 nur endlich viele gemeinsame obere Schranken, deren Durchschnitt (in V) wegen (d) in V_0 liegt und offenbar die obere Grenze $x \smile_0 y$ von x und y ist. Zusätzlich gilt:

(e) Ist die (in V gebildete) Vereinigung $x \smile y$ selbst ein Element von V_0, so ist $x \smile_0 y = x \smile y$.

Nach § 3, Hilfssatz 2 ist V_0 ein *Verband* mit den Verbandsoperationen $\frown_0$ und $\smile_0$. Wir haben bereits gesehen, daß V_0 höchstens $f_v(\alpha, \beta)$ Elemente hat. Es bleibt zu zeigen, daß $\alpha = \beta$ in V_0 nicht gilt. Dazu gehe man aus von einer Abbildung B_0' der Variablen in die Menge V_0, welche definiert ist durch:

$$B_0'(x) = \begin{cases} B(x), & \text{wenn} \quad B(x) \in V_0, \\ e, & \text{sonst.} \end{cases}$$

Nach Nr. 7 des Anhangs gibt es genau eine Bewertung B' über V_0, welche für die Variablen mit B_0' übereinstimmt. Es gilt:

$$B'(\gamma) = B(\gamma) \text{ für alle Teilterme } \gamma \text{ von } \alpha \text{ oder von } \beta. \tag{27.2}$$

Dies folgt durch Induktion über den Aufbau von γ:

(i) Ist γ eine Variable, so ergibt sich (27.2) aus der Definition von B_0'.

(ii) Ist $\gamma \equiv (\gamma_1 \wedge \gamma_2)$ oder $\gamma \equiv (\gamma_1 \vee \gamma_2)$, so sind γ_1 und γ_2 auch Teilterme von α oder von β. Nach Induktionsvoraussetzung ist daher $B'(\gamma_1) = B(\gamma_1)$ und $B'(\gamma_2) = B(\gamma_2)$. Für den Durchschnitt folgt:

$$B'(\gamma_1 \wedge \gamma_2) = B'(\gamma_1) \frown_0 B'(\gamma_2) = B(\gamma_1) \frown_0 B(\gamma_2) = B(\gamma_1) \frown B(\gamma_2)$$
$$= B(\gamma_1 \wedge \gamma_2).$$

Für die Vereinigung hat man zunächst nur

$$B'(\gamma_1 \vee \gamma_2) = B'(\gamma_1) \smile_0 B'(\gamma_2) = B(\gamma_1) \smile_0 B(\gamma_2).$$

γ_1, γ_2 und $(\gamma_1 \vee \gamma_2)$ sind Teilterme von α oder von β. Nach (a) sind daher $B(\gamma_1)$, $B(\gamma_2)$ und $B(\gamma_1 \vee \gamma_2)$ Elemente von V_0. Wegen $B(\gamma_1 \vee \gamma_2) = B(\gamma_1) \smile B(\gamma_2)$ ist daher nach (e) $B(\gamma_1) \smile_0 B(\gamma_2) = B(\gamma_1) \smile B(\gamma_2)$. Daher ist $B'(\gamma_1 \vee \gamma_2) = B(\gamma_1 \vee \gamma_2)$.

Aus (27.2) ergibt sich insbesondere $B'(\alpha) = B(\alpha) \neq B(\beta) = B'(\beta)$. Dies zeigt, daß $\alpha = \beta$ nicht in V_0 gilt. —

Wir gehen jetzt über zur Klasse A_b der BOOLE*schen Verbände.* Es sei

$$f_b(\alpha, \beta) = 2^{2^{2(t(\alpha)+t(\beta))}}. \tag{27.3}$$

(In § 28 wird mit einem anderen Verfahren bewiesen, daß man sogar $f_b(\alpha, \beta) = 2$ nehmen kann.)

Wir nehmen an, daß $\alpha = \beta$ nicht in jedem BOOLEschen Verband gilt. V sei ein BOOLEscher Verband, in dem $\alpha = \beta$ nicht gilt. Wir haben zu zeigen, daß es einen BOOLEschen Verband V_0 mit höchstens $f_b(\alpha, \beta)$ Elementen gibt, in dem $\alpha = \beta$ nicht gilt.

B sei eine Bewertung über V mit $B(\alpha) \neq B(\beta)$. E_0 sei wie oben die Menge aller $B(\gamma)$, wobei γ ein beliebiger Teilterm von α oder von β ist. E_0 hat höchstens $t(\alpha) + t(\beta)$ Elemente. Wir konstruieren im folgenden in mehreren Schritten eine *E_0 umfassende* BOOLE*sche Teilalgebra V_0 von V* mit höchstens $f_b(\alpha, \beta)$ Elementen. Setzen wir dann für die Variablen x

$$B_0'(x) = \begin{cases} B(x), & \text{falls} \quad B(x) \in E_0, \\ 1, & \text{sonst}^1, \end{cases}$$

so gibt es nach Nr. 7 des Anhangs genau eine Bewertung B' über V_0, welche mit B_0' für die Variablen übereinstimmt. Man zeigt leicht durch Induktion, daß $B'(\gamma) = B(\gamma)$ für alle Teilterme γ von α oder von β. Speziell ist $B'(\alpha) = B(\alpha) \neq B(\beta) = B'(\beta)$. Daher gilt $\alpha = \beta$ nicht in V_0.

Es bleibt die Aufgabe, E_0 in eine BOOLEsche Teilalgebra V_0 von V mit höchstens $f_b(\alpha, \beta)$ Elementen einzubetten. E_1 sei die Menge der Elemente von V, die selbst oder deren Komplemente in E_0 liegen. E_2 sei die Menge der Elemente von V, die als Durchschnitt einer nichtleeren Teilmenge von E_1 dargestellt werden können. V_0 sei schließlich die Menge der

[1] V_0 und V haben dasselbe Einselement, da V_0 eine BOOLEsche Teilalgebra von V ist.

Elemente von V, die als Vereinigung einer nichtleeren Teilmenge von E_2 gewonnen werden können. Offenbar ist $E_0 \subset E_1 \subset E_2 \subset V_0 \subset V$. E_0 ist nichtleer und hat höchstens $t(\alpha) + t(\beta)$ Elemente. E_1 hat höchstens doppelt so viele Elemente wie E_0. E_2 hat nicht mehr Elemente, als E_1 Teilmengen hat. Dasselbe gilt für V_0 und E_2. Daraus folgt, daß V_0 höchstens $f_b(\alpha, \beta)$ Elemente hat.

Es soll abschließend gezeigt werden, daß V_0 in bezug auf die in V erklärten Operationen 0, 1, ′, $\frown$, $\smile$ abgeschlossen ist (V_0 ist dann wie V ein BOOLEscher Verband):

(1) E_1 ist definitionsgemäß abgeschlossen in bezug auf ′.

(2) E_2 ist definitionsgemäß abgeschlossen in bezug auf $\frown$.

(3) V_0 ist definitionsgemäß abgeschlossen in bezug auf $\smile$.

(4) Der Durchschnitt zweier Elemente von V_0 läßt sich nach dem distributiven Gesetz darstellen als Vereinigung von Durchschnitten von E_2, also nach (2) als Vereinigung von Elementen von E_2, gehört also nach (3) selbst zu V_0. V_0 ist also abgeschlossen in bezug auf $\frown$.

(5) Das Komplement eines Elements von V_0 läßt sich wegen $(x \smile y)' = x' \frown y'$ darstellen als Durchschnitt von Komplementen von Elementen von E_2, also wegen $(u \frown v)' = u' \smile v'$ als Durchschnitt von Vereinigungen von Komplementen von Elementen von E_1, also wegen (1) als Durchschnitt von Vereinigungen von Elementen von E_1, und damit als Durchschnitt von Vereinigungen von Elementen von V_0. Dies ist aber wegen (3) und (4) wieder ein Element von V_0. V_0 ist also abgeschlossen in bezug auf ′.

(6) Wegen $E_0 \subset V_0$ ist V_0 nicht leer. a sei ein Element von V_0. Dann ist wegen (5) und (4) auch $0 = a \frown a'$, und wegen (5) $1 = 0'$ ein Element von V_0. V_0 ist also auch abgeschlossen in bezug auf 0, 1.

Das Ergebnis der zuletzt durchgeführten Überlegungen verdient besonders hervorgehoben zu werden:

L e m m a: E_0 sei eine endliche m-elementige Teilmenge einer BOOLEschen Algebra V. Dann hat die kleinste E_0 umfassende BOOLEsche Teilalgebra von V (welche auch die durch E_0 in V erzeugte BOOLEsche Teilalgebra heißt) höchstens $2^{2^{2m}}$ Elemente. —

Für die Klasse A_d der distributiven Verbände setze man

$$f_d(\alpha, \beta) = f_b(\alpha, \beta). \tag{27.4}$$

Gilt $\alpha = \beta$ nicht in A_d, so gibt es einen distributiven Verband V und eine Bewertung B über V mit $B(\alpha) \neq B(\beta)$. Nach Satz 20.1 ist V in einen BOOLEschen Verband V^* einbettbar. Dieselbe Bewertung zeigt, daß $\alpha = \beta$ auch in V^* nicht gilt. Nach dem vorhin bewiesenen Resultat gibt es daher einen BOOLEschen, also auch einen distributiven Verband mit höchstens $f_d(\alpha, \beta)$ Elementen, in welchem $\alpha = \beta$ nicht gilt. (Auch hier kann man, wie in § 28 gezeigt wird, $f_d(\alpha, \beta) = 2$ nehmen.) —

Für die Klasse A_p der pseudobooleschen Verbände sei

$$f_p(\alpha, \beta) = 2^{2^{2(t(\alpha)+t(\beta)+1)}}. \tag{27.5}$$

Wir gehen aus von einer pseudobooleschen Algebra V, in der $\alpha = \beta$ nicht gilt und haben zu zeigen, daß es eine pseudoboolesche Algebra V_0 mit höchstens $f_p(\alpha, \beta)$ Elementen gibt, in der $\alpha = \beta$ nicht gilt.

Nach Satz 25.7 können wir annehmen, daß es eine topologische BOOLEsche Algebra T gibt, derart daß V mit der Menge $\mathring{T}$ der offenen Elemente von T übereinstimmt. Die Operationen von T seien $0, 1, ', \frown, \smile$ und $^{-}$. Dann sind nach Beispiel 25.3 die Operationen von $\mathring{T}$ $0, 1, \frown, \smile$ und $\longrightarrow$, wobei nach (25.19) $x \longrightarrow y = \overline{x \frown y'}'$ für beliebige $x, y \in \mathring{T}$.

Da nach Voraussetzung $\alpha = \beta$ in V, also in $\mathring{T}$, nicht gilt, gibt es eine Bewertung über $\mathring{T}$ mit $B(\alpha) \neq B(\beta)$. E_0 sei die Menge der $B(\gamma)$, wobei γ irgend ein Teilterm von α oder von β ist. Außerdem soll 1 ein Element von E_0 sein. E_0 hat höchstens $t(\alpha) + t(\beta) + 1$ Elemente. Es ist $E_0 \subset \mathring{T}$, also insbesondere $E_0 \subset T$. Nach dem vorhin bewiesenen *Lemma* gibt es eine E_0 umfassende BOOLEsche Teilalgebra T_0 von T mit höchstens $f_p(\alpha, \beta)$ Elementen. Wir werden im folgenden in T_0 eine Hüllenoperation $^{\sim}$ einführen und zeigen, daß T_0 in bezug auf $0, 1, ', \frown, \smile$ und $^{\sim}$ eine topologische BOOLEsche Algebra ist. V_0 sei die Menge der offenen Elemente von T_0. V_0 hat höchstens $f_p(\alpha, \beta)$ Elemente. Wir zeigen abschließend, daß es eine Bewertung B_0 über V_0 gibt, bei der $\alpha = \beta$ nicht gilt.

Zur Einführung einer Hüllenoperation $^{\sim}$ in der BOOLEschen Algebra T_0 beziehen wir uns auf Satz 25.8. Wir definieren:

$$x \in S \longleftrightarrow x \in T_0 \wedge \bar{x} = x \wedge x' \in E_0.$$

Es ist $0 \in S$, da $1 \in E_0$. Damit wird T_0 zu einer topologischen BOOLEschen Algebra mit den aus T übernommenen BOOLEschen Operationen $0, 1, ', \frown, \smile$ und der durch (25.26) eingeführten Hüllenoperation $^{\sim}$. Es gilt

$$(*) \qquad \tilde{x} = \bar{x}, \text{ falls } x \in T_0 \text{ und } \bar{x}' \in E_0.$$

(Generell gilt für jedes $x \in T_0$ nur $\bar{x} \subset \tilde{x}$.) Sei $x \in T_0$ und $\bar{x}' \in E_0$. Dann ist $\bar{x}$ ein Element von S. $\bar{x}$ ist also eine Norm von x. Daraus folgt sofort $\tilde{x} = \bar{x}$.

Wir haben bereits V_0 als die Menge der offenen Elemente von T_0 eingeführt. Wir definieren:

$$B_0'(x) = \begin{cases} B(x), \text{ falls } B(x) \in V_0, \\ 1, \text{ sonst}. \end{cases}$$

Es gibt (Anhang, Nr. 7) genau eine Bewertung B' über V_0, welche mit B_0' für die Variablen übereinstimmt. Es genügt zu zeigen, daß

$$B'(\gamma) = B(\gamma) \text{ für alle Teilterme } \gamma \text{ von } \alpha \text{ oder von } \beta. \tag{27.6}$$

Daraus folgt nämlich sofort $B'(\alpha) = B(\alpha) \neq B(\beta) = B'(\beta)$. $\alpha = \beta$ gilt also nicht in V_0.

Nachweis von (27.6) durch Induktion über den Aufbau von γ:

(i) Ist γ eine Variable, so ergibt sich (27.6) aus der Definition von B_0'.

(ii) Für $\gamma \equiv \bot$ ist $B'(\gamma) = B(\gamma) = 0$. Für $\gamma \equiv \top$ ist $B'(\gamma) = B(\gamma) = 1$.

(iii) Für $\gamma \equiv (\gamma_1 \wedge \gamma_2)$ ist $B'(\gamma) = B'(\gamma_1 \wedge \gamma_2) = B'(\gamma_1) \frown B'(\gamma_2) = B(\gamma_1) \frown B(\gamma_2) = B(\gamma_1 \wedge \gamma_2) = B(\gamma)$. Man beachte dabei, daß die Durchschnitte in V und in V_0 übereinstimmen. Entsprechend schließt man, wenn $\gamma \equiv (\gamma_1 \vee \gamma_2)$.

(iv) Sei $\gamma \equiv (\gamma_1 \to \gamma_2)$. Dann ist $B'(\gamma) = B'(\gamma_1) \overset{\circ}{\mathrel{-\!\!\ni}} B'(\gamma_2)$ und $B(\gamma) = B(\gamma_1) \mathrel{-\!\!\ni} B(\gamma_2)$, wobei $\overset{\circ}{\mathrel{-\!\!\ni}}$ bzw. $\mathrel{-\!\!\ni}$ das Pseudokomplement in V_0 bzw. in V bezeichnet. Nach Induktionsvoraussetzung ist $B(\gamma_1) = B'(\gamma_1)$ und $B(\gamma_2) = B'(\gamma_2)$. Ferner liegen $B(\gamma_1)$, $B(\gamma_2)$ und $B(\gamma)$ in E_0. Man braucht daher zum Nachweis von $B'(\gamma) = B(\gamma)$ nur zu zeigen: Sind x, y und $x \mathrel{-\!\!\ni} y$ Elemente von E_0, so ist $x \overset{\circ}{\mathrel{-\!\!\ni}} y = x \mathrel{-\!\!\ni} y$. Die Pseudokomplemente lassen sich nach (25.19) mit Hilfe der Hüllenoperatoren darstellen. Es muß demnach gezeigt werden, daß $\widetilde{x \frown y'}' = \overline{x \frown y'}'$. Nun ist aber $x \frown y' \in T_0$ und $\overline{x \frown y'}' = x \mathrel{-\!\!\ni} y \in E_0$, also nach (*) $\widetilde{x \frown y'} = \overline{x \frown y'}$ und damit $\widetilde{x \frown y'}' = \overline{x \frown y'}'$.

Aufgaben. 27.1. Man zeige: Der oben angegebene Beweis für die Existenz eines Entscheidungsverfahrens für die Klasse A_v aller Verbände ist nicht übertragbar auf die Klasse A_b der Booleschen Algebren. (Anleitung: Man gebe eine Termgleichung $\alpha = \beta$ und eine Bewertung B über der 4-elementigen Booleschen Algebra A an, so daß der beim Beweis des Entscheidungsverfahrens für A_v konstruierte $\frown$-Teilbund V_0 von A keine Boolesche Algebra ist.)

27.2. E_0 sei eine endliche nichtleere Teilmenge eines Verbandes V, $E_\frown$ die Menge der Elemente von V, die als Durchschnitt einer nichtleeren Teilmenge von E_0 dargestellt werden können, $E_{\frown\smile}$ die Menge der Elemente von V, die als Vereinigung einer nichtleeren Teilmenge von $E_\frown$ darstellbar sind. Man zeige am Beispiel des in Abb. 27.1 angegebenen Verbandes, daß $E_{\frown\smile}$ im allgemeinen kein Teilverband von V ist. Es folgt, daß das für den Beweis von Satz 27.1 im Booleschen Falle angegebene Verfahren nicht unmittelbar auf beliebige Verbände übertragbar ist.

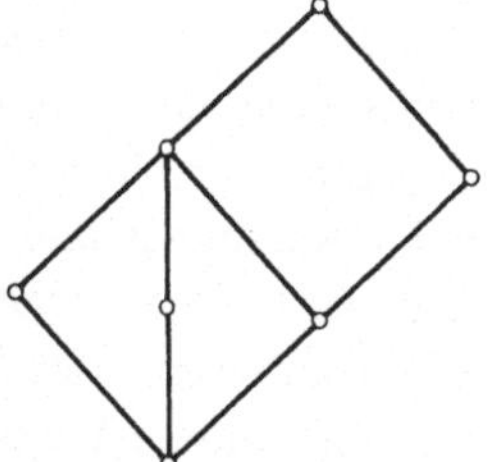

Abb. 27.1. (Vgl. Aufgabe 27.2.)

Literatur.

McKinsey, J. C. C.: The decision problem for some classes of sentences without quantifiers. The Journal of Symbolic Logic Bd. 8 (1943) S. 61–76.

McKinsey, J. C. C., Tarski, A.: On closed elements in closure algebras. Annals of Mathematics Bd. 47 (1946) S. 122–162.

§ 28. Boolesche Verbände und klassische Aussagenlogik.

1. *Zum Wahrheitsbegriff. Aussagen* sind sprachliche Gebilde, wie z.B. „Der Schnee ist weiß“, „Caesar war ein Karthager“, „$1+1=2$“, „$2=3$“. Bei der klassischen Auffassung nimmt man an, daß Aussagen *Sachverhalte* beschreiben, und daß diese Sachverhalte in der Wirklichkeit vorliegen oder nicht vorliegen. Eine Aussage heißt *wahr*, wenn sie einen *vorliegenden* Sachverhalt beschreibt, sonst *falsch*. Es gilt also das *aristotelische Wahrheitskriterium*, daß einer Aussage genau einer der beiden *Wahrheitswerte wahr* oder *falsch* zukommt. Man nimmt an, daß es für jede Aussage „an sich“ feststeht, ob sie wahr oder falsch ist. Es wird nicht verlangt, daß man ein Verfahren hat, um für jede Aussage effektiv den Wahrheitswert festzustellen.

2. *Aussagenlogische Verknüpfungen.* Die oben als Beispiele angeführten Aussagen sind *Primaussagen*, d. h., in ihnen kommen keine aussagenlogischen Verknüpfungen vor. Man kann einen vorliegenden Bereich von Primaussagen zu einem Bereich von Aussagen erweitern durch die Einführung von *aussagenlogischen Verknüpfungen*. Wir betrachten als Beispiele die Verknüpfungen *nicht, und, oder* (im Sinne des nichtausschließenden *vel*) und *wenn-so*. Der Begriff einer *Aussage* läßt sich induktiv wie folgt festlegen: (0) Jede Primaussage ist eine Aussage. (1) Ist *a* eine Aussage, so auch *nicht a*. (2) Sind *a* und *b* Aussagen, so auch *a und b*[1], *a oder b* und *wenn a, so b*.

Der *Wahrheitswert einer Aussage* wird folgendermaßen festgelegt: (0) Jede Primaussage hat nach Voraussetzung einen Wahrheitswert. (1) Ist *a* wahr, so ist *nicht a* falsch; ist *a* falsch, so ist *nicht a* wahr. (2) Sind *a* und *b* wahr, so ist *a und b* wahr; sonst ist *a und b* falsch. Sind *a* und *b* falsch, so ist *a oder b* falsch; sonst ist *a oder b* wahr. Ist *a* wahr und *b* falsch, so ist *wenn a, so b* falsch; sonst ist *wenn a, so b* wahr.

Man zeigt leicht durch Induktion, daß durch diese Festsetzungen jeder Aussage genau ein Wahrheitswert zukommt. Man kann den Wahrheitswert einer zusammengesetzten Aussage ausrechnen, wenn man die Wahrheitswerte der Bestandteile kennt.

Eine andere Version der vorangehenden Definition erhält man, wenn man zunächst induktiv erklärt, wann eine Aussage *wahr* sein soll, ohne auf den Falschheitsbegriff Bezug zu nehmen, und erst nachträglich erklärt, wann eine Aussage *falsch* genannt werden soll:

(1) *nicht a* ist *wahr* genau dann, wenn *a* nicht wahr ist.

(2a) *a und b* ist *wahr* genau dann, wenn *a* und *b* wahr sind.

(2b) *a oder b* ist *wahr* genau dann, wenn *a* oder *b* wahr ist.

(2c) *wenn a, so b* ist wahr genau dann, wenn *b* wahr ist, falls *a* wahr ist.

[1] Eigentlich müßte man „(*a und b*)“ schreiben.

Für die Falschheit hat man jetzt die beiden folgenden äquivalenten Definitionen:

(F_k) Eine Aussage *a* ist *falsch*, wenn *a* nicht wahr ist.

(F'_k) Eine Aussage *a* ist *falsch*, wenn *nicht a* wahr ist.

Wegen dieser Definitionsmöglichkeiten kann man sich auf die Betrachtung des *Wahrheits*begriffes beschränken. Man kann ferner feststellen, daß die beiden Aussagen *wenn a, so b* und *nicht* (*a und nicht b*) immer denselben Wahrheitswert haben. Man kann daher auf die Verknüpfung *wenn-so* verzichten[1].

Im folgenden soll unter einem *klassischen Aussagenbereich* eine Menge von Aussagen verstanden werden, welche man, ausgehend von einem Bereich von Primaussagen, in der soeben besprochenen Weise durch Einführung von aussagenlogischen Verknüpfungen erhalten kann.

3. *Klassische Aussagenstrukturen.* Die vorangehenden Überlegungen führen dazu, die in der folgenden Definition eingeführten mathematischen Strukturen zu betrachten.

Definition 28.1. Eine Struktur $\mathfrak{m} = \langle M, w, f, \neg, \wedge, \vee, W\rangle$, bei der $\langle M, w, f, \neg, \wedge, \vee\rangle$ eine Algebra vom Typ $\langle 0, 0, 1, 2, 2\rangle$ und $\langle M, W\rangle$ ein Relativ[2] vom Typ $\langle 1\rangle$ ist, heißt eine *klassische Aussagenstruktur*, wenn für alle $a, b \in M$ gilt:

(K_w) $W\,w$.

(K_f) nicht $W\,f$.

($K_\neg$) $W \neg a$ genau dann, wenn nicht $W\,a$.

($K_\wedge$) $W\,a \wedge b$ genau dann, wenn $W\,a$ und $W\,b$.

($K_\vee$) $W\,a \vee b$ genau dann, wenn $W\,a$ oder $W\,b$.

Zeichnet man in einem klassischen Aussagenbereich eine wahre Aussage w und eine falsche Aussage f aus, definiert man $\neg a$ als *nicht a*, $a \wedge b$ als *a und b*, $a \vee b$ als *a oder b*, und setzt man $W\,a$ genau dann, wenn a wahr ist, so hat man offenbar ein Beispiel für eine klassische Aussagenstruktur. Im Hinblick auf dieses Beispiel sollen die Elemente von M *Aussagen* heißen und eine solche Aussage *wahr* genannt werden, falls $W\,a$.

4. *Die zweiwertige* BOOLE*sche Algebra als homomorphes Bild einer beliebigen klassischen Aussagenstruktur.* Dazu setze man $\bar{a} = 1$ bzw. 0, je nachdem ob $W\,a$ oder ob nicht $W\,a$. Bei diesem Homomorphismus $^-$ entsprechen $w, f, \neg, \wedge, \vee$ den BOOLEschen Operationen $1, 0, ', \frown, \smile$.

[1] Da die beiden Aussagen *a oder b* und *nicht* (*nicht a und nicht b*) stets denselben Wahrheitswert haben, könnte man auch auf die Verknüpfung *oder* verzichten. Dies soll jedoch nicht getan werden im Hinblick auf die anschließend diskutierte Beziehung zur BOOLEschen Algebra.

[2] Vgl. Nr. 2 des Anhangs.

5. *Einer* BOOLE*schen Algebra* V *und einem von* V *verschiedenen Primideal* (d. h. $\frown$-Primideal) P *läßt sich* wie folgt *eine klassische Aussagenstruktur* $\mathfrak{m}_{V,P}$ *zuordnen*. Aussagen seien die Elemente von V. Man setze

$$w = 1, \ f = 0, \ \neg a = a', \ a \wedge b = a \frown b, \ a \vee b = a \smile b.$$

Ferner sei $W\,a$ genau dann, wenn $a \in P$.

Bei diesen Definitionen gelten die Forderungen, welche wir an eine klassische Aussagenstruktur gestellt haben:

Zu (K_w): $1 \in P$.

Zu (K_f): Wäre $0 \in P$, so wäre $P = V$.

Zu $(K_\neg)$: Nach § 23, Hilfssatz 2 liegt genau eines der beiden Elemente a, a' in P.

Zu $(K_\wedge)$: Nach $(12.3_\frown)$ hat man $a \frown b \in P \leftrightarrow a \in P$ und $b \in P$, sogar für jedes $\frown$-Ideal P.

Zu $(K_\vee)$: Nach (20.3) gilt $a \smile b \in P \leftrightarrow a \in P$ oder $b \in P$.

6. *Ein klassischer Folgerungsbegriff*. Wir betrachten im folgenden Terme $\alpha, \beta, \ldots$ welche mit Hilfe von $\top$, $\bot$, $\neg$, $\wedge$, $\vee$ gebildet sind.

Definition 28.2. Eine Abbildung B der Terme in die Aussagenmenge M einer klassischen Aussagenstruktur $\mathfrak{m}$ heißt eine *Bewertung über* $\mathfrak{m}$, wenn die folgenden Bedingungen erfüllt sind:

$$(B^k_\top) \quad B(\top) = w.$$
$$(B^k_\bot) \quad B(\bot) = f.$$
$$(B^k_\neg) \quad B(\neg\,\alpha) = \neg\,B(\alpha).$$
$$(B^k_\wedge) \quad B(\alpha \wedge \beta) = B(\alpha) \wedge B(\beta).$$
$$(B^k_\vee) \quad B(\alpha \vee \beta) = B(\alpha) \vee B(\beta).$$

(Im Hinblick auf die Tatsache, daß die Terme durch solche Bewertungen auf Aussagen abgebildet werden, nennt man die Terme in diesem Zusammenhang auch *Aussageformen* und die Variablen *Aussagevariablen*.)

Definition 28.3. *Aus dem Term* α *folgt klassisch der Term* β, symbolisch

$$\alpha \models_k \beta,$$

genau dann, wenn für jede klassische Aussagenstruktur $\mathfrak{m}$ und jede Bewertung B über $\mathfrak{m}$, bei der $B(\alpha)$ wahr ist, auch $B(\beta)$ wahr ist.

Definition 28.4. *Eine Aussage* b einer klassischen Aussagenstruktur $\mathfrak{m}$ *folgt klassisch aus einer Aussage* a dieser Struktur genau dann, wenn es Terme α, β und eine Bewertung B über $\mathfrak{m}$ gibt, derart daß $B(\alpha) = a$, $B(\beta) = b$ und $\alpha \models_k \beta$. — Aus den beiden letzten Definitionen ergibt sich sofort

Satz 28.1. Wenn b aus a klassisch folgt, und wenn a wahr ist, so ist auch b wahr.

Als Hauptergebnis dieses Paragraphen formulieren wir (zu $\Vdash_b$ vgl. § 26)

Satz 28.2.

$$\alpha \models_k \beta \text{ genau dann, wenn } \alpha \Vdash_b \beta.$$

Mit Hilfe von Satz 26.1$_b$ ergibt sich hieraus, daß $\alpha \models_k \beta$ genau dann, wenn $\alpha \vdash_b \beta$. Der Kalkül Σ_b gibt also ein Verfahren, um alle (und nur die) Paare α, β aufzuzählen, für welche $\alpha \models_k \beta$. Dieses Ergebnis formulieren wir gesondert in

Satz 28.3 *(Vollständigkeitssatz für die klassische Aussagenlogik)*. Es gibt einen Kalkül, mit dessen Hilfe man alle (und nur die) Paare α, β von Termen aufzählen kann, für welche β aus α klassisch gefolgert werden kann.

Beweis von Satz 28.2.

(a) Es sei $\alpha \Vdash_b \beta$. Wir wollen zeigen, daß $\alpha \models_k \beta$. Dazu sei gegeben eine beliebige klassische Aussagenstruktur $\mathfrak{m}$ und eine Bewertung B über $\mathfrak{m}$. Es sei $W\,B(\alpha)$. Es ist zu zeigen, daß $W\,B(\beta)$.

Wir ziehen den in Nr. 4 eingeführten Homomorphismus $^-$ von $\mathfrak{m}$ auf die zweiwertige BOOLEsche Algebra heran und setzen für jeden Term γ

$$B^*(\gamma) = \overline{B(\gamma)}.$$

B^* ist offenbar eine Bewertung über der zweiwertigen BOOLEschen Algebra im Sinne von Nr. 7 des Anhangs. Wegen $\alpha \Vdash_b \beta$ hat man $B^*(\alpha) \subset B^*(\beta)$. Aus $W\,B(\alpha)$ ergibt sich $B^*(\alpha) = \overline{B(\alpha)} = 1$. Es folgt $B^*(\beta) = \overline{B(\beta)} = 1$, also $W\,B(\beta)$.

(b) Es sei $\alpha \models_k \beta$. Wir wollen zeigen, daß $\alpha \Vdash_b \beta$. Dazu sei vorgegeben eine beliebige BOOLEsche Algebra V und eine Bewertung B über V. Es muß nachgewiesen werden, daß $B(\alpha) \subset B(\beta)$. Wäre $B(\alpha) \not\subset B(\beta)$, so gäbe es nach § 20 (Bemerkung hinter Satz 20.4) ein $\frown$-Primideal P, so daß $B(\alpha) \in P$, aber $B(\beta) \notin P$. Wegen $B(\beta) \notin P$ ist $P \neq V$. Man bilde nach Nr. 5 die klassische Aussagenstruktur $\mathfrak{m}_{V,P}$. Hier hat man $W\,B(\alpha)$, aber nicht $W\,B(\beta)$. B ist offenbar auch eine Bewertung über $\mathfrak{m}_{V,P}$ im Sinne von Definition 28.2. Dann müßte sich aber wegen $\alpha \models_k \beta$ aus $W\,B(\alpha)$ ergeben, daß $W\,B(\beta)$. Damit hat man einen Widerspruch.

Schlußbemerkung. Neben der Beziehung $\alpha \Vdash_b \beta$, welche bedeutet, daß $B(\alpha) \subset B(\beta)$ für *jede* BOOLEsche Algebra V und jede Bewertung B über V, betrachten wir die Beziehung $\alpha \Vdash_2 \beta$, welche besagt, daß $B(\alpha) \subset B(\beta)$ für jede Bewertung B über der zweielementigen BOOLEschen Algebra. Der unveränderte Beweis von Satz 28.2 (a) zeigt, daß sogar

$$\text{wenn } \alpha \Vdash_2 \beta, \text{ so } \alpha \models_k \beta.$$

Nach dem Beweis von Satz 28.2 (b) gilt

$$\text{wenn } \alpha \models_k \beta, \text{ so } \alpha \Vdash_b \beta.$$

Trivial ist die Aussage

$$\text{wenn } \alpha \Vdash_b \beta, \text{ so } \alpha \Vdash_2 \beta.$$

Damit erhält man das folgende (bereits in § 27 erwähnte)

Korollar. $\alpha \Vdash_b \beta$ genau dann, wenn $\alpha \Vdash_2 \beta$.

Wegen der Äquivalenz von $\alpha \models_k \beta$ und $\alpha \Vdash_2 \beta$ kann man für vorgegebene Terme α, β durch Betrachtung von endlich vielen Bewertungen über der zweiwertigen BOOLEschen Algebra entscheiden, ob $\alpha \models_k \beta$ oder nicht. Dies ist eine Begründung der sog. *Matrizenmethode*.

Aufgaben. 28.1. Für die Aussagen a, b eines klassischen Aussagenbereiches bedeute $a \sim b$, daß a aus b und b aus a klassisch folgt. Man zeige, daß $\sim$ eine Äquivalenzrelation ist. Man definiere für die Äquivalenzklassen durch Rückgang auf die Repräsentanten 0, 1, $'$, $\frown$ und $\smile$, und zeige, daß man eine BOOLEsche Algebra erhält.

28.2. Man führe neben den in Nr. 1 betrachteten aussagenlogischen Verknüpfungen *entweder a oder b* ein mit der Festlegung, daß dies genau dann wahr sein soll, wenn genau eine der beiden Aussagen a, b wahr ist. Man zeige, daß man *entweder a oder b* mit Hilfe von *nicht*, *und* und *oder* definieren kann.

28.3. Man entscheide, ob die nachstehenden Folgebehauptungen für Terme gelten ($u \to v$ steht für $\neg\,(u \wedge \neg v)$):

a) $$z \to (x \vee y) \models_k (z \to x) \vee (z \to y),$$

b) $$(x \to z) \vee (y \to z) \models_k (x \vee y) \to z.$$

Literatur.

SCHMIDT, H. A.: Mathematische Gesetze der Logik I. Berlin-Göttingen-Heidelberg: Springer 1960.

RASIOWA, H., SIKORSKI, R.: The Mathematics of Metamathematics. Warszawa: Państwowe Wydawnictwo Naukowe 1963.

§ 29. Pseudoboolesche Verbände und intuitionistische Aussagenlogik.

1. *Zum Wahrheitsbegriff.* Im vorigen Paragraphen sind wir von der klassischen Vorstellung ausgegangen, daß eine Primaussage „an sich" wahr oder falsch ist. Es war dann möglich, ausgehend von einem Bereich von Primaussagen, einen größeren Aussagenbereich durch Einführung von aussagenlogischen Verknüpfungen aufzubauen, und für die Aussagen die Wahrheit bzw. Falschheit zu definieren. Es ergab sich insbesondere, daß der Wahrheitswert einer zusammengesetzten Aussage bekannt ist, sobald dies für die Bestandteile der Fall ist.

Das letztgenannte gilt allerdings nicht mehr generell, wenn der Aussagenbereich zusätzlich durch Quantoren wie *für alle* und *es gibt* erweitert wird. So ist z. B. heute nicht bekannt, ob die Aussage

(*) es gibt wenigstens eine ungerade vollkommene Zahl

wahr oder falsch ist, obwohl der Wahrheitswert für jeden der zugehörigen „Bestandteile"

1 ist eine ungerade vollkommene Zahl

2 ist eine ungerade vollkommene Zahl

3 ist eine ungerade vollkommene Zahl

. . . .

effektiv ermittelt werden kann. Trotzdem hält die klassische Auffassung daran fest, daß (*) „an sich" wahr oder falsch ist. Daneben gibt es auch Primaussagen, deren Wahrheitswert z. Z. unbekannt ist, wie z. B. die Aussage *der Planet Pluto hat wenigstens einen Mond.*

Das *klassische wahr* (*falsch*) ist absolut. Man kann daneben ein *relativiertes wahr* (*falsch*) untersuchen, bei welchem eine Aussage in einem bestimmten Zeitpunkt als wahr (falsch) bezeichnet wird, wenn ihr Zutreffen (Nichtzutreffen) bis zu diesem Termin nachgewiesen ist (oder wenigstens durch ein Verfahren festgestellt werden kann, welches, wie zu diesem Zeitpunkt bekannt, nach endlich vielen Schritten abbricht). Bei dieser Auffassung wird es zu jedem Zeitpunkt neben wahren und falschen auch offene Aussagen geben, über deren Wahrheit bzw. Falschheit zu diesem Termin (auch prinzipiell) noch nicht entschieden ist.

Wenn eine Aussage a zu einem Zeitpunkt t offen ist, so ist es möglich, daß sie zu einem späteren Zeitpunkt t_1 wahr wird, es ist aber auch möglich, daß sie zu einem späteren Zeitpunkt t_2 falsch wird. Natürlich ist es nicht möglich, daß sich *beide* Zeitpunkte in der Wirklichkeit realisieren; dann wäre z. B. t_1 früher als t_2, und die zur Zeit t_1 wahre Aussage würde später falsch werden, was wir nicht zulassen wollen. Aus dieser Überlegung ergibt sich, daß wir die betrachteten Zeitpunkte nicht als wirkliche, sondern als *mögliche* Zeitpunkte, oder auch „Erkenntnisstadien" ansehen sollten. Diese *Stadien* (wie wir sie kurz nennen wollen) sollen in bezug auf eine transitive früher-oder-gleich-Beziehung eine Halbordnung bilden. $s_1 \leqq s_2$ soll besagen, daß das Stadium s_1 früher ist als das Stadium s_2 oder aber mit s_2 identisch ist.

Wir gehen also von der Vorstellung aus, daß eine Aussage a in einem Stadium s wahr oder falsch oder offen ist. Eine in einem Stadium wahre (falsche) Aussage bleibt in jedem späteren Stadium wahr (falsch) (*Persistenzbedingung*). Eine in einem Stadium offene Aussage kann dagegen später wahr oder falsch werden.

2. *Aussagenlogische Verknüpfungen.* Im vorangehenden Paragraphen haben wir auf der Basis des klassischen Wahrheitsbegriffs die klassische Aussagenlogik behandelt. Wir wollen hier analog (im Anschluß an Beth, Kripke und Grzegorczyk) auf der Basis des relativierten Wahrheitsbegriffs die intuitionistische Logik begründen.

Wir nehmen an, daß eine Klasse von *Primaussagen* vorliegt, die im Einklang mit der Persistenzbedingung in gewissen Stadien wahr, falsch oder offen sind. Mit Hilfe der Verknüpfungen *nicht*, *und*, *oder* und *wenn-so* bilden wir wie in § 28 die *Aussagen*. Es handelt sich nun darum, zu definieren, wann diese Aussagen wahr bzw. falsch sind. Dabei ist natürlich auch hier die Persistenzbedingung zu erfüllen.

Wir beschränken uns zunächst auf das Wahrheitsprädikat (zur Falschheit vgl. die Bemerkung am Schluß dieser Nummer). Wir werden dabei, soweit dies möglich ist, die klassischen Definitionen übernehmen. So setzen wir insbesondere fest:

a *und* b ist in s wahr genau dann, wenn a und b in s wahr sind.

a *oder* b ist in s wahr genau dann, wenn a oder b in s wahr ist.

Man zeigt leicht, daß sich aus der Persistenzbedingung für a und für b auch die Persistenzbedingung für die zusammengesetzten Aussagen ergibt. Wenn z. B. a *und* b im Stadium s_1 wahr ist, so sind a und b im Stadium s_1 wahr, also auch wahr in jedem späteren Stadium s_2; damit ist auch a *und* b in s_2 wahr.

Bei den Verknüpfungen *nicht* und *wenn-so* kann man jedoch nicht die in § 28 gegebenen Definitionen unmittelbar übertragen, ohne mit der Persistenzbedingung in Konflikt zu geraten. Nehmen wir etwa die Negation. Man könnte versuchen, zu definieren: *nicht* a ist im Stadium s wahr genau dann, wenn a im Stadium s nicht wahr ist. Nun könnte es jedoch sein, daß a in s_1 offen ist, und in einem späteren Stadium s_2 wahr wird. Dann wäre aber *nicht* a nach der soeben vorgeschlagenen Definition in s_1 wahr, jedoch nicht in s_2, entgegen der Persistenzbedingung. Diese Schwierigkeit wird beseitigt durch die folgende Definition:

nicht a ist in s_1 wahr genau dann, wenn a in keinem Stadium s_2 mit $s_1 \leqq s_2$ wahr ist.

Bei dieser Definition gilt die Persistenzbedingung für *nicht* a, vorausgesetzt, daß sie für a erfüllt ist: Ist *nicht* a in s wahr, und ist $s \leqq s_1$, so ist *nicht* a auch in s_1 wahr, denn für jedes s_2 mit $s_1 \leqq s_2$ gilt auch $s \leqq s_2$, so daß a in s_2 nicht wahr ist.

Auch für *wenn-so* kann man die Wahrheitsdefinition von § 28 nicht wörtlich übernehmen (vgl. Aufgabe 29.2). Ähnlich wie bei der Negation definieren wir daher:

wenn a, *so* b ist in s_1 wahr genau dann, wenn für jedes Stadium s_2 mit $s_1 \leqq s_2$ gilt: wenn a in s_2 wahr ist, so ist auch b in s_2 wahr.

Ist *wenn* a, *so* b in s wahr und $s \leqq s_1$, sowie $s_1 \leqq s_2$, so ist $s \leqq s_2$. Wenn daher a in s_2 wahr ist, so auch b. Damit hat man die Persistenzbedingung nachgewiesen.

f sei eine Aussage, die in jedem Stadium falsch ist. Dann gilt:

nicht a ist im Stadium s wahr genau dann, wenn *wenn* a, *so* f in s wahr ist.

Beweis: *wenn a, so f* ist wahr in s

genau dann, wenn: wenn a in s_1 wahr ist, so ist auch f in s_1 wahr (für jedes s_1 mit $s \leqq s_1$)

genau dann, wenn: für kein solches s_1 ist a wahr

genau dann, wenn: *nicht a* ist in s wahr.

Auf Grund der damit nachgewiesenen Äquivalenz kann man auf die Negation verzichten, wenn man eine in jedem Stadium falsche Aussage zur Verfügung hat.

Im folgenden soll unter einem *intuitionistischen Aussagenbereich* eine Menge von Aussagen verstanden werden, welche man, ausgehend von Primaussagen der oben betrachteten Art, in der soeben besprochenen Weise durch Einführung von aussagenlogischen Verknüpfungen erhalten kann.

Bemerkung zur Falschheit: Von den beiden im klassischen Fall äquivalenten Definitionen (F_k), (F_k') aus § 28 ist die erste offenbar mit der Persistenzbedingung nicht verträglich. Wir können jedoch die zweite übernehmen und definieren:

(F_i') Eine Aussage a ist falsch im Stadium s genau dann, wenn die Aussage *nicht a* im Stadium s wahr ist[1].

3. *Intuitionistische Aussagenstrukturen.* Analog zum klassischen Fall geben wir folgende

Definition 29.1. Eine Struktur $\mathfrak{M} = \langle M, w, f, \wedge, \vee, \rightarrow, S, \leqq, W\rangle$, bei der $\langle M, w, f, \wedge, \vee, \rightarrow\rangle$ eine Algebra vom Typ $\langle 0, 0, 2, 2, 2\rangle$ ist, $\langle S, \leqq\rangle$ ein Relativ vom Typ $\langle 2\rangle$, und bei der W eine zweistellige Relation ist, welche für alle Paare $\langle a, s\rangle$ mit $a \in M$ und $s \in S$ erklärt ist, heißt eine *intuitionistische Aussagenstruktur*, wenn für alle $a, b \in M$ und jedes $s \in S$ gilt:

$(I_\leqq)$ S ist in bezug auf $\leqq$ eine Halbordnung.

(I_W) (Persistenz) Wenn $W\, a\, s$, so $W\, a\, t$ für jedes $t \in S$ mit $s \leqq t$.

(I_w) $W\, w\, s$.

(I_f) Nicht $W\, f\, s$.

---

[1] Vgl. dazu HEYTING [1934], p. 16.

Für Primaussagen ist nach den obigen Überlegungen der Begriff der Falschheit von vornherein gegeben; er wird jedoch auch für diese Aussagen durch (F_i') von neuem definiert. Ist eine Primaussage a im Stadium s falsch im ursprünglichen Sinne, so gilt dies wegen der Persistenzbedingung auch für jedes spätere Stadium. Damit ist a in keinem späteren Stadium wahr. Dies besagt, daß *nicht a* im Stadium s wahr ist, daß also a in s im neuen Sinne falsch ist. — Man kann dagegen nicht ausschließen, daß eine im Stadium s ursprünglich offene Primaussage a im Sinne von (F_i') falsch wird. Es könnte nämlich sein, daß a für kein Stadium s_1 mit $s \leqq s_1$ wahr wird. Dann wäre *nicht a* in s wahr, also a in s falsch.

$(I_\wedge)$ $W\,a \wedge b\,s$ genau dann, wenn $W\,a\,s$ und $W\,b\,s$.

$(I_\vee)$ $W\,a \vee b\,s$ genau dann, wenn $W\,a\,s$ oder $W\,b\,s$.

$(I_\rightarrow)$ $W\,a \rightarrow b\,s$ genau dann, wenn für jedes s_1 mit $s \leqq s_1$: wenn $W\,a\,s_1$, so $W\,b\,s_1$.

Zeichnet man in einem intuitionistischen Aussagenbereich eine immer wahre Aussage w und eine immer falsche Aussage f aus, definiert man $a \wedge b$ als *a und b*, $a \vee b$ als *a oder b*, $a \rightarrow b$ als *wenn a, so b*, nimmt man für S und die Relation $\leqq$ die Menge der Stadien mit der dort gegebenen früher-oder-gleich-Beziehung, setzt man schließlich $W\,a\,s$ genau dann, wenn die Aussage a im Stadium s wahr ist, so gewinnt man ein Beispiel für eine intuitionistische Aussagenstruktur. Im Hinblick auf dieses Beispiel sollen generell die Elemente von M *Aussagen* heißen und die Elemente von S *Stadien*; ferner soll a in s *wahr* genannt werden, falls $W\,a\,s$.

4. *Zu jeder intuitionistischen Aussagenstruktur* $\mathfrak{M}$ *kann man einen pseudobooleschen Verband* $\mathfrak{M}_p$ *angeben und einen Homomorphismus von* $\mathfrak{M}$ *auf* $\mathfrak{M}_p$. Wir führen dazu für die Aussagen von $\mathfrak{M}$ eine Äquivalenzrelation $\sim$ ein durch die Definition:

$a \sim b$ genau dann, wenn für jedes Stadium s: $W\,a\,s$ genau dann, wenn $W\,b\,s$.

$\bar{a}$ sei die Äquivalenzklasse, in der a liegt. Aus $a_1 \sim a_2$ und $b_1 \sim b_2$ ergibt sich $a_1 \wedge b_1 \sim a_2 \wedge b_2$, $a_1 \vee b_1 \sim a_2 \vee b_2$, $a_1 \rightarrow b_1 \sim a_2 \rightarrow b_2$:

a) Aus $W\,a_1 \wedge b_1\,s$ ergibt sich $W\,a_1\,s$ und $W\,b_1\,s$, also $W\,a_2\,s$ und $W\,b_2\,s$, also $W\,a_2 \wedge b_2\,s$. (Die umgekehrte Beziehung erhält man aus Symmetriegründen.)

b) Aus $W\,a_1 \vee b_1\,s$ erhält man $W\,a_1\,s$ (oder $W\,b_1\,s$, wonach man analog schließt), also $W\,a_2\,s$ und damit $W\,a_2 \vee b_2\,s$.

c) Sei $W\,a_1 \rightarrow b_1\,s$. Es ist zu zeigen, daß $W\,a_2 \rightarrow b_2\,s$. Sei dazu $s \leqq t$ und $W\,a_2\,t$. Man muß nachweisen, daß $W\,b_2\,t$. Aus $W\,a_2\,t$ ergibt sich $W\,a_1\,t$, und hieraus $W\,b_1\,t$ wegen $W\,a_1 \rightarrow b_1\,s$. Es folgt $W\,b_2\,t$.

Man kann nun unabhängig von den Repräsentanten für die Aussagenklassen Operationen einführen durch die Definitionen:

$$\bar{a} \frown \bar{b} = \overline{a \wedge b},\ \bar{a} \smile \bar{b} = \overline{a \vee b},\ \bar{a} \rightarrow\!\!\!\!\supset \bar{b} = \overline{a \rightarrow b}.$$

Ferner setzen wir

$$0 = \bar{f},\ 1 = \bar{w}.$$

Die Aussagenklassen bilden in bezug auf 0, 1, $\frown$, $\smile$, und $\rightarrow\!\!\!\!\supset$ einen pseudobooleschen Verband, den wir $\mathfrak{M}_p$ nennen wollen. Nach Satz 25.2 hat man zu zeigen, daß neben den Verbandsaxiomen die Gesetze (PB1) bis (PB6) gelten.

Es ist $W\,a \wedge b\,s$ genau dann, wenn $W\,b \wedge a\,s$. Es folgt $a \wedge b \sim b \wedge a$, $\overline{a \wedge b} = \overline{b \wedge a}$, $\bar{a} \frown \bar{b} = \bar{b} \frown \bar{a}$. Damit hat man $(K_\frown)$. Ähnlich schließt man bei den weiteren Verbandsaxiomen. Wir wollen hier nur noch auf $(V_\cup)$ eingehen: Wenn $W\,a\,s$, so auch $W\,a \vee (a \wedge b)\,s$. Wenn nun umgekehrt $W\,a \vee (a \wedge b)\,s$, so $W\,a\,s$ oder $W\,a \wedge b\,s$, also in jedem Falle $W\,a\,s$. Daher ist $a \vee (a \wedge b) \sim a$, woraus sich $(V_\cup)$ ergibt.

f und $f \wedge a$ werden nie wahr. Es folgt $f \wedge a \sim f$, und damit (PB1).

w und $w \vee a$ sind immer wahr. Es folgt $w \vee a \sim w$, und damit (PB2).

$a \rightarrow a$ und w sind immer wahr. Somit hat man $a \rightarrow a \sim w$, und damit (PB3).

Sei $W\,a \wedge (a \rightarrow b)\,s$. Dann ist $W\,a\,s$ und $W\,a \rightarrow b\,s$, also auch $W\,b\,s$, und damit $W\,a \wedge b\,s$. Sei umgekehrt $W\,a \wedge b\,s$. Es folgt $W\,a\,s$ und $W\,b\,s$. Aus $W\,b\,s$ ergibt sich $W\,b\,t$ für jedes t mit $s \leqq t$. Es folgt $W\,a \rightarrow b\,s$. Damit hat man $W\,a \wedge (a \rightarrow b)\,s$. Die vorangehenden Überlegungen zeigen, daß $a \wedge (a \rightarrow b) \sim a \wedge b$, woraus sich (PB4) ergibt.

Sei $W\,(a \wedge b) \rightarrow c\,s$. Wir wollen zeigen, daß $W\,a \rightarrow (b \rightarrow c)\,s$. Sei $s \leqq t$ und $W\,a\,t$. Es ist nachzuweisen, daß $W\,b \rightarrow c\,t$. Sei $t \leqq u$ und $W\,b\,u$. Es ist zu zeigen, daß $W\,c\,u$. Man hat $W\,a\,t$, also $W\,a\,u$ und damit $W\,a \wedge b\,u$. Dies ergibt mit $W\,(a \wedge b) \rightarrow c\,u$, daß $W\,c\,u$. — Sei nun umgekehrt $W\,a \rightarrow (b \rightarrow c)\,s$. Es soll gezeigt werden, daß $W\,(a \wedge b) \rightarrow c\,s$. Sei $s \leqq t$ und $W\,a \wedge b\,t$. Es ist zu zeigen, daß $W\,c\,t$. Aus $W\,a \wedge b\,t$ ergibt sich $W\,a\,t$ und $W\,b\,t$. $W\,a\,t$ und $W\,a \rightarrow (b \rightarrow c)\,s$ liefert $W\,b \rightarrow c\,t$. Hieraus folgt mit $W\,b\,t$, daß $W\,c\,t$. Man hat also $(a \wedge b) \rightarrow c \sim a \rightarrow (b \rightarrow c)$ und damit (PB5).

Aus $W\,(a \rightarrow b) \wedge b\,s$ ergibt sich $W\,b\,s$. Sei umgekehrt $W\,b\,s$. Dann ist $W\,b\,t$ für jedes t mit $s \leqq t$, also $W\,a \rightarrow b\,s$, also auch $W\,(a \rightarrow b) \wedge b\,s$. Es folgt $(a \rightarrow b) \wedge b \sim b$, und damit (PB6).

Wie man leicht sieht, ist $^-$ ein Homomorphismus von $\mathfrak{M}$ auf $\mathfrak{M}_p$.

5. *Jeder pseudoboolesche Verband V gibt Anlaß zur Bildung einer intuitionistischen Aussagenstruktur V_i.* Dabei wird jedes Element von V als Aussage aufgefaßt. Man setze:

$$w = 1,\ f = 0,\ a \wedge b = a \frown b,\ a \vee b = a \smile b,\ a \rightarrow b = a \rightarrow\!\!\!\supset b.$$

S sei die Menge der von V verschiedenen $\frown$-Primideale von V (im folgenden kurz „Primideale“ genannt) (vgl. § 20 und § 23). Sind P, Q zwei derartige Primideale, so setze man

$$P \leqq Q \text{ genau dann, wenn } P \subset Q.$$

Schließlich sei eine Aussage a *wahr* für das Primideal P genau dann, wenn $a \in P$.

Bei diesen Festlegungen gelten die Forderungen, durch welche wir die intuitionistischen Aussagenstrukturen charakterisiert haben:

Zu $(I_{\leqq})$: Die mengentheoretische Inklusion ist eine Halbordnung.

Zu (I_W): Ist $a \in P$ und $P \subset Q$, so $a \in Q$.

Zu (I_w): 1 gehört zu jedem Primideal.

Zu (I_f): 0 gehört zu keinem Primideal P, da sonst $P = V$.

Zu $(I_\wedge)$: Nach $(12.3_\frown)$ gilt $a \frown b \in P \leftrightarrow a \in P$ und $b \in P$.

Zu $(I_\vee)$: Nach (20.3) gilt $a \smile b \in P \leftrightarrow a \in P$ oder $b \in P$.

Zu $(I_\rightarrow)$: Sei zunächst $a \dashrightarrow b \in P$. Sei $P \subset Q$ und $a \in Q$. Dann ist $b \in Q$ nach Satz 25.9. Sei umgekehrt $P \subset Q$ und $a \in Q$, *so* $b \in Q$ für jedes von V verschiedene $\frown$-Primideal Q. Dann gilt diese Beziehung auch für *jedes* $\frown$-Primideal, da sie für $Q = V$ trivial ist. Damit ergibt sich aus Satz 25.9, daß $a \dashrightarrow b \in P$.

6. *Ein intuitionistischer Folgerungsbegriff.* Wir betrachten im folgenden Terme, welche mit Hilfe von $\top$, $\bot$, $\wedge$, $\vee$ und $\rightarrow$ gebildet sind.

Definition 29.2. Eine Abbildung B der Menge der Terme in die Aussagenmenge M einer intuitionistischen Aussagenstruktur $\mathfrak{M}$ heißt eine *Bewertung über* $\mathfrak{M}$, wenn die folgenden Bedingungen erfüllt sind:

$(B^i_\top)$ $\quad B(\top) = w.$

$(B^i_\bot)$ $\quad B(\bot) = f.$

$(B^i_\wedge)$ $\quad B(\alpha \wedge \beta) = B(\alpha) \mathbin{\dot\wedge} B(\beta).$

$(B^i_\vee)$ $\quad B(\alpha \vee \beta) = B(\alpha) \mathbin{\dot\vee} B(\beta).$

$(B^i_\rightarrow)$ $\quad B(\alpha \rightarrow \beta) = B(\alpha) \mathbin{\dot\rightarrow} B(\beta).$

(Im Hinblick auf die Tatsache, daß die Terme durch solche Bewertungen auf Aussagen abgebildet werden, nennt man in diesem Zusammenhang die Terme auch *Aussageformen* und die Variablen *Aussagevariablen.*)

Definition 29.3. *Aus dem Term* α *folgt intuitionistisch der Term* β, symbolisch

$$\alpha \models_i \beta,$$

genau dann, wenn für jede intuitionistische Aussagenstruktur $\mathfrak{M}$, jedes Stadium s von $\mathfrak{M}$ und jede Bewertung B über $\mathfrak{M}$, bei der $B(\alpha)$ in s wahr ist, auch $B(\beta)$ in s wahr ist.

Definition 29.4. *Eine Aussage* b einer intuitionistischen Aussagenstruktur $\mathfrak{M}$ *folgt intuitionistisch aus einer Aussage* a dieser Struktur genau dann, wenn es Terme α, β und eine Bewertung B über $\mathfrak{M}$ gibt, derart, daß $B(\alpha) = a$, $B(\beta) = b$ und $\alpha \models_i \beta$. — Aus den beiden letzten Definitionen ergibt sich sofort

Satz 29.1. Wenn b intuitionistisch aus a folgt und in einem Stadium s wahr ist, so ist auch b in s wahr.

Analog zu Satz 28.2 gilt hier (zu $\Vdash_p$ vgl. § 26)

Satz 29.2. $\alpha \models_i \beta$ genau dann, wenn $\alpha \Vdash_p \beta$.

Wie in § 28 erhält man als Korollar

Satz 29.3 (*Vollständigkeitssatz für die intuitionistische Aussagenlogik*). Der Kalkül Σ_p liefert alle (und nur die) Sequenzen $\alpha\,\beta$, für welche $\alpha \models_i \beta$.

Beweis von Satz 29.2.

(a) Es sei $\alpha \Vdash_p \beta$. Wir wollen zeigen, daß $\alpha \models_i \beta$. Dazu sei gegeben eine beliebige intuitionistische Aussagenstruktur $\mathfrak{M}$, eine Bewertung B über $\mathfrak{M}$ und ein Stadium s. Es sei $W\,B(\alpha)\,s$. Es ist zu zeigen, daß $W\,B(\beta)\,s$.

Zu $\mathfrak{M}$ bilden wir nach Nr. 4 den pseudobooleschen Verband $\mathfrak{M}_p$. Für jeden Term γ setzen wir (zum Homomorphismus $^-$ vgl. Nr. 4):

$$B^*(\gamma) = \overline{B(\gamma)}.$$

B^* ist offenbar im Sinne von Nr. 7 des Anhangs eine Bewertung über $\mathfrak{M}_p$. Wegen $\alpha \Vdash_p \beta$ hat man $B^*(\alpha) \subset B^*(\beta)$. Aus (25.12) ergibt sich nun $B^*(\alpha) \twoheadrightarrow B^*(\beta) = 1$, also $B^*(\alpha \to \beta) = 1$. Dies bedeutet aber, daß $B(\alpha \to \beta) \sim w$. Es folgt $W\,B(\alpha) \to B(\beta)\,s$, woraus man zusammen mit $W\,B(\alpha)\,s$ auf $W\,B(\beta)\,s$ schließen kann.

(b) Es sei $\alpha \models_i \beta$. Wir wollen zeigen, daß $\alpha \Vdash_p \beta$. Dazu sei vorgegeben ein beliebiger pseudoboolescher Verband V und eine Bewertung B über V. Es muß nachgewiesen werden, daß $B(\alpha) \subset B(\beta)$. Man bilde zu V nach Nr. 5 die intuitionistische Aussagenstruktur V_i. B ist offenbar auch eine Bewertung über V_i im Sinne von Def. 29.2. Aus $\alpha \models_i \beta$ ergibt sich daher, daß für jedes Stadium P $W\,B(\beta)\,P$ aus $W\,B(\alpha)\,P$ folgt. Damit erhält man $B(\beta) \in P$ aus $B(\alpha) \in P$ für jedes von V verschiedene $\frown$-Primideal P. Im Widerspruch hierzu gäbe es, wäre nun nicht, wie behauptet, $B(\alpha) \subset B(\beta)$, nach § 20 (Bemerkung hinter Satz 20.4) ein $\frown$-Primideal P, für welches $B(\alpha) \in P$, aber nicht $B(\beta) \in P$ (ein derartiges P ist wegen $B(\beta) \notin P$ von V verschieden).

Die in § 27 nachgewiesene Entscheidbarkeit der Relation $\Vdash_p$ überträgt sich wegen Satz 29.2 auf $\models_i$.

Aufgaben 29.1. Vorgelegt sei ein Bereich von Aussagen (wie in Nr. 2). Man zeige, daß $a \wedge \neg a$ stets falsch ist. Ferner mache man plausibel, daß $a \vee \neg a$ nicht immer als wahr anzusehen ist (d.h., daß das *Tertium non datur* nicht gilt).

29.2. Man zeige, daß man bei der Definition: *wenn a, so b ist in s wahr* genau dann, wenn (wenn a in s wahr ist, so auch b) nicht erwarten kann, daß die Persistenzbedingung erfüllt ist.

29.3. Man weise nach, daß eine Aussage a in s falsch ist, wenn b in s falsch ist und b aus a intuitionistisch folgt.

Literatur.

HEYTING, A.: Mathematische Grundlagenforschung, Intuitionismus, Beweistheorie. Ergebnisse der Mathematik und ihrer Grenzgebiete Bd. 3, Heft 4. Berlin: Springer 1934.

SCHMIDT, H. A.: Mathematische Gesetze der Logik I. Berlin-Göttingen-Heidelberg: Springer 1960.

BETH, E. W.: Formal Methods. Dordrecht: D. Reidel Publishing Company 1962.

RASIOWA, H., SIKORSKI, R.: The Mathematics of Metamathematics. Warszawa: Państwowe Wydawnictwo Naukowe 1963.

GRZEGORCZYK, A.: A philosophical plausible formal interpretation of intuitionistic logic. Indagationes Mathematicae Bd. 26 (1964) S. 596—601.

KRIPKE, S. A.: Semantical analysis of intuitionistic logic I, in: Formal Systems and Recursive Functions, ed. J. N. CROSSLEY and M. A. E. DUMMETT. Amsterdam: North-Holland Publishing Company 1965.

HEYTING, A.: Intuitionism, an Introduction. Amsterdam: North-Holland Publishing Company [1]1956, [2]1966.

Sechstes Kapitel.

Verschiedenes.

§ 30. Das ZORNsche Lemma.

In der klassischen Mathematik benötigt man für viele Beweise als Voraussetzung das Auswahlaxiom, eine Aussage, bei der man im Zweifel sein kann, ob sie rein logischer oder mengentheoretischer Natur ist[1]. Es ist in den meisten Fällen bequem, nicht das Auswahlaxiom unmittelbar anzuwenden, sondern eine hierzu gleichwertige Aussage. Als solche kommt in der älteren Literatur mit Vorzug der Wohlordnungssatz vor. Die damit in einer Menge M eingeführte Wohlordnung ist jedoch im allgemeinen völlig „unnatürlich", d. h. ohne einen Zusammenhang mit einer vorgegebenen Struktur von M. Man kann eine solche Wohlordnung in vielen Fällen vermeiden, wenn man sich des neuerdings eingeführten ZORNschen Lemmas bedient, das ebenfalls zum Auswahlaxiom äquivalent ist.

Wir formulieren zunächst das *Auswahlaxiom*. Dieses Axiom besagt, daß es zu jeder Menge $\mathfrak{M}$ von nichtleeren Mengen eine Funktion φ gibt, deren Argumente die Elemente von $\mathfrak{M}$ sind, und deren Wert $\varphi(A)$ für jedes Element $A \in \mathfrak{M}$ ein Element von A ist. φ wählt also aus jeder der nichtleeren Mengen A, die Elemente von $\mathfrak{M}$ sind, je ein Element aus.

Das ZORNsche Lemma bezieht sich auf Halbordnungen. Im allgemeinen besitzt eine Halbordnung kein maximales Element (vgl. § 2).

[1] Man spricht vom Auswahl*axiom*, da diese Aussage in vielen Axiomensystemen der Mengenlehre vorkommt.

Dies zeigt etwa die durch die $\leqq$-Beziehung halbgeordnete Menge der ganzen Zahlen. Das ZORNsche Lemma behauptet die Existenz wenigstens eines maximalen Elementes in einer Halbordnung H unter einer geeigneten Voraussetzung. Als solche wird meist gefordert, daß jede nichtleere Kette K von Elementen von H in H eine obere Grenze $g(K)$ besitzen soll. Man kommt jedoch auch mit schwächeren Voraussetzungen aus. Wir haben also:

ZORNsches Lemma. *Falls jede nichtleere Kette von Elementen einer nichtleeren Halbordnung H in dieser Halbordnung eine obere Grenze besitzt, gibt es in H wenigstens ein maximales Element.*

Satz 30.1. Aus dem Auswahlaxiom folgt das ZORNsche Lemma.

Beweis. Wir schließen indirekt und nehmen an, daß H eine nichtleere Halbordnung *ohne* maximales Element ist, in der jede nichtleere Kette K eine obere Grenze $g(K)$ besitzt. Jedem $x \in H$ ordnen wir die nichtleere Menge $S(x)$ aller der Elemente y zu, die x echt übertreffen. $\mathfrak{M}$ sei die Menge aller Mengen $S(x)$. Nach dem Auswahlaxiom gibt es zu $\mathfrak{M}$ eine Funktion φ, die aus jeder Menge $S(x)$ ein Element $\varphi(S(x)) \in S(x)$ auswählt. Wir setzen zur Abkürzung $f(x) = \varphi(S(x))$ und haben

$$x \Subset f(x). \tag{30.1}$$

H ist nach Voraussetzung nicht leer. Wir halten im folgenden ein Element a_0 von H fest. Wir wollen eine Teilmenge Z von H eine ZORN*sche Menge* nennen, falls die drei folgenden Bedingungen erfüllt sind:

(1) $a_0 \in Z$

(2) Wenn $x \in Z$, so $f(x) \in Z$

(3) Wenn K eine nichtleere Kette ist und $K \subset Z$, so $g(K) \in Z$.

Triviale Beispiele für ZORNsche Mengen sind die gesamte Halbordnung H und die Menge aller $x \supset a_0$. Der *Durchschnitt Z_0 aller* ZORN*schen Mengen* ist ebenfalls eine ZORNsche Menge. Wir zeigen etwa, daß Z_0 die Bedingung (2) erfüllt (die Beweise für die anderen Bedingungen verlaufen analog): Wenn $x \in Z_0$, so $x \in Z$ für jede ZORNsche Menge Z, also $f(x) \in Z$ für jede ZORNsche Menge Z und damit $f(x) \in Z_0$.

Z_0 ist also die kleinste ZORNsche Menge. Z_0 enthält nur Elemente, die a_0 umfassen. Wir beweisen anschließend einen Hilfssatz, der besagt, daß Z_0 sogar eine *Kette* ist. Da wegen $a_0 \in Z_0$ die Menge Z_0 nicht leer ist, muß nach (3) $g(Z_0)$ ein Element von Z_0 sein. $g(Z_0)$ ist offenbar das größte Element von Z_0. Dies steht im Widerspruch zu der Tatsache, daß nach (2) $f(g(Z_0))$ ebenfalls ein Element von Z_0 sein muß, weil nach (30.1) $g(Z_0) \Subset f(g(Z_0))$.

Hilfssatz. Z_0 ist eine Kette.

Beweis. Im folgenden verstehen wir unter z stets ein Element von Z_0. Wir wollen ein Element a von Z_0 *ausgezeichnet* nennen, wenn aus $z \Subset a$ stets $f(z) \subset a$ folgt. a_0 ist ausgezeichnet, da es kein $z \Subset a_0$ gibt.

Jedem ausgezeichneten Element a ordnen wir eine Menge $B(a)$ zu, der genau diejenigen z angehören sollen, die in a enthalten sind, sowie diejenigen z, für welche $f(a)$ in z enthalten ist (s. Abb. 30.1).

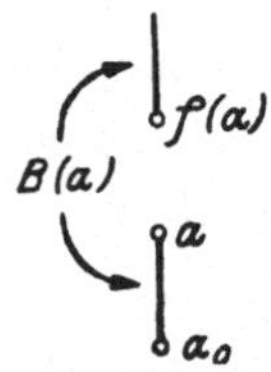

Abb. 30.1. Zum Beweis des ZORNschen Lemmas.

Wir betrachten nun ein beliebiges ausgezeichnetes Element a:

(a) Wegen $a_0 \subset a$ ist $a_0 \in B(a)$. (b) Ist $z \in B(a)$, so gilt wenigstens einer der drei Fälle: $z \Subset a$, $z = a$, $f(a) \subset z$. Man schließt im ersten Falle, daß $f(z) \subset a$, da a ausgezeichnet ist. Im dritten Falle ergibt sich mit (30.1), daß $f(a) \subset f(z)$. Dasselbe gilt trivialerweise im zweiten Falle. In jedem Falle folgt $f(z) \in B(a)$. (c) K sei eine nichtleere Kette von Elementen aus $B(a)$. Wir unterscheiden zwei Fälle. Wenn alle Elemente von K in a enthalten sind, so gilt $g(K) \subset a$, also wegen $g(K) \in Z_0$ auch $g(K) \in B(a)$. Wenn es aber ein $k \in K$ gibt, das nicht in a enthalten ist, so hat man $f(a) \subset k \subset g(K)$, also wieder $g(K) \in B(a)$. Zusammenfassend zeigen (a), (b), (c), daß $B(a)$ *für jedes ausgezeichnete Element a eine* ZORN*sche Menge* ist. Jedes Element der kleinsten ZORNschen Menge Z_0 gehört also zu $B(a)$. Es ist daher $B(a) = Z_0$ für jedes ausgezeichnete Element a.

Wir wollen nun zeigen, daß die Menge A aller ausgezeichneten Elemente selbst eine ZORNsche Menge ist. (a) Daß a_0 ausgezeichnet ist, haben wir schon oben gesehen. (b) Mit a ist auch $f(a)$ ausgezeichnet. Dazu betrachten wir ein $z \Subset f(a)$. Nach der soeben abgeschlossenen Überlegung gehört z zu $B(a)$, so daß entweder $z \subset a$ oder $f(a) \subset z$. Im vorliegenden Falle muß $z \subset a$ gelten. Wenn sogar $z \Subset a$, so ist $f(z) \subset a$, also $f(z) \subset f(a)$. Dies gilt auch, wenn $z = a$. (c) K sei eine nichtleere Kette von ausgezeichneten Elementen. Wir wollen zeigen, daß $g(K)$ ausgezeichnet ist. Sicher gehört $g(K)$ zu Z_0. Wir betrachten ein $z \Subset g(K)$ und unterscheiden wieder zwei Fälle. Wenn es ein $k \in K$ gibt, so daß $z \Subset k$, so ist $f(z) \subset k$, da k ausgezeichnet ist; es folgt $f(z) \subset g(K)$. Den Fall, daß es kein derartiges k gibt, kann man ausschließen: Da k ausgezeichnet ist, so gehört z, wie wir gesehen haben, zu $B(k)$. Wir haben also entweder $z \subset k$ oder $f(k) \subset z$. Wenn $f(k) \subset z$, so ist a fortiori $k \subset z$; dies gilt auch, wenn $z \subset k$, da wir $z \Subset k$ hier ausgeschlossen haben. Wenn aber jedes $k \in K$ in z enthalten ist, so ist auch $g(K) \subset z$ im Widerspruch zu $z \Subset g(K)$.

Wir wissen jetzt, daß jedes Element von Z_0 ausgezeichnet ist, und können nun leicht schließen, daß Z_0 eine Kette ist. Sind a und b Elemente aus Z_0, so ist a ausgezeichnet und man kann zu diesem ausgezeichneten Element die ZORNsche Menge $B(a)$ bilden. b gehört zu $B(a)$. Es gilt also $b \subset a$ oder $f(a) \subset b$ und damit erst recht $a \subset b$. Dies zeigt, daß Z_0 eine Kette ist.

Satz 30.2. Aus dem ZORNschen Lemma folgt das Auswahlaxiom.

Beweis. Wir haben zu zeigen, daß es zu jeder Menge $\mathfrak{M}$ von nichtleeren Mengen eine Funktion φ gibt, die aus jedem Element von $\mathfrak{M}$ eines seiner Elemente auswählt. *Wir setzen zunächst voraus, daß die Elemente von $\mathfrak{M}$ paarweise fremd sind.* M_0 sei die Vereinigungsmenge aller Mengen aus $\mathfrak{M}$. Wir betrachten die Menge $\mathfrak{H}$ der Mengen M, die in M_0 enthalten sind und mit jedem Element von $\mathfrak{M}$ höchstens ein gemeinsames Element haben. $\mathfrak{H}$ ist eine Halbordnung in bezug auf die mengentheoretische Inklusion. $\mathfrak{H}$ ist nicht leer, da die leere Teilmenge von M_0 zu $\mathfrak{H}$ gehört. $\mathfrak{K}$ sei eine nichtleere Kette von Elementen aus $\mathfrak{H}$. Dann ist auch die mengentheoretische Vereinigung $K = \bigcup \mathfrak{K}$ ein Element von $\mathfrak{H}$. Gäbe es nämlich ein Element A von $\mathfrak{M}$, das mit K zwei verschiedene gemeinsame Elemente x_1 und x_2 hätte, so läge x_1 in einem $K_1 \in \mathfrak{K}$ und x_2 in einem $K_2 \in \mathfrak{K}$. Man hat, da $\mathfrak{K}$ eine Kette ist, $K_1 \subset K_2$ (oder umgekehrt, wonach man ebenso schließt). Dann liegen sowohl x_1 als auch x_2 in K_2, was $K_2 \in \mathfrak{K}$ widerspricht. K ist offenbar die obere Grenze von $\mathfrak{K}$ in $\mathfrak{H}$.

Diese Überlegungen zeigen, daß man das ZORNsche Lemma auf $\mathfrak{H}$ anwenden kann. Es gibt also in $\mathfrak{H}$ ein maximales Element M. M hat mit jedem $A \in \mathfrak{M}$ höchstens ein gemeinsames Element. Wäre ein $A \in \mathfrak{M}$ fremd zu M, so wäre für jedes $a \in A$ die Menge $M \cup \{a\}$ ein Element von $\mathfrak{H}$ und effektiv größer als M. M hat also mit jedem Element von $\mathfrak{M}$ genau ein gemeinsames Element. Wenn man jetzt für jedes $A \in \mathfrak{M}$ den Funktionswert $\varphi(A)$ gleich dem Element setzt, das A mit M gemeinsam hat, so ist offenbar φ eine gesuchte Auswahlfunktion.

Auf den soeben behandelten Spezialfall läßt sich der *allgemeine Fall*, in dem nicht vorausgesetzt wird, daß die Elemente von $\mathfrak{M}$ fremd sind, leicht zurückführen. Wir ersetzen die Menge $\mathfrak{M}$ durch eine Menge $\mathfrak{M}^*$ von paarweise fremden Mengen, indem wir jedes Element $A \in \mathfrak{M}$ ersetzen durch die Menge A^*, der genau die geordneten Paare $\langle a, A \rangle$ für $a \in A$ angehören. Durch die so vorgenommene „Indizierung" wird die Elementefremdheit erreicht. Es gibt zu $\mathfrak{M}^*$ eine Auswahlfunktion φ^*. Dann ist offenbar die Funktion φ, die definiert ist durch:

$$\varphi(A) = \text{erste Komponente von } \varphi^*(A^*)$$

eine Auswahlfunktion für $\mathfrak{M}$.

Zum Abschluß dieses Paragraphen beweisen wir noch einige Korollare.

Korollar 1. In einer Halbordnung, in der jede nichtleere Kette eine obere Grenze hat, gibt es *über jedem* Element x ein maximales Element.

Dies kann man sofort aus dem Beweis des ZORNschen Lemmas ersehen, indem man dort $a_0 = x$ setzt; man kann aber auch direkt das ZORNsche Lemma anwenden auf die Teilhalbordnung H^* der Elemente y von H, für welche $y \supset x$ gilt.

Korollar 2 (Satz von HAUSDORFF). Jede Kette K_0 von Elementen einer Halbordnung H ist in eine maximale Kette einbettbar.

Die K_0 umfassenden Ketten von Elementen von H bilden in bezug auf die mengentheoretische Inklusion eine Halbordnung $\mathfrak{H}$, die nicht leer ist, da K_0 dazugehört. Die mengentheoretische Vereinigung $K = \bigcup \mathfrak{K}$ einer Kette $\mathfrak{K}$ von Ketten aus H ist wieder eine Kette: Sind x_1, x_2 beliebige Elemente von K, so liegt x_1 in einem $K_1 \in \mathfrak{K}$ und x_2 in einem $K_2 \in \mathfrak{K}$; da $\mathfrak{K}$ eine Kette ist, haben wir $K_1 \subset K_2$ (oder umgekehrt). x_1 und x_2 liegen also beide in K_2 und sind daher vergleichbar. K ist offenbar die obere Grenze von $\mathfrak{K}$ in $\mathfrak{H}$. Man kann daher das ZORNsche Lemma anwenden. Es gibt also ein maximales Element von $\mathfrak{H}$, und ein solches ist offenbar eine maximale K_0 umfassende Kette von Elementen aus H.

Korollar 3 (*Wohlordnungssatz*). In jeder Menge M gibt es eine Relation, die M wohlordnet.

Wir betrachten die Menge $\mathfrak{H}$ aller Relationen S, zu denen es eine Teilmenge $M(S)$ von M gibt, die durch S wohlgeordnet wird[1]. $\mathfrak{H}$ ist nicht leer, da die leere Relation die leere Teilmenge von M wohlordnet. Wir wollen $\mathfrak{H}$ zu einer Halbordnung machen durch die Einführung einer Inklusion $R_1 \subset R_2$. Wir stellen an diese Inklusion zwei Forderungen:

(1) Es soll generell für jedes geordnete Elementepaar x, y aus dem Bestehen der Relation $x R_1 y$ auf das Bestehen der Relation $x R_2 y$ geschlossen werden können.

(2) Umgekehrt soll für $y \in M(R_1)$ aus dem Bestehen der Relation $x R_2 y$ auf das Bestehen von $x R_1 y$ geschlossen werden können.

Man beachte, daß wir in Beispiel 1.2 für die dort erklärte Inklusion zwischen Relationen nur die Forderung (1) gestellt haben. Aus (2) ergibt sich zusammen mit (1), daß R_1 und R_2 für die Elemente von $M(R_1)$ übereinstimmen.

[1] Es ist bei dem Beweis des Wohlordnungssatzes empfehlenswert, eine Wohlordnung nicht, wie es in der Mathematik meist üblich, und wie es auch in § 2 geschehen ist, einzuführen als eine Menge mit einer gewissen „wohlordnenden" Relation S, sondern sie vielmehr mit dieser Relation S unmittelbar zu identifizieren. Die durch S wohlgeordnete Menge ist dann das *Feld* von S (vgl. den *Anhang*); sie soll hier mit $M(S)$ bezeichnet werden.

Man kann unmittelbar verifizieren, daß $\mathfrak{H}$ in bezug auf $\subset$ eine Halbordnung ist.

$\mathfrak{K}$ sei eine nichtleere Kette von Elementen aus $\mathfrak{H}$. Wir wollen zeigen, daß die mengentheoretische Vereinigung $R = \bigcup \mathfrak{K}$ obere Grenze von $\mathfrak{K}$ in $\mathfrak{H}$ ist. Zunächst ist $R_1 \subset R$ für jedes $R_1 \in \mathfrak{K}$. Wir beschränken uns auf den Nachweis von (2). Für $y \in M(R_1)$ gelte $x R y$, also $x R_2 y$ für ein bestimmtes $R_2 \in K$. Es gilt $R_1 \subset R_2$ oder $R_2 \subset R_1$. Wenn $R_2 \subset R_1$, so folgt unmittelbar $x R_1 y$. Wenn $R_1 \subset R_2$, so folgt $x R_1 y$ aus (2). — Wir sind fertig, sobald wir gezeigt haben, daß R eine Wohlordnung von $M(R)$ ist. $M(R)$ sei dabei das Feld von R. Man überzeugt sich unmittelbar davon, daß $M(R)$ mit der mengentheoretischen Vereinigung aller $M(R_1)$ mit $R_1 \in \mathfrak{K}$ übereinstimmt. Aus $x \in M(R)$ folgt $x \in M(R_1)$ für ein $R_1 \in \mathfrak{K}$; es gilt dann $x R_1 x$ und damit auch $x R x$. R ist also reflexiv. Wir übergehen den leichten Nachweis für die Antisymmetrie und zeigen die Transitivität von R. Es gelte $x R y$ und $y R z$, also $x R_1 y$ und $y R_2 z$ für geeignete $R_1, R_2 \in \mathfrak{K}$. Wenn $R_1 \subset R_2$, so gilt $x R_2 y$ und $y R_2 z$, also $x R_2 z$ und damit $x R z$. Wenn $R_2 \subset R_1$, schließt man entsprechend. Man zeigt ebenso einfach, daß für $x, y \in R(M)$ stets $x R y$ oder $y R x$ gilt. Es bleibt zu beweisen, daß jede nichtleere Teilmenge N von $M(R)$ ein kleinstes Element in bezug auf R besitzt. x sei ein Element von N. Dann liegt x auch im Felde eines $R_1 \in \mathfrak{K}$. Im nichtleeren Durchschnitt $N \cap M(R_1)$ gibt es ein in bezug auf R_1 kleinstes Element y, da R_1 eine Wohlordnung von $M(R_1)$ ist. y ist auch kleinstes Element von N in bezug auf R. Sonst gäbe es ein $z \in N$, für welches $y R z$ falsch ist. Es gilt also $z R y$ und damit $z R_2 y$ für ein $R_2 \in \mathfrak{K}$. Wenn $R_1 \subset R_2$, so ergibt sich $z R_1 y$ mit Hilfe von (2); wegen $y R_1 z$ folgt $y = z$ im Widerspruch dazu, daß $y R z$ falsch ist. Wenn aber $R_2 \subset R_1$, so folgt unmittelbar $z R_1 y$ und damit der Widerspruch.

Wir dürfen also das ZORNsche Lemma anwenden und kommen zu einer maximalen Wohlordnung R in $\mathfrak{H}$. Für eine solche muß aber $M(R) = M$ sein, da man sonst mit Hilfe eines Elementes u aus $M - M(R)$ zu R eine im Sinn von $\subset$ effektiv größere Wohlordnung R^* bilden könnte durch die Festsetzung, daß $x R^* y$ genau dann gelten soll, wenn $x R y$, oder wenn $x \in M(R) \cup \{u\}$ und $y = u$.

Literatur.

BOURBAKI, N.: Sur le théorème de Zorn. Arch. Math. Bd. 2 (1949/1950) S. 434—437.

KNESER, H.: Eine direkte Ableitung des Zornschen Lemmas aus dem Auswahlaxiom. Math. Z. Bd. 53 (1950) S. 110—113.

WITT, E.: Sobre el teorema de Zorn. Revista Mat. Hispano-Americana. Bd. 10 (1950) S. 3—6.

Diese und verschiedene andere Beweise gehen im Prinzip zurück auf die beiden Beweise von ZERMELO für den Wohlordnungssatz:

ZERMELO, E.: Beweis, daß jede Menge wohlgeordnet werden kann. Math. Ann. Bd. 59 (1904) S. 514—516.

ZERMELO, E.: Neuer Beweis für die Möglichkeit einer Wohlordnung. Math. Ann. Bd. 65 (1908) S. 107—128.

§ 31. Der Verband der Kongruenzrelationen eines Verbandes.

Die im Anhang gegebene generelle Erklärung des Begriffs einer Kongruenzrelation in einer Algebra ergibt für den Spezialfall der Verbände die

Definition 31.1. Eine Äquivalenzrelation θ in der Menge der Elemente eines Verbandes V heißt eine *Kongruenzrelation* in V, wenn für beliebige Elemente x_1, x_2, y_1, y_2 von V gilt:

$$\text{wenn } x_1 \theta x_2 \text{ und } y_1 \theta y_2, \text{ so } x_1 \frown y_1 \theta x_2 \frown y_2 \text{ und } x_1 \smile y_1 \theta x_2 \smile y_2. \quad (31.1)$$

Satz 31.1. Wenn θ eine Kongruenzrelation in einem Verband ist und $x \theta y$, so liegen die Elemente x, y, $x \frown y$ und $x \smile y$ in derselben Kongruenzklasse.

Beweis. Aus $x \theta y$ folgt $x \frown y \theta y \frown y$, also $x \frown y \theta y$. Ebenso schließt man für $\smile$.

Satz 31.2. Eine Äquivalenzrelation θ in einem Verband V ist schon dann eine Kongruenzrelation, wenn für alle x, y, z aus V gilt:

$$\text{wenn } x \theta y, \text{ so } x \frown z \theta y \frown z \text{ und } x \smile z \theta y \smile z. \quad (31.2)$$

Beweis. Sei $x_1 \theta x_2$ und $y_1 \theta y_2$. Dann gilt nach (31.2) $x_1 \frown y_1 \theta x_2 \frown y_1$, sowie $y_1 \frown x_2 \theta y_2 \frown x_2$. Aus dem kommutativen Gesetz für $\frown$ und der Transitivität von θ folgt hieraus $x_1 \frown y_1 \theta x_2 \frown y_2$. Der Beweis für $\smile$ wird entsprechend geführt.

Definition 31.2. Eine Teilmenge A eines Verbandes V heißt eine *konvexe Teilmenge von* V, wenn mit zwei Elementen a, b von A auch jedes zwischen a und b gelegene Element c zu A gehört.

Satz 31.3. Ist θ eine Kongruenzrelation und a ein beliebiges Element eines Verbandes V, so ist $\theta(a)$ ein konvexer Teilverband von V. $\theta(0)$ ist darüber hinaus ein $\smile$-Ideal. (Zu $\theta(a)$ vgl. den Anhang.)

Beweis. Aus $x \in \theta(a)$ und $y \in \theta(a)$ folgt nach Satz 31.1, daß $x \frown y \in \theta(a)$ und $x \smile y \in \theta(a)$. $\theta(a)$ ist also ein Teilverband von V. Weiter nehmen wir an, daß $x \in \theta(a)$, $y \in \theta(a)$ und $x \subset z \subset y$. Es folgt $x \theta y$, $x \frown z \theta y \frown z$, also $x \theta z$. Wir haben daher $z \in \theta(a)$. Um nachzuweisen, daß $\theta(0)$ ein $\smile$-Ideal ist, braucht nur noch gezeigt zu werden, daß mit $a \in \theta(0)$ und $b \subset a$ auch $b \in \theta(0)$. Dies ergibt sich direkt aus der Konvexität von $\theta(0)$.

Eine Kongruenzrelation zerlegt also einen Verband in konvexe Teilverbände. Nicht jede solche Zerlegung definiert eine Kongruenzrelation; dies zeigt das in nebenstehender Figur gegebene Beispiel, in dem zwar $a \equiv 1$, jedoch $0 = a \frown b \not\equiv 1 \frown b = b$.

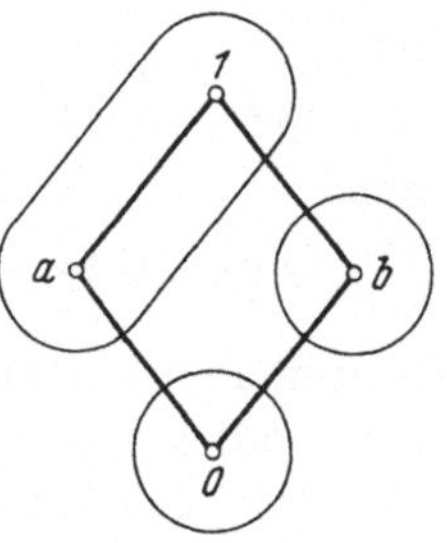

Abb. 31.1. Eine Zerlegung eines Verbandes in konvexe Teilverbände, die keine Kongruenzrelation ist.

Satz 31.4. Für eine Kongruenzrelation θ eines Verbandes gilt allgemein:

$$x\theta y \longleftrightarrow x \frown y \theta x \smile y. \qquad (31.3)$$

Beweis. Wegen Satz 31.1 braucht nur gezeigt zu werden, daß sich aus der rechten Bedingung die linke ergibt. Sei also $x \frown y \theta x \smile y$. Dann gehören $x \frown y$ und $x \smile y$ zu $\theta(x \frown y)$. Wegen der im vorigen Satz bewiesenen Konvexität von $\theta(x \frown y)$ gehören auch die zwischen $x \frown y$ und $x \smile y$ gelegenen Elemente x und y zu $\theta(x \frown y)$. Es folgt, daß $x\theta y$.

Satz 31.5. Eine zweistellige Relation θ in einem Verband V ist genau dann eine Kongruenzrelation in V, wenn die folgenden Bedingungen erfüllt sind:

(1) $x\theta y$ für wenigstens ein Paar x, y von Elementen aus V.

(2) Für alle x, y, z aus V gilt

(a) $x\theta y$ genau dann, wenn $x \frown y\theta x \smile y$,

(b) wenn $x \subset y$ und $x\theta y$, so $x \frown z\theta y \frown z$ und $x \smile z\theta y \smile z$,

(c) wenn $x \subset y \subset z$ und $x\theta y$ und $y\theta z$, so $x\theta z$.

Beweis. Beachtet man Satz 31.4, so sieht man, daß die angegebenen Bedingungen für eine Kongruenzrelation θ gelten. Es bleibt zu zeigen, daß sich aus diesen Bedingungen ergibt, daß θ eine Kongruenzrelation ist.

Zunächst soll bewiesen werden, daß θ eine Äquivalenzrelation ist. Nach (1) gibt es ein x_0 und ein y_0 mit $x_0\theta y_0$. Setzt man $x_1 = x_0 \frown y_0$ und $y_1 = x_0 \smile y_0$, so hat man $x_1 \subset y_1$, und wegen (2a) $x_1\theta y_1$. Nun ergibt sich mit (2b) für eine beliebiges x, daß $(x_1 \frown x) \smile x\theta(y_1 \frown x) \smile x$, also $x\theta x$. Damit hat man die Reflexivität von θ. Die Symmetrie folgt unmittelbar mit (2a). Als Vorbereitung zum Nachweis der Transitivität zeigen wir zunächst:

Wenn $a \subset c \subset b$, $a \subset d \subset b$ *und* $a\,\theta\,b$, *so* $c\,\theta\,d$. (*)

Aus $a\,\theta\,b$ folgt nach (2b), daß $a \frown (c \smile d)\,\theta\,b \frown (c \smile d)$, also $a\,\theta\,c \smile d$. Wieder mit (2b) folgt $a \smile (c \frown d)\,\theta\,(c \smile d) \smile (c \frown d)$, also $c \frown d\,\theta\,c \smile d$, woraus sich $c\,\theta\,d$ mit (2a) ergibt. —

Wir nehmen nun an, daß $x\,\theta\,y$ und $y\,\theta\,z$. Aus (2a) folgert man $x \frown y\,\theta\,x \smile y$ und $y \frown z\,\theta\,y \smile z$. Durch Anwendung von (2b) erhält man weiter

$$(x \cap y) \cup (y \cap z)\; \theta\; (x \cup y) \cap (y \cap z), \quad \text{also} \quad x \cap y \cap z\; \theta\; y \cap z,$$

und

$$(x \cap y) \cup (y \cup z)\; \theta\; (x \cup y) \cup (y \cup z), \quad \text{also} \quad y \cup z\; \theta\; x \cup y \cup z.$$

Nimmt man hierzu $y \cap z\, \theta\, y \cup z$, so ergibt zweimalige Anwendung von (2c), daß $x \cap y \cap z\, \theta\, x \cup y \cup z$, woraus sich mit (*) ergibt, daß $x\, \theta\, z$. Damit ist die Transitivität bewiesen.

Wegen Satz **31.2** bleibt der Nachweis von (31.2). Sei $x \theta y$. Mit (2a) erhält man $x \cap y\, \theta\, x \cup y$, und daraus mit (2b) $x \cap y \cap z\, \theta\, (x \cup y) \cap z$. Mit (*) ergibt sich hieraus $x \cap z \theta y \cap z$. Ähnlich schließt man für $\cup$. —

Nach § **17** ist die Menge $\mathfrak{K}(V)$ der Kongruenzrelationen eines Verbandes V selbst ein vollständiger Verband in bezug auf die mengentheoretische Inklusion. Bevor wir auf allgemeine Eigenschaften dieses Verbandes eingehen, soll für eine Anwendung im nächsten Paragraphen für zwei Elemente a, b (mit $b \subset a$) eines distributiven Verbandes die kleinste Kongruenzrelation bestimmt werden, bei der a und b in derselben Kongruenzklasse liegen. Wegen der Vollständigkeit von $\mathfrak{K}(V)$ gibt es eine derartige Kongruenzrelation.

S a t z **31.6**. a und b seien Elemente eines distributiven Verbandes V mit $b \subset a$. Man definiere für beliebige x, y aus V:

$$x \theta y \quad \text{genau dann, wenn} \quad a \cup (x \cap y) = a \cup (x \cup y) \quad \text{und} \quad (x \cup y) \cap b = (x \cap y) \cap b. \tag{31.4}$$

Dann ist θ eine Kongruenzrelation in V, und zwar die kleinste Kongruenzrelation, bei der a und b kongruent sind.

B e w e i s. Zunächst soll mit Satz **31.5** gezeigt werden, daß θ eine Kongruenzrelation ist. Dabei beachte man, daß für $x \subset y$ sich die Bedingung von (31.4) vereinfacht zu $a \cup x = a \cup y$ und $y \cap b = x \cap b$.

Wegen $x \theta x$ gilt Bedingung (1) aus Satz **31.5**.

Aus $(x \cap y) \cap (x \cup y) = x \cap y$ und $(x \cap y) \cup (x \cup y) = x \cup y$ folgt (2a).

Sei $x \subset y$ und $x \theta y$. Es folgt $a \cup x = a \cup y$ und $y \cap b = x \cap b$. Daraus ergibt sich $(a \cup x) \cap (a \cup z) = (a \cup y) \cap (a \cup z)$, also wegen des distributiven Gesetzes $a \cup (x \cap z) = a \cup (y \cap z)$, ferner $(y \cap z) \cap b = (x \cap z) \cap b$. Hieraus gewinnt man wegen $x \cap z \subset y \cap z$ die Behauptung $x \cap z \theta y \cap z$. Ferner ergibt sich $a \cup (x \cup z) = a \cup (y \cup z)$ und $(y \cap b) \cup (z \cap b) = (x \cap b) \cup (z \cap b)$, also $(y \cup z) \cap b = (x \cup z) \cap b$, und damit wegen $x \cup z \subset y \cup z$ die Behauptung $x \cup z \theta y \cup z$. Dies zeigt (2b).

(2c) folgt unmittelbar.

Wegen der Voraussetzung $b \subset a$ erhält man die Behauptung $a \theta b$.

Es bleibt zu zeigen, daß θ die kleinste Kongruenzrelation ist, bei der a und b kongruent sind. Dazu müssen wir beweisen, daß stets aus $x\theta y$ gefolgert werden kann, daß $x\theta^* y$, wobei θ^* eine beliebige Kongruenzrelation ist, bei der a und b in derselben Kongruenzklasse liegen. Sei also $a\theta^* b$, und seien x und y beliebige Elemente aus V mit $x\theta y$. Wegen (31.4) hat man demnach

$$a \cup (x \cap y) = a \cup (x \cup y) \quad \text{und} \quad (x \cup y) \cap b = (x \cap y) \cap b.$$

Mit Hilfe dieser Beziehungen und unter Verwendung des distributiven Gesetzes erhält man sukzessive für die Kongruenzrelation θ^*:

$$\begin{gathered} a\,\theta^*\, b \\ a \cup (x \cap y)\ \theta^*\ b \cup (x \cap y) \\ a \cup (x \cup y)\ \theta^*\ b \cup (x \cap y) \\ (x \cup y) \cap \big(a \cup (x \cup y)\big)\ \theta^*\ (x \cup y) \cap \big(b \cup (x \cap y)\big) \\ x \cup y\ \theta^*\ \big((x \cup y) \cap b\big) \cup (x \cap y) \\ x \cup y\ \theta^*\ \big((x \cap y) \cap b\big) \cup (x \cap y) \\ x \cup y\ \theta^*\ x \cap y. \end{gathered}$$

Hieraus ergibt sich mit (31.3), daß $x\,\theta^* y$. —

In § 17 wurde ein Verbindungssatz für Zerlegungen bewiesen. Diesen kann man wie folgt formulieren: Für jedes α aus einer nichtleeren Indexmenge I sei θ_α eine Zerlegung der Menge M. x, y seien Elemente von M. Dann ist $x \bigcup \theta_\alpha y$ äquivalent damit, daß es endlich viele Elemente $z_1, \ldots, z_n$ aus M gibt und Indizes $\alpha_i \in I$ derart, daß

$$z_1 = x, \; z_n = y, \quad \text{und} \quad z_i \theta_{\alpha_i} z_{i+1} \quad (i = 1, \ldots, n-1). \tag{31.5}$$

Falls die θ_α Kongruenzrelationen eines Verbandes sind, läßt sich diese Aussage wie folgt modifizieren: x, y seien Elemente von V. Dann ist $x \bigcup \theta_\alpha y$ äquivalent damit, daß es endlich viele Elemente $y_1, \ldots, y_n$ aus V gibt und Indizes $\alpha_i \in I$ derart, daß

$$y_1 = x \cup y, \; y_n = x \cap y, \; y_{i+1} \subset y_i, \quad \text{und} \quad y_i \theta_{\alpha_i} y_{i+1} \; (i = 1, \ldots, n-1). \tag{31.6}$$

Aus der Bedingung (31.6) folgt zunächst wegen (31.5), daß $x \cup y \bigcup \theta_\alpha x \cap y$, und daraus mit (31.4), daß $x \bigcup \theta_\alpha y$.

Sei umgekehrt $x \bigcup \theta_\alpha y$. Dann hat man wegen (31.3) $x \cup y \bigcup \theta_\alpha x \cap y$. Wendet man auf $x \cup y$ und $x \cap y$ die Aussage (31.5) an, so sieht man, daß es $z_1, \ldots, z_n$ und $\theta_{\alpha_1}, \ldots, \theta_{\alpha_{n-1}}$ gibt mit

$$z_1 = x \cup y, \; z_n = x \cap y, \quad \text{und} \quad z_i \theta_{\alpha_i} z_{i+1} \quad (i = 1, \ldots, n-1).$$

Man setze

$$y_i = (z_i \cup \ldots \cup z_n) \cap (x \cup y).$$

Dann hat man $y_1 = x \cup y$, $y_n = x \cap y$, $y_{i+1} \subset y_i$. Schließlich ist wegen $z_i \theta_{\alpha_i} z_{i+1}$ auch

$$\big(z_i \cup (z_{i+1} \cup \ldots \cup z_n)\big) \cap (x \cup y)\ \theta_{\alpha_i} \big((z_{i+1} \cup (z_{i+1} \cup \ldots \cup z_n)\big) \cap (x \cup y),$$

also $y_i\, \theta_{\alpha_i}\, y_{i+1}$.

Satz 31.7. $\mathfrak{K}(V)$ ist distributiv. In $\mathfrak{K}(V)$ gilt sogar das unendliche distributive Gesetz

$$\theta \cap \bigcup \theta_\alpha = \bigcup (\theta \cap \theta_\alpha),$$

wobei α eine beliebige nichtleere Indexmenge durchläuft.

Beweis. Man braucht (vgl. den Beweis von Satz 24.1) nur zu zeigen, daß $\theta \cap \bigcup \theta_\alpha \subset \bigcup (\theta \cap \theta_\alpha)$. Sei dazu $x \theta \cap \bigcup \theta_\alpha\, y$, also $x \theta y$ und $x \bigcup \theta_\alpha\, y$. Nach der obigen Vorüberlegung hat man Elemente $y_1, \ldots, y_n$ sowie Indizes α_i mit (31.6). Aus $x \theta y$ folgt nach Satz 31.4 $x \cup y \theta x \cap y$, also mit Satz 31.3, daß $y_i \theta y_{i+1}$. Man hat daher $y_i \theta \cap \theta_{\alpha_i} y_{i+1}$, woraus sich $x \cup y \bigcup (\theta \cap \theta_{\alpha_i})\, x \cap y$ und damit $x \bigcup (\theta \cap \theta_{\alpha_i})\, y$ ergibt. —

In Verbindung mit Satz 25.4 erhält man aus dem letzten Satz sofort

Satz 31.8. V sei ein beliebiger Verband. Dann ist $\mathfrak{K}(V)$ ein pseudoboolescher Verband.

Wie das folgende Beispiel zeigt, ist $\mathfrak{K}(V)$ nicht immer eine Booleesche Algebra. Im letzten Satz dieses Paragraphen werden hinreichende Bedingungen dafür angegeben, daß der Kongruenzrelationenverband eines Verbandes eine Booleesche Algebra ist.

Beispiel 31.1. Der Verband V der Abbildung 8.1 A hat genau drei nichttriviale Kongruenzrelationen θ_1, θ_2 und θ_3. Dabei besteht θ_1 aus den Klassen $\{a, c\}$, $\{0\}$, $\{b\}$, $\{1\}$, θ_2 aus den Klassen $\{0, a, c\}$, $\{b, 1\}$ und θ_3 aus den Klassen $\{a, c, 1\}$, $\{0, b\}$. Der Verband der Kongruenzrelationen $\mathfrak{K}(V)$ hat also die in Abbildung 31.2 angegebene Gestalt.

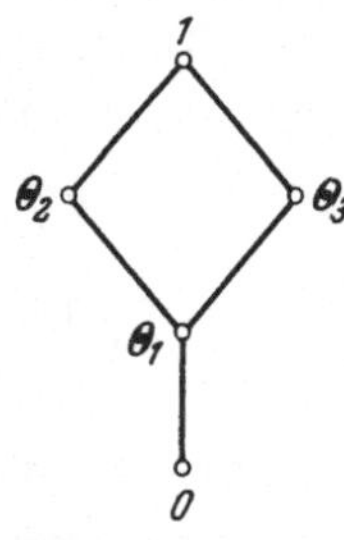

Abb. 31.2. Der Verband der Kongruenzrelationen des Verbandes von Abb. 8.1 A.

Satz 31.9. Je zwei vergleichbare Elemente eines Verbandes V seien durch eine endliche maximale Kette miteinander verbindbar. Ferner sei V modular *oder* relativ komplementär. Dann ist $\mathfrak{K}(V)$ eine Booleesche Algebra.

Beweis. Es genügt wegen Satz 31.7 zu zeigen, daß jede Kongruenzrelation θ im Verband $\mathfrak{K}(V)$ ein Komplement θ' besitzt. Dies bedeutet:

(a) wenn $x \theta \cap \theta' y$, so $x = y$, und

(b) $x \theta \cup \theta' y$ gilt für beliebige x, y aus V.

θ sei eine Kongruenzrelation in V. Wir wollen zeigen, daß θ' ein Komplement von θ ist, wenn θ' definiert ist durch:

$x \theta' y$ genau dann, wenn für beliebige Elemente u, v des Zwischenverbandes $x \cup y / x \cap y$ von $u \theta v$ auf $u = v$ geschlossen werden kann.

Zunächst soll mit Hilfe von Satz 31.5 nachgewiesen werden, daß θ' eine Kongruenzrelation in V ist. Man sieht sofort, daß stets $x\theta' x$, womit die in dem genannten Satz angegebene Bedingung (1) nachgewiesen ist. (2a) ergibt sich daraus, daß der Zwischenverband $x \cup y/x \cap y$ mit dem Zwischenverband $(x \cup y) \cup (x \cap y)/(x \cup y) \cap (x \cap y)$ übereinstimmt.

Für die weiteren Überlegungen beachte man, daß unter der Voraussetzung $x \subset y$ gilt:

$x\theta' y$ genau dann, wenn für alle u, v zwischen x und y aus $u\theta v$ auf $u = v$ geschlossen werden kann.

Um (2c) nachzuweisen, nehmen wir an, daß $x \subset y \subset z$, $x\theta' y$ und $y\theta' z$. Es muß gezeigt werden, daß $x\theta' z$. Dazu nehmen wir an, daß u, v Elemente zwischen x und z seien mit $u\theta v$. Es bleibt der Nachweis von $u = v$.

Es genügt zu zeigen, daß $u_0 = v_0$, wobei $u_0 = u \cap v$, $v_0 = u \cup v$. Hier ist $x \subset u_0 \subset v_0 \subset z$. Ferner gilt $u_0\theta v_0$.

Sei zunächst V *modular*. Aus $u_0\theta v_0$ ergibt sich $u_0 \cap y\theta v_0 \cap y$, also wegen $x\theta' y$, daß $u_0 \cap y = v_0 \cap y$. Ähnlich erhält man $u_0 \cup y = v_0 \cup y$. Wegen $u_0 \subset v_0$ folgt hieraus mit dem letzten Satz aus § 8, daß $u_0 = v_0$.

Sei jetzt V *relativ komplementär*. w sei ein relatives Komplement von v_0 in $v_0 \cup y/u_0$. Man hat also

$$v_0 \cap w = u_0, \quad v_0 \cup w = v_0 \cup y.$$

Es ist $u_0 \cup w\theta v_0 \cup w$, also $w\theta v_0 \cup y$. Es folgt $w \cap y\theta (v_0 \cup y) \cap y$, d.h. $w \cap y\theta y$. Hieraus ergibt sich $w \cap y = y$ wegen $x\theta' y$. Aus $y\theta' z$, $y \subset w \subset z$, $y \subset v_0 \cup y \subset z$ und $w\theta v_0 \cup y$ gewinnt man $w = v_0 \cup y$. Dies ergibt mit $v_0 \cap w = u_0$, daß $v_0 \cap (v_0 \cup y) = u_0$, mit anderen Worten $v_0 = u_0$, w.z.b.w.

Jetzt soll (2b) nachgewiesen werden.

Sei $x \subset y$ und $x\theta' y$. Zum Nachweis von $x \cap z\theta' y \cap z$ nehmen wir an, daß u, v Elemente zwischen $x \cap z$ und $y \cap z$ sind mit $u\theta v$. Wir haben zu zeigen, daß $u = v$.

Wir setzen zunächst voraus, daß V *modular* ist. Dann können wir den Isomorphiesatz aus § 13 anwenden. Wir wollen ihn anwenden auf die Elemente $a = y \cap z$, $b = x$. Es folgt, daß die Abbildung $w' = w \cup x$ mit der Umkehrabbildung $w = y \cap z \cap w'$ (also $w = y \cap z \cap (w \cup x)$) den Zwischenverband $y \cap z/y \cap z \cap x$ (also $y \cap z/x \cap z$) isomorph auf den Zwischenverband $(y \cap z) \cup x/x$ abbildet. Die Elemente u, v gehören zu $y \cap z/x \cap z$. Ihre Bilder $u \cup x$, $v \cup x$ gehören also zu $(y \cap z) \cup x/x$, und damit zu y/x. Wegen $u\theta v$ hat man $u \cup x\theta v \cup x$, und daher $u \cup x = v \cup x$ wegen $x\theta' y$. Es folgt $u = y \cap z \cap (u \cup x) = y \cap z \cap (v \cup x) = v$.

Wir wollen nun annehmen, daß V *relativ komplementär* ist. Wir setzen $s = u \cap v$ und $t = u \cup v$. Wegen $u\theta v$ ist $s\theta t$. Es genügt offenbar zu zeigen, daß $s = t$. Wir haben $x \cap z \subset s \subset t$. p sei ein relatives Komplement von s in $t/x \cap z$. Wir haben also $s \cap p = x \cap z$ und $s \cup p = t$. Aus $s\theta t$ ergibt sich $(s \cap p) \cup x\theta (t \cap p) \cup x$. Es ist $(s \cap p) \cup x = (x \cap z) \cup x = x$ und

$(t \frown p) \smile x = p \smile x$. Wir haben also $x \theta p \smile x$. Wegen $p \subset s \smile p = t \subset y \frown z$ liegen die Elemente x und $p \smile x$ zwischen x und y. Aus $x \theta' y$ und $x \theta p \smile x$ ergibt sich daher, daß $x = p \smile x$. Es folgt $p \subset x$, und zusammen mit $p \subset z$, daß $p \subset x \frown z$, also $p \subset s$. Es folgt $s = s \smile p = t$.

Daß aus $x \subset y$ und $x \theta' y$ sich $x \smile z \theta' y \smile z$ ergibt, folgt in beiden Fällen analog. Im modularen Fall muß man den Isomorphiesatz auf $a = y$ und $b = x \smile z$ anwenden. Falls V relativ komplementär ist, verwende man ein Komplement p von t in $y \smile z/s$.

Damit ist nachgewiesen, daß θ' eine Kongruenzrelation ist. Es bleiben die oben genannten Bedingungen (a) und (b) zu verifizieren.

Sei zunächst $x \theta \frown \theta' y$, also $x \theta y$ und $x \theta' y$. x und y liegen in $x \smile y / x \frown y$. Wegen $x \theta' y$ folgt also aus $x \theta y$, daß $x = y$.

Seien schließlich x, y beliebige Elemente von V. Es soll gezeigt werden, daß $x \theta \smile \theta' y$. Es genügt der Nachweis von $x \frown y \theta \smile \theta' x \smile y$. Nach Voraussetzung gibt es eine maximale Kette $z_1, \ldots, z_n$ von $x \frown y$ nach $x \smile y$. Es genügt nach (31.5) zu zeigen, daß für jedes i (mit $1 \leqq i \leqq n-1$) $z_i \theta z_{i+1}$ oder $z_i \theta' z_{i+1}$. Wenn *nicht* $z_i \theta' z_{i+1}$, so gibt es nach der Definition von θ' in z_{i+1}/z_i verschiedene Elemente u, v mit $u \theta v$. Dieser Zwischenverband hat aber wegen der Maximalität der Kette im vorliegenden Falle nur die beiden Elemente z_i und z_{i+1}. Es folgt also $u = z_i$, $v = z_{i+1}$, also $z_i \theta z_{i+1}$. —

Die in Satz **31.9** angegebene Bedingung dafür, daß der Verband $\mathfrak{K}(V)$ eine BOOLEsche Algebra ist, ist zwar hinreichend, jedoch nicht notwendig. Dies zeigt

B e i s p i e l **31.2**. Der in Abb. **31.3** angegebene Verband V ist nicht modular und nicht relativ komplementär. Da er endlich ist, sind je zwei vergleichbare Elemente durch eine endliche maximale Kette miteinander verbindbar. $\mathfrak{K}(V)$ ist die zweielementige BOOLEsche Algebra. (V ist also einfach im Sinne der in Nr. 4 des Anhangs gegebenen Definition.)

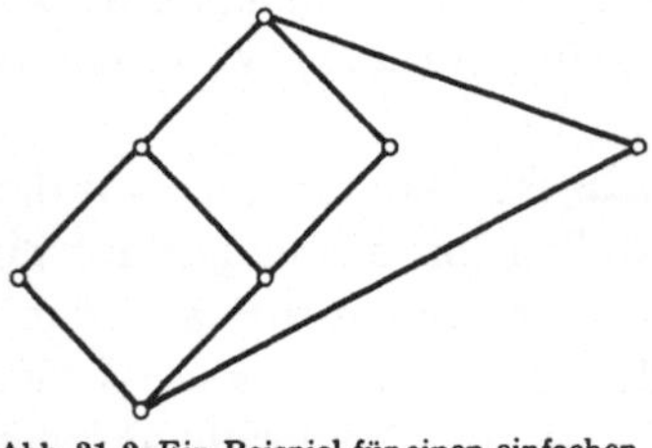

Abb. 31.3. Ein Beispiel für einen einfachen Verband.

A u f g a b e n. **31.1**. Man zeige, daß man für jede Kongruenzrelation θ eines BOOLEschen Verbandes aus $x \theta y$ auf $x' \theta y'$ schließen kann.

31.2. θ sei eine Kongruenzrelation in einer BOOLEschen Algebra. Man zeige, daß

$$x \theta y \longleftrightarrow x \frown y' \theta x' \frown y.$$

31.3. P sei ein $\smile$-Primideal oder ein $\frown$-Primideal von V. Man definiere eine Relation θ durch:

$$x \theta y \longleftrightarrow x, y \in P \quad \text{oder} \quad x, y \in V - P.$$

Man zeige, daß θ eine Kongruenzrelation von V ist.

31.4. Mit $\theta_{x,y}$ werde die kleinste Kongruenzrelation bezeichnet, bei der x und y in einer Kongruenzklasse liegen. Man zeige, daß für $a \subset b$, $a \subset c$ gilt $\theta_{a,b} \smile \theta_{a,c} = \theta_{a,b \smile c}$.

31.5. V sei ein Verband, in dem je zwei vergleichbare Elemente durch eine endliche maximale Kette verbindbar sind. Man beweise, daß in $\mathfrak{K}(V)$ das distributive Gesetz $\theta \smile \bigcap \theta_\alpha = \bigcap (\theta \smile \theta_\alpha)$ gilt.

31.6. Man verifiziere die Behauptungen in den Beispielen 31.1 und 31.2.

Literatur.

Funayama, N.; Nakayama, T.: On the distributivity of a lattice of lattice-congruences. Proc. Imp. Acad. Tokyo, Bd. 18 (1942) S. 553–554.

Dilworth, R. P.: The structure of relatively complemented lattices. Annals of Mathematics, Bd. 51 (1950) S. 348–359.

Crawley, P.: Lattices whose congruences form a boolean algebra. Pacific J. Math., Bd. 10 (1960) S. 787–795.

§ 32. Zusammenhang von Kongruenzrelationen und Idealen in Verbänden.

A sei eine algebraische Struktur und a ein ausgezeichnetes Element von A. Man kann jeder Kongruenzrelation θ von A als *Kern* (genauer: *a-Kern*) die Menge $\theta(a)$ zuordnen (vgl. den Anhang). Es ergeben sich die beiden folgenden Fragen:

(1) Ist diese Zuordnung umkehrbar eindeutig, d. h., folgt allgemein aus $\theta_1(a) = \theta_2(a)$, daß $\theta_1 = \theta_2$?

(2) Wie lassen sich die Kerne $\theta(a)$ charakterisieren, ohne auf die Kongruenzrelationen Bezug zu nehmen?

Bekannt ist das Beispiel der Gruppentheorie. Dort ordnet man einer Kongruenzrelation θ einer Gruppe G als Kern die Menge $\theta(e)$ zu, wo e das Einheitselement von G ist. Diese Zuordnung ist umkehrbar eindeutig. Die auftretenden Kerne lassen sich charakterisieren als spezielle Untergruppen, die sog. Normalteiler von G.

V sei ein Verband mit Nullelement. Man kann einer Kongruenzrelation θ als Kern die Menge $\theta(0)$ zuordnen. Diese Zuordnung ist allerdings im allgemeinen nicht umkehrbar eindeutig, wie Beispiel 32.1 zeigt. Hinreichend für die umkehrbare Eindeutigkeit ist die Abschnittskomplementarität von V (Satz 32.1), jedoch nicht notwendig (Beispiel 32.2). — Wie bereits in Satz 31.3 gezeigt wurde, ist $\theta(0)$ generell ein $\smile$-Ideal. In den Sätzen 32.2 und 32.3 soll bewiesen werden, daß V genau dann distributiv ist, wenn *jedes* $\smile$-Ideal als Kern einer Kongruenzrelation auftritt. Zusammenfassend beantwortet Satz 32.3 die eingangs gestellten Fragen für die distributiven und gleichzeitig abschnittskomplementären Verbände (d. h. für die verallgemeinerten Booleschen Algebren).

Beispiel 32.1. $V = \{0, a, 1\}$ sei eine dreielementige Kette. Man stellt unmittelbar fest, daß es fünf Zerlegungen von V gibt. Die Menge $\{0, 1\}$

ist die einzige nichtkonvexe Teilmenge von V. Die zugehörige Zerlegung gehört daher nach Satz 31.3 nicht zu einer Kongruenzrelation. Man überzeugt sich leicht davon, daß die vier übrigen Zerlegungen Kongruenzrelationen definieren. In V ist jedes $\cup$-Ideal ein Hauptideal. Es gibt daher genau drei $\cup$-Ideale, nämlich (0), (a), (1). Man hat also zu wenig $\cup$-Ideale, um eine eineindeutige Beziehung zwischen diesen Idealen und den Kongruenzrelationen von V herstellen zu können.

Der im vorangehenden Beispiel diskutierte Verband ist nicht abschnittskomplementär. Für solche Verbände hat man

Satz 32.1. Wenn für die Kongruenzrelationen θ_1 und θ_2 eines abschnittskomplementären Verbandes V die Ideale $\theta_1(0)$ und $\theta_2(0)$ übereinstimmen, so ist $\theta_1 = \theta_2$.

Beweis. Sei $\theta_1(0) = \theta_2(0)$. x, y seien beliebige Elemente von V. $x \cap y$ besitzt ein relatives Komplement z im Zwischenverband $x \cup y/0$. Man hat also

$$x \cap y \cap z = 0, \quad (x \cap y) \cup z = x \cup y. \tag{32.1}$$

Wir werden zeigen, daß $x\theta_1 y \longleftrightarrow z\theta_1 0$, d. h., $x\theta_1 y \longleftrightarrow z \in \theta_1(0)$. Ebenso folgt $x\theta_2 y \longleftrightarrow z \in \theta_2(0)$, und daraus mit $\theta_1(0) = \theta_2(0)$, daß $x\theta_1 y \longleftrightarrow x\theta_2 y$.

Sei zunächst $x\theta_1 y$. Es folgt nach Satz 31.4 $x \cap y\theta_1 x \cup y$, und damit $(x \cap y) \cap z\theta_1(x \cup y) \cap z$. Mit (32.1) erhält man wegen $(x \cup y) \cap z = z$, daß $0\theta_1 z$. — Sei umgekehrt $z\theta_1 0$. Es folgt $(x \cap y) \cup z\theta_1(x \cap y) \cup 0$, also mit (32.1) $x \cup y\theta x_1 \cap y$. Hieraus ergibt sich aber $x\theta_1 y$ nach Satz 31.4.

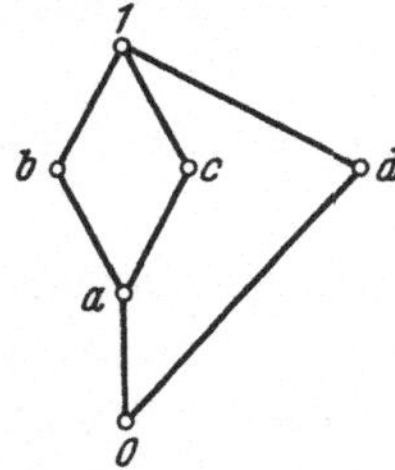

Abb. 32.1. Ein Verband mit genau drei Kongruenzrelationen.

Beispiel 32.2. Der Verband V der Abb. 32.1 besitzt als einzige nichttriviale Kongruenzrelation die Relation θ, die aus den beiden Klassen $\{0, d\}$ und $\{a, b, c, 1\}$ besteht. In V ist also jede Kongruenzrelation eindeutig durch ihren Kern bestimmt. Der Zwischenverband $b/0$ ist nicht komplementär, V ist also nicht abschnittskomplementär.

Satz 32.2. I sei ein $\cup$-Ideal eines distributiven Verbandes V mit Nullelement. Man setze

$x\theta y$ genau dann, wenn es in I ein i gibt, derart daß $(x \cap y) \cup i = x \cup y$. (32.2)

Dann ist θ eine Kongruenzrelation in V und es ist $I = \theta(0)$.

Beweis. Zunächst hat man

$$\begin{aligned} x \in \theta(0) &\longleftrightarrow x\theta 0 \\ &\longleftrightarrow \text{es gibt in } I \text{ ein } i \text{ mit } (x \cap 0) \cup i = x \cup 0 \\ &\longleftrightarrow \text{es gibt in } I \text{ ein } i \text{ mit } i = x \\ &\longleftrightarrow x \in I, \end{aligned}$$

also $\theta(0) = I$. Es bleibt zu zeigen, daß θ eine Kongruenzrelation ist. Dazu zeigen wir, daß die Bedingungen von Satz 31.5 erfüllt sind. Dabei beachte man, daß unter der Voraussetzung $x \subset y$ gilt:

$$x \theta y \text{ genau dann, wenn es in } I \text{ ein } i \text{ gibt mit } x \cup i = y. \qquad (32.3)$$

Zu (1): Wegen $(x \cap x) \cup 0 = x \cup x$ gilt $x \theta x$.

Zu (2a): Sei $x \theta y$, also $(x \cap y) \cup i = x \cup y$ für ein $i \in I$. Dies besagt nach (32.3) wegen $x \cap y \subset x \cup y$, daß $x \cap y \theta x \cup y$. Sei umgekehrt $x \cap y \theta x \cup y$. Man hat dann nach (32.3) für ein $i \in I$ $(x \cap y) \cup i = x \cup y$, woraus sich $x \theta y$ ergibt.

Zu (2b): Sei $x \subset y$ und $x \theta y$. Dann gilt $x \cup i = y$ mit $i \in I$. Es folgt

a) $(x \cup i) \cap z = y \cap z$, also wegen des distributiven Gesetzes $(x \cap z) \cup (i \cap z) = y \cap z$, und damit wegen $i \cap z \in I$, daß $x \cap z \theta y \cap z$.

b) $x \cup i \cup z = y \cup z$, also $x \cup z \theta y \cup z$.

Zu (2c): Sei $x \subset y \subset z$ und $x \theta y$, $y \theta z$. Es gibt also nach (32.3) Elemente $i, j \in I$ mit $x \cup i = y$, $y \cup j = z$. Es folgt $x \cup (i \cup j) = z$ mit $i \cup j \in I$, also $x \theta z$.

Satz 32.3. Wenn V ein nicht-distributiver Verband mit Nullelement ist, so gibt es wenigstens ein $\cup$-Ideal I, so daß $I \neq \theta(0)$ für jede Kongruenzrelation θ über V.

Beweis. Nach Satz 9.3 hat V wenigstens einen der beiden Verbände aus Abb. 8.1 als Teilverband. Wir behandeln die beiden Fälle gleichzeitig und verwenden die Bezeichnungen von Abb. 8.1, setzen jedoch „n“ für das dortige „0“ und „e“ für das dortige „1“ (man beachte, daß n und e nicht mit 0 und 1 von V übereinzustimmen brauchen). Gäbe es zu dem $\cup$-Hauptideal (a) eine Kongruenzrelation θ mit $(a) = \theta(0)$, so wäre $a \theta 0$, $a \cup b \,\theta\, 0 \cup b$, $c \cap (a \cup b) \,\theta\, c \cap (0 \cup b)$, also $c \theta n$. Wegen $n \subset a$ wäre $n \theta 0$, also $c \theta 0$ und damit $c \in \theta(0) = (a)$. Dies ist jedoch nicht der Fall.

Satz 32.4. Ein Verband mit Nullelement ist genau dann distributiv und abschnittskomplementär, wenn die Abbildung, welche den Kongruenzrelationen θ ihre Kerne $\theta(0)$ zuordnet, eine umkehrbar eindeutige Abbildung der Kongruenzrelationen auf *alle* $\cup$-Ideale ist.

Beweis. Im Hinblick auf die vorangehenden Sätze braucht nur gezeigt zu werden, daß ein Verband mit Nullelement, bei dem die Abbildung der Kongruenzrelationen auf ihre Kerne die angegebenen Eigenschaften hat, abschnittskomplementär ist. Dazu muß man zeigen, daß jedes $b \in a/0$ ein relatives Komplement besitzt. Sei θ die kleinste Kongruenzrelation, bei der a und b in einer Klasse liegen. Sei $I = \theta(0)$. Die gemäß Satz 32.2 zu I gebildete Kongruenzrelation hat I als Kern, stimmt also mit θ überein, da nach Voraussetzung Kongruenzrelationen mit demselben Kern identisch sind. Wegen $b \subset a$ weiß man daher nach (32.3), daß es ein s gibt mit $s \in I$ und $b \cup s = a$. Wegen $s \in I$ ist $s\theta 0$. Nun folgt aus Satz 31.6, daß $s \cap b = 0 \cap b$, also $s \cap b = 0$. s ist also ein relatives Komplement von b in $a/0$.

Aufgaben. 32.1. Man nennt ein Element s eines beliebigen Verbandes V ein *Standardelement*, wenn $x \cap (s \cup y) = (x \cap s) \cup (x \cap y)$ für alle $x, y \in V$ gilt. Ein Standardelement von $\mathfrak{J}_\cup(V)$ heißt *Standardideal* von V.

V sei ein Verband mit 0. S sei ein Standardideal von V. Man setze

$$x\,\theta\,y \text{ genau dann, wenn es in } S \text{ ein } s \text{ gibt mit } (x \cap y) \cup s = x \cup y. \quad (32.4)$$

a) Man zeige analog zum Beweis von Satz 32.2, daß θ eine Kongruenzrelation von V ist, und daß $\theta(0) = S$.

b) S sei ein $\cup$-Ideal von V. Man zeige, daß S ein Standardideal von V ist, wenn die durch (32.4) definierte Relation θ eine Kongruenzrelation von V ist.

32.2. Man verifiziere Beispiel 32.2.

Literatur.

Grätzer, G.; Schmidt, E. T.: Ideals and congruence relations in lattices. Acta Math. Acad. Sci. Hung., Bd. 9 (1958) S. 137–175.

Grätzer, G.; Schmidt, E. T.: Standard ideals in lattices. Acta Math. Acad. Sci. Hung., Bd. 12 (1961) S. 17–86.

Anhang.

1. *Zusammenstellung einiger Begriffe und Bezeichnungen aus Logik und Mengenlehre.* Für die aussagenlogischen Verknüpfungen *nicht, und, oder, wenn–so, genau dann wenn–so* (*äquivalent*) werden in diesem Buch zur Abkürzung die Symbole $\neg$, $\wedge$, $\vee$, $\rightarrow$, $\leftrightarrow$ verwendet. Äquivalenzen (gelegentlich auch Implikationen) werden fortlaufend wie Gleichungen geschrieben. Das *oder* wird im Sinne des lateinischen *vel* gebraucht; vgl. hierzu Beispiel 1.1. $\bigwedge a$, $\bigvee a$ sind Abkürzungen für die prädikatenlogischen Quantoren *für alle a, es gibt ein a.*

$x \in M$ bedeutet, daß x ein Element der Menge M ist. Die *leere Menge* hat kein Element. Die Menge $\{x_1, \ldots, x_k\}$ enthält genau die Elemente $x_1, \ldots, x_k$. In Kapitel I werden für Mengen erklärt die Begriffe Durchschnitt, Vereinigung (§ 1), Teilmenge, Inklusion (§ 2) und Komplement (§ 10).

Beliebige, nicht notwendig verschiedene Elemente $x_1, \ldots, x_k$ einer Menge M ($k = 1, 2, 3, \ldots$) definieren in dieser Reihenfolge jeweils genau ein k-Tupel $\langle x_1, \ldots, x_k\rangle$ aus M, dessen r-te Komponente x_r ist ($r = 1, \ldots, k$). Ein 1-Tupel $\langle x_1\rangle$ kann mit x_1 identifiziert werden.

Eine Menge R von k-Tupeln aus M heißt eine *Relation* in M. Für $\langle x_1, \ldots, x_k\rangle \in R$ schreibt man kürzer $R x_1 \ldots x_k$ ("$x_1, \ldots, x_k$ stehen in der Relation R"), im Falle einer zweistelligen Relation auch $x_1 R x_2$. Eine Relation R in M induziert in einer vorgegebenen Teilmenge M'

von M eine Relation R', zu der genau diejenigen k-Tupel gehören, die in R liegen und deren Komponenten sämtlich Elemente von M' sind. Es ist üblich, wieder R an Stelle von R' zu schreiben, wenn Mißverständnisse ausgeschlossen sind. — Ein Element x von M gehört zum *Vorbereich* (*Nachbereich*) einer zweistelligen Relation R über M, wenn es ein y in M gibt, so daß xRy (yRx). Ein Element x von M gehört zum *Feld* einer zweistelligen Relation R über M, wenn x zum Vorbereich oder zum Nachbereich von R gehört.

Eine Teilmenge M' von M heißt *abgeschlossen* in bezug auf eine in M gegebene $(k+1)$-stellige Relation R $(k = 0, 1, 2, \ldots)$, wenn für alle $x_1, \ldots, x_k \in M'$ und alle $x \in M$ aus dem Bestehen der Relation $Rx_1 \ldots x_k x$ folgt, daß auch x in M' liegt. Speziell besagt die Abgeschlossenheit von M' in bezug auf eine einstellige Relation, daß stets $x \in M'$, wenn Rx.

Eine k-stellige *Abbildung* (*Funktion*) φ, die in einer Menge M erklärt ist, ordnet jedem k-Tupel $\langle x_1, \ldots, x_k\rangle$ von Elementen aus M $(k = 1, 2, 3, \ldots)$ eindeutig ein Ding y als *Bild* (*Wert*) zu, das auch mit $\varphi(x_1, \ldots, x_k)$ bezeichnet wird. $\langle x_1, \ldots, x_k\rangle$ heißt ein *Argument* von φ. φ heißt eine Abbildung *in* bzw. *auf* M', wenn jedes Bild in M' liegt, bzw. wenn die Menge aller Bilder mit M' übereinstimmt. Eine Abbildung der k-Tupel von M in M heißt eine *Operation* in M. Es ist oft bequem, wenn man auch *nullstellige* Operationen in M zuläßt; die nullstelligen Operationen in M sollen genau die Elemente von M sein. Ist $\varphi(x) = x$, so heißt x ein *Fixpunkt* (*Fixelement*) von φ. Eine Teilmenge M' von M heißt *abgeschlossen* in bezug auf eine in M erklärte k-stellige Operation φ, wenn für alle $x_1, \ldots, x_k \in M'$ auch das Bild $\varphi(x_1, \ldots, x_k)$ in M' liegt. Dann kann man φ auch als eine Operation in M' auffassen. Die Abgeschlossenheit von M' in bezug auf eine nullstellige Operation y_0 bedeutet, daß $y_0 \in M'$.

Eine einstellige Abbildung φ von M auf N heißt *umkehrbar eindeutig* (*eineindeutig*), wenn verschiedene Argumente stets verschiedene Bilder haben. In diesem Falle existiert genau eine *Umkehrabbildung* ψ, welche die Bildmenge N wieder auf M abbildet, und die gekennzeichnet ist durch die beiden Gleichungen:

$$\psi(\varphi(x)) = x \quad \text{für jedes } x \in M, \tag{A1}$$

$$\varphi(\psi(y)) = y \quad \text{für jedes } y \in N. \tag{A2}$$

Für ψ schreibt man auch oft φ^{-1}. In vielen Fällen kann man die Eineindeutigkeit einer Abbildung φ erschließen aus dem folgenden

Satz. *φ bilde die Menge M ab in die Menge N, ψ die Menge N in die Menge M. Es gelte* (A1) *und* (A2). *Dann ist φ eine eineindeutige Abbildung von M auf N (ebenso ψ eine eineindeutige Abbildung von N auf M, und ψ die Umkehrabbildung von φ).*

Beweis. Aus $\varphi(x_1) = \varphi(x_2)$ folgt $\psi(\varphi(x_1)) = \psi(\varphi(x_2))$, also nach (A1) $x_1 = x_2$, womit die Eineindeutigkeit von φ bewiesen ist. Es bleibt zu zeigen, daß jedes $y \in N$ als Bildelement von φ auftritt. Es sei $x = \psi(y)$. Dann liegt x in M, und es gilt nach (A2) $\varphi(x) = \varphi(\psi(y)) = y$.

Man kann eine in einer Menge M erklärte k-stellige Operation φ mit derjenigen $(k+1)$-stelligen Relation R in M identifizieren, welche definiert ist durch

$$R x_1 \ldots x_k x \longleftrightarrow \varphi(x_1, \ldots, x_k) = x$$

für alle $x_1, \ldots, x_k, x \in M$. Speziell gilt für die einstellige Relation Rx, die einer nullstelligen Operation $y_0 \in M$ entspricht, daß $Rx \longleftrightarrow y_0 = x$ für alle $x \in M$. Man überzeugt sich leicht davon, daß eine Teilmenge M' von M gleichzeitig in bezug auf φ und R abgeschlossen ist.

2. *Algebren und Relative.* Sind in einer Menge M Operationen $\Phi_1, \ldots, \Phi_k$ in dieser Reihenfolge gegeben, so heißt M in bezug auf diese Operationen eine *Algebra.* Sind $n_1, \ldots, n_k$ die Stellenzahlen von $\Phi_1, \ldots, \Phi_k$, so heißt $\langle n_1, \ldots, n_k \rangle$ der *Typ* der Algebra. An Stelle von endlich vielen dürfen auch unendlich viele Operationen in einer Algebra auftreten, die in einer Wohlordnung gegeben sein müssen. Die Operationen $\Phi_1, \ldots, \Phi_k$ heißen *definierende Operationen* der Algebra.

Beispiel A1. Ein *Verband* (§ 1) ist eine Algebra mit den beiden Operationen $\frown$ und $\smile$, also vom Typ $\langle 2, 2 \rangle$. — Eine Boole*sche Algebra* (§ 10) kann man wahlweise auffassen als einen speziellen Verband, wodurch sie den Typ $\langle 2, 2 \rangle$ erhält, oder z. B. als eine Algebra vom Typ $\langle 0, 0, 1, 2, 2 \rangle$ mit den beiden nullstelligen Operationen 0 (Nullelement), 1 (Einselement), der einstelligen Komplementbildung $'$ und den Verbandsoperationen $\frown$, $\smile$. Es ist zweckmäßig, eine *Gruppe* aufzufassen als eine Algebra vom Typ $\langle 0, 1, 2 \rangle$ mit der nullstelligen Operation ε (Einheitselement), der einstelligen Inversenbildung und der zweistelligen Produktoperation. Nimmt man außerdem zu jedem Gruppenelement a die Operation $\varphi(x) = a x a^{-1}$ hinzu[1], so erhält man eine Algebra eines anderen Typs. Solche Typenunterschiede machen sich z. B. bei der später zu behandelnden Teilbildung bemerkbar.

Neben den Algebren betrachtet man in der Mathematik auch Strukturen, in denen Relationen an Stelle von Operationen vorgegeben sind. Solche Strukturen wollen wir *Relative* nennen[2]. Ein *Relativ* ist also eine Menge M mit bestimmten in einer festen Reihenfolge gegebenen in M erklärten Relationen $R_1, \ldots, R_k$. $\langle n_1, \ldots, n_k \rangle$

---

[1] Wenn die Gruppe unendlich viele Elemente hat, muß man die Operationen wohlordnen.

[2] Man kann auch Strukturen betrachten, bei denen sowohl Operationen als Relationen vorgegeben sind. Hierauf wollen wir nicht näher eingehen; ebenso nicht auf die Möglichkeit, die Algebren als spezielle Relative aufzufassen.

heißt der *Typ* des Relativs, wenn R_1 n_1-stellig, ..., R_k n_k-stellig ist. Auch hier wollen wir im allgemeinen eine beliebige wohlgeordnete Menge von Relationen zulassen. Die Relationen $R_1, \ldots R_k$ heißen *definierende Relationen* des Relativs.

Beispiel A2. Eine Halbordnung (§ 2) ist ein Relativ mit der zweistelligen Inklusion, also vom Typ $\langle 2 \rangle$.

3. Wir wollen im folgenden kurz einige wichtige Begriffe aus der Theorie der Algebren und Relative einführen. Nur der einfacheren Schreibweise halber beschränken wir uns dabei auf Algebren M vom Typ $\langle 2, 2 \rangle$ mit den Operationen Φ, Ψ (z. B. Verbände) und Relative vom Typ $\langle 2 \rangle$ mit der Relation R (z. B. Halbordnungen).

Wir beginnen mit der *Teilbildung*. Eine in bezug auf Φ und Ψ abgeschlossene Teilmenge M' der Algebra M ist in bezug auf Φ und Ψ wieder eine Algebra und heißt eine *Teilalgebra* von M. *Jede* Teilmenge M' eines Relativs ist in bezug auf R wieder ein Relativ und heißt ein *Teilrelativ* von M (*Relativierung*).

M_1 sei in bezug auf Φ_1, Ψ_1 und M_2 in bezug auf Φ_2, Ψ_2 eine Algebra. Unter dem *direkten Produkt* $M = M_1 \times M_2$ von M_1 und M_2 versteht man eine Algebra, die wie folgt erklärt ist: *Elemente* von M sind die geordneten Paare (2-Tupel) $\langle x_1, x_2 \rangle$ mit $x_1 \in M_1$, $x_2 \in M_2$. In M sind zwei Operationen Φ, Ψ erklärt, die durch Rückgang auf die Komponenten wie folgt erklärt werden:

$$\begin{aligned} \Phi(\langle x_1, x_2 \rangle, \langle y_1, y_2 \rangle) &= \langle \Phi_1(x_1, y_1), \Phi_2(x_2, y_2) \rangle, \\ \Psi(\langle x_1, x_2 \rangle, \langle y_1, y_2 \rangle) &= \langle \Psi_1(x_1, y_1), \Psi_2(x_2, x_2) \rangle. \end{aligned} \tag{A3}$$

Entsprechend wird das direkte Produkt $M = M_1 \times M_2$ zweier Relative M_1 mit R_1 und M_2 mit R_2 definiert: Die Elemente von M werden wie oben erklärt. Die zweistellige Relation R gewinnt man im Rückgang auf die Komponenten durch die Festsetzung:

$$R\langle x_1, x_2 \rangle \langle y_1, y_2 \rangle \longleftrightarrow R_1 x_1 y_1 \wedge R_2 x_2 y_2. \tag{A4}$$

Die direkte Produktbildung von Algebren und Relativen läßt sich auf beliebig viele typengleiche Faktoren verallgemeinern.

Eine Abbildung φ von M_1 in (auf) M_2 heißt eine *homomorphe Abbildung* oder ein *Homomorphismus* von M_1 in (auf) M_2, wenn im Algebrenfall für beliebige Elemente $x_1, y_1 \in M_1$ die „Vertauschbarkeitsforderungen"

$$\begin{aligned} \varphi(\Phi_1(x_1, y_1)) &= \Phi_2(\varphi(x_1), \varphi(y_1)), \\ \varphi(\Psi_1(x_1, y_1)) &= \Psi_2(\varphi(x_1), \varphi(y_1)) \end{aligned} \tag{A5}$$

gelten. Bei einem Homomorphismus von Relativen wird statt dessen für beliebige Elemente x_1, y_1 von M_1 verlangt:

$$R_1 x_1 y_1 \to R_2\, \varphi(x_1)\, \varphi(y_1). \tag{A6}$$

Ist φ ein Homomorphismus der Algebra M_1 *auf* die Algebra M_2 und darüber hinaus eine umkehrbar eindeutige Abbildung, so heißt φ eine *isomorphe Abbildung* oder ein *Isomorphismus* von M_1 auf M_2. Dann ist φ^{-1} ein Isomorphismus von M_2 auf M_1. Sind nämlich x_2, y_2 beliebige Elemente aus M_2, und setzt man $\varphi^{-1}(x_2) = x_1$, $\varphi^{-1}(y_2) = y_1$, so gilt wegen $x_2 = \varphi(x_1)$, $y_2 = \varphi(y_1)$:

$$\begin{aligned}\varphi^{-1}\big(\Phi_2(x_2, y_2)\big) &= \varphi^{-1}\big(\Phi_2(\varphi(x_1), \varphi(y_1))\big)\\ &= \varphi^{-1}\big(\varphi(\Phi_1(x_1, y_1))\big) \quad \text{(nach (A5))}\\ &= \Phi_1(x_1, y_1)\\ &= \Phi_1\big(\varphi^{-1}(x_2), \varphi^{-1}(y_2)\big),\end{aligned}$$

und eine entsprechende Gleichung für Ψ_2 und Ψ_1. Wenn es sich um Relative handelt, muß man den Begriff des Isomorphismus schärfer formulieren: Ein Homomorphismus φ des Relativs M_1 *auf* das Relativ M_2 heißt ein *Isomorphismus*, wenn (1) φ umkehrbar eindeutig ist, und (2) φ^{-1} ein Homomorphismus von M_2 auf M_1 ist. Daß man hier (2) nicht entbehren kann, zeigt ein Beispiel in § 4 (vgl. Abb. 4.1).

Die Algebra bzw. das Relativ M_2 heißt zu M_1 *homomorph* bzw. *isomorph*, wenn ein Homomorphismus bzw. Isomorphismus von M_1 auf M_2 existiert. Isomorphe Algebren bzw. Relative haben dieselbe „Struktur“ und sind vom abstrakten Standpunkt aus gleichberechtigt. Wir verwenden das Symbol $M_1 \cong M_2$ um anzugeben, daß M_1 und M_2 isomorph sind.

Die Teilbildung und die Bildung des direkten Produkts erhalten den Typ. Homomorphismen, Isomorphismen und die Bildung direkter Produkte sind nur bei gleichem Typ möglich.

4. Eine Relation θ in einer Menge M heißt eine *Äquivalenzrelation* in (über) M, wenn für beliebige $x, y, z \in M$ gilt:

(R) $x\theta x$, (Reflexivität von θ)
(S) $x\theta y \to y\theta x$, (Symmetrie von θ)[1]
(T) $x\theta y \wedge y\theta z \to x\theta z$. (Transitivität von θ)

Mit Hilfe einer derartigen Äquivalenzrelation θ läßt sich jedem Element $x \in M$ eine Teilmenge $\theta(x)$ von M zuordnen durch die folgende Definition:

$$y \in \theta(x) \leftrightarrow y\theta x \quad \text{für jedes } y \in M. \tag{A7}$$

[1] Es genügt offenbar, zu fordern:

$$x\,\theta\,y \wedge x \neq y \to y\,\theta\,x.$$

Wenn man hier die Konklusion negiert, so hat man die Forderung, daß $x\,\theta\,y \wedge x \neq y \to \neg\, y\,\theta\,x$ für beliebige x, $y \in M$. Dies ist äquivalent mit

$$\text{(A)} \qquad x\,\theta\,y \wedge y\,\theta\,x \to x = y$$

für beliebige x, $y \in M$. Eine Relation θ, welche der Bedingung (A) genügt, nennt man infolgedessen oft *antisymmetrisch*.

Dann gilt die Beziehung:

$$x\theta y \longleftrightarrow \theta(x) = \theta(y). \qquad \text{(A8)}$$

Zum Beweise nehmen wir zunächst an, daß $x\theta y$. Sei $z \in \theta(x)$. Es folgt der Reihe nach $z\theta x$, $z\theta y$, $z \in \theta(y)$. Damit ist gezeigt, daß $x\theta y$ die Inklusion $\theta(x) \subset \theta(y)$ impliziert. Weiter folgt aus $x\theta y$, daß $y\theta x$, und daraus, daß $\theta(y) \subset \theta(x)$. Aus $x\theta y$ ergibt sich also, daß $\theta(x) = \theta(y)$. Nehmen wir umgekehrt an, daß $\theta(x) = \theta(y)$. Dann haben wir sukzessive

$$x\theta x,\; x \in \theta(x),\; x \in \theta(y),\; x\theta y.$$

Über (A8) hinaus gilt sogar:

Haben $\theta(x)$ und $\theta(y)$ wenigstens ein gemeinsames Element z, so ist $\theta(x) = \theta(y)$. (A9)

Es ist nämlich $z \in \theta(x)$, $z\theta x$, $x\theta z$; $z \in \theta(y)$, $z\theta y$; $x\theta y$, und damit $\theta(x) = \theta(y)$ nach (A8).

Zusammenfassend haben wir: Eine Äquivalenzrelation θ in einer Menge M zerlegt M in elementefremde Klassen von der Art, daß zwei Elemente aus M genau dann in der Relation θ stehen, wenn sie in einer und derselben Klasse liegen.

Wir haben damit jeder Äquivalenzrelation θ in M eine Klasseneinteilung $\mathfrak{K}(\theta)$ zugeordnet. Umgekehrt gibt jede Klasseneinteilung $\mathfrak{K}$ von M Anlaß zu einer Äquivalenzrelation $\theta(\mathfrak{K})$, indem man zwei Elemente genau dann als äquivalent betrachtet, wenn sie in derselben Klasse liegen. Man kann die Äquivalenzrelationen in M auf die Klasseneinteilungen von M umkehrbar eindeutig abbilden, sie also, wenn man will, identifizieren. Nach Nr. 1 genügt dazu der Nachweis von

$$\theta(\mathfrak{K}(\theta)) = \theta \quad \text{und} \quad \mathfrak{K}(\theta(\mathfrak{K})) = \mathfrak{K}.$$

Der Beweis dieser beiden Gleichungen ist leicht. Zwei Elemente aus M stehen genau dann in der Relation $\theta(\mathfrak{K}(\theta))$, wenn sie in derselben Klasse von $\mathfrak{K}(\theta)$ liegen; dies ist aber, wie wir vorhin gesehen haben, genau dann der Fall, wenn sie in der Relation θ zueinander stehen. Schließlich liegen zwei Elemente von M genau dann in derselben Klasse von $\mathfrak{K}(\theta(\mathfrak{K}))$, wenn sie zueinander in der Relation $\theta(\mathfrak{K})$ stehen, und dies gilt nach der soeben gegebenen Definition genau dann, wenn sie in einer und derselben Klasse von $\mathfrak{K}$ liegen.

Eine Äquivalenzrelation θ in der Menge M einer Algebra mit (als Beispiel) einer zweistelligen Operation φ heißt eine *Kongruenzrelation* in M, wenn für beliebige $x_1, x_2, y_1, y_2 \in M$ gilt:

$$\text{Wenn } x_1\theta y_1 \text{ und } x_2\theta y_2, \text{ so auch } \varphi(x_1, x_2)\,\theta\,\varphi(y_1, y_2). \qquad \text{(A10)}$$

Eine Kongruenzrelation zerlegt als Äquivalenzrelation die Menge M in Klassen. Man kann die in M definierten Operationen mit Hilfe von θ auf die entstandenen Klassen übertragen und so eine neue

Algebra gewinnen, die den gleichen Typ hat, wie M. Betrachten wir die als Beispiel gewählte zweistellige Relation φ. α und β seien Äquivalenzklassen über M. Wir nehmen als einen *Repräsentanten* von α ein willkürliches Element $a \in \alpha$, und entsprechend als einen *Repräsentanten* von β ein beliebiges Element $b \in \beta$. Wir definieren:

$$\varphi_\theta(\alpha, \beta) = \theta(\varphi(a, b)). \tag{A11}$$

Wir dürfen eine derartige Definition aber erst dann geben, wenn wir gezeigt haben, daß $\theta(\varphi(a, b))$ immer dieselbe Klasse ist, unabhängig davon, welches $a \in \alpha$ und welches $b \in \beta$ wir gewählt haben. Wir wollen den Beweis für die behauptete *Unabhängigkeit vom Repräsentanten* hier nachtragen. Ist a' ein anderer Repräsentant von α und b' ein anderer Repräsentant von β, so gilt: $a\theta a'$ und $b\theta b'$, also für die Kongruenzrelation θ auch $\varphi(a, b)\theta\varphi(a', b')$; dies besagt aber, daß $\theta(\varphi(a, b)) = \theta(\varphi(a', b'))$, wie es behauptet wurde.

Die entstandene Algebra heißt die *Restklassenalgebra von M modulo θ*. Wir wollen sie kurz mit M_θ bezeichnen. *M_θ ist ein homomorphes Bild von M.* Ein Homomorphismus ist die Abbildung, die $x \in M$ auf $\theta(x) \in M_\theta$ abbildet. Diese Abbildung bildet M auf M_θ ab, und es gilt:

$$\theta(\varphi(a, b)) = \varphi_\theta(\theta(a), \theta(b)),$$

wie sich unmittelbar aus (A11) ergibt.

Umgekehrt sieht man leicht ein, daß ein Homomorphismus Φ von M_1 auf M_2 zu einer Kongruenzrelation θ in M_1 Anlaß gibt: Man setzt genau dann $a\theta b$ für $a, b \in M_1$, wenn $\Phi(a) = \Phi(b)$. Man sieht leicht, daß M_{1_θ} zu M_2 isomorph ist.

Jede Algebra M besitzt die beiden folgenden trivialen Kongruenzrelationen (die voneinander verschieden sind, sobald M wenigstens zwei Elemente besitzt):

(1) die identische Relation: $x\theta y \longleftrightarrow x = y \wedge x \in M \wedge y \in M$,

(2) die Allrelation: $x\theta y \longleftrightarrow x \in M \wedge y \in M$.

Eine Algebra, die keine weiteren Kongruenzrelationen besitzt, heißt *einfach*.

5. Aussagen von der Art, wie sie z. B. Dualitätsgesetze darstellen, sind nicht Aussagen über die Gegenstände einer Theorie T, etwa über Elemente einer Gruppe oder eines Verbandes, sondern Aussagen über Aussagen der Theorie T. Man spricht in diesem Falle auch von Aussagen der *Metatheorie* von T. Wenn man etwas strengere Anforderungen stellt, so ist es notwendig, genau anzugeben, was man unter den Aussagen einer Theorie T verstehen will. Es gibt dabei verschiedene Möglichkeiten, je nachdem, welche logischen Ausdrucksmittel man zulassen will. Wir wollen im folgenden als Beispiel kurz angeben, wie man

etwa die Aussagen einer Theorie T über Algebren oder Relative (z.B. der Verbandstheorie oder der Theorie der Halbordnungen) festlegen kann.

Die *Aussagen* werden aus elementaren Aussagen mit Hilfe der aussagenlogischen Verknüpfungen und der prädikatenlogischen Quantoren (Nr. 1) zusammengesetzt. Es genügt also, die *elementaren Aussagen von* T zu charakterisieren. Dazu benötigt man in jedem Falle Variable für die Elemente einer Algebra oder eines Relativs. Wenn es sich um ein Relativ handelt, so benötigt man ein Symbol r für die zweistellige Relation. Die elementaren Aussagen sind dann die Aussagen der Form rxy, wobei x und y Variablen sind. Bei Algebren muß man zunächst den Hilfsbegriff des *Terms* einführen. Die einfachsten Terme sind die Variablen $x, y, \ldots$; sind T_1 und T_2 Terme, so auch $f(T_1, T_2)$ und $g(T_1, T_2)$. $(x \frown (y \smile z)) \frown x$ ist ein Beispiel für einen verbandstheoretischen Term. Elementare Aussagen über Algebren sind Aussagen der Form $T_1 = T_2$, wobei T_1 und T_2 Terme sind. Beispiele sind die verbandstheoretischen Axiome.

Grundlegend ist der Begriff: *Eine Aussage* $\mathfrak{a}$ *gilt in einer Algebra* M *bzw. in einem Relativ* M. Bildet man die in $\mathfrak{a}$ vorkommenden *freien* (d. h. nicht durch prädikatenlogische Quantoren gebundenen) *Variablen* irgendwie auf Elemente aus M ab und interpretiert man f, g bzw. r durch die grundlegenden Operationen bzw. Relationen der Algebra bzw. des Relativs, so entsteht eine wahre oder falsche Aussage über die Algebra bzw. das Relativ. $\mathfrak{a}$ heißt in M *gültig*, wenn bei jeder Abbildung der freien Variablen aus $\mathfrak{a}$ auf Elemente aus M eine *wahre* Aussage entsteht[1].

Beispiel A3. M sei ein Verband mit zwei Elementen α, β mit $\alpha \subset \beta$. Dann *gelten die Aussagen*

$$\bigwedge y\; x \frown y = x$$

(in Worten: Für jedes y ist der Durchschnitt von x und y gleich x, d. h.: x ist Nullelement), *und*

$$\bigvee y \neg\, x \frown y = x$$

(in Worten: x ist nicht Nullelement) *nicht in* M: Die einzige freie Variable x läßt sich in beiden Fällen auf α oder auf β abbilden[2]; die

[1] Die Wissenschaft, die sich mit dem Begriff *gültig* beschäftigt, heißt *Semantik*. Man kann die soeben gegebene Definition durch eine (umständlichere, aber) präzisere ersetzen, wenn man die Aussagen und die Gültigkeit *induktiv* definiert. Wir verzichten hier auf die Durchführung dieses Programms, das zu den wesentlichen Aufgaben der klassischen Logik gehört.

[2] Man bemerke den Unterschied zwischen der Variablen x und dem Element $\alpha \in M$, auf das x abgebildet wird. Ein solcher Unterschied wird in der Mathematik (und auch in diesem Buche) meist nicht konsequent beachtet. Für die vorliegende Betrachtung ist er aber wesentlich.

Abbildung auf β liefert im ersten Falle, die Abbildung auf α im zweiten Falle eine falsche Aussage.

6. Sehr häufig wird eine Klasse von Algebren definiert durch die Forderung, daß für die Elemente der Algebren bestimmte Gleichungen zwischen Termen gelten sollen (zum Begriff des *Terms* vgl. Nr. 5). Eine solche Klasse von Algebren ist die Klasse der Verbände, die durch die Termgleichungen ($K_\frown$), ($K_\smile$), ($A_\frown$), ($A_\smile$), ($V_\frown$), ($V_\smile$) definiert wird (vgl. § 1). Eine andere Klasse ist etwa die der distributiven Verbände. Auch die Gruppen lassen sich in der angegebenen Weise definieren. Für solche Algebrenklassen behaupten wir den

Satz: $\mathfrak{A}$ sei eine Klasse von Algebren gleichen Typs, die durch Gleichungen definiert ist. Dann gilt:

(a) Mit M_1 gehört auch jede Teilalgebra M_2 von M_1 zu $\mathfrak{A}$.
(b) Mit M_1 gehört auch jedes homomorphe Bild M_2 von M_1 zu $\mathfrak{A}$.
(c) Mit M_1 und M_2 gehört auch das direkte Produkt $M_1 \times M_2$ zu $\mathfrak{A}$. (Das Entsprechende gilt auch bei mehreren Faktoren.)

Wir beweisen als Beispiel die Behauptung (b). M_1 sei ein Element von $\mathfrak{A}$ und M_2 ein homomorphes Bild von M_1. φ sei ein Homomorphismus von M_1 auf M_2. $T_1(x_1, \ldots, x_k) = T_2(x_1, \ldots, x_k)$ sei eine definierende Termgleichung für die Algebren aus $\mathfrak{A}$, wobei T_1, T_2 Terme in den Variablen $x_1, \ldots, x_k$ sind. Es ist zu zeigen, daß die Gleichung $T_1(x_1, \ldots, x_k) = T_2(x_1, \ldots, x_k)$ auch in M_2 gültig ist. Seien $\beta_1, \ldots, \beta_k$ irgendwelche Elemente von M_2. Es gibt Elemente $\alpha_1, \ldots, \alpha_k$ von M_1, so daß $\beta_1 = \varphi(\alpha_1), \ldots, \beta_k = \varphi(\alpha_k)$. In der Algebra M_1 gilt:

$$T_1(\alpha_1, \ldots, \alpha_k) = T_2(\alpha_1, \ldots, \alpha_k).$$

Hieraus folgt:

$$\varphi(T_1(\alpha_1, \ldots, \alpha_k)) = \varphi(T_2(\alpha_1, \ldots, \alpha_k)).$$

Durch mehrfache Anwendung von (A5) kann man φ in den beiden Termen ganz nach innen ziehen und erhält so schließlich:

$$T_1(\varphi(\alpha_1), \ldots, \varphi(\alpha_k)) = T_2(\varphi(\alpha_1), \ldots, \varphi(\alpha_k)),$$

d. h.

$$T_1(\beta_1, \ldots, \beta_k) = T_2(\beta_1, \ldots, \beta_k).$$

Aufgabe A1. Man beweise die Behauptungen (a) und (c) des letzten Satzes.

7. *Algorithmen zur Erzeugung aller Termgleichungen, die in gewissen Algebrenklassen gültig sind.* Wir beginnen mit einer präzisierten Definition einiger bereits früher eingeführten Begriffe. Sei gegeben ein Typ $\langle n_1, \ldots, n_k\rangle$ ($n_j \geqq 0$ für $j = 1, \ldots, k$). Jedem j ($j = 1, \ldots, k$) werde ein *Verknüpfungssymbol* f_j umkehrbar eindeutig zugeordnet. Ferner sei eine abzählbare Menge von *Variablen* gegeben. Die Menge der *Terme* (relativ

zum betrachteten Typ und der getroffenen Wahl der Verknüpfungssymbole und der Variablen) ist die kleinste Menge, zu welcher alle Variablen gehören, und die mit den Zeichenreihen $\alpha_1, \ldots, \alpha_{n_j}$ auch stets $f_j \alpha_1 \ldots \alpha_{n_j}$ als Element hat ($j = 1, \ldots, k$) (für $n_j = 0$ soll dies bedeuten, daß f_j selbst ein Term sein soll). Die Buchstaben $\alpha, \beta, \gamma, \ldots$ sollen sich im folgenden auf Terme beziehen.

Seien $x_1, \ldots, x_n$ paarweise verschiedene Variablen. Dann läßt sich die *simultane Substitution* $\alpha \dfrac{\beta_1 \ldots \beta_n}{x_1 \ldots x_n}$ durch Induktion über den Aufbau des Terms α wie folgt definieren:

(1) Ist α eine Variable und $\alpha \equiv x_i$ ($i = 1, \ldots, n$), so $\alpha \dfrac{\beta_1 \ldots \beta_n}{x_1 \ldots x_n} \equiv \beta_i$.

($\alpha \equiv \beta$ bedeutet, daß α und β als Zeichenreihen übereinstimmen.)

(2) Ist α eine Variable und $\alpha \not\equiv x_i$ für alle $i = 1, \ldots, n$, so $\alpha \dfrac{\beta_1 \ldots \beta_n}{x_1 \ldots x_n} \equiv \alpha$.

(3) $[f_j \alpha_1 \ldots \alpha_{n_j}] \dfrac{\beta_1 \ldots \beta_n}{x_1 \ldots x_n} \equiv f_j \alpha_1 \dfrac{\beta_1 \ldots \beta_n}{x_1 \ldots x_n} \ldots \alpha_{n_j} \dfrac{\beta_1 \ldots \beta_n}{x_1 \ldots x_n}$.

Alle im folgenden betrachteten Algebren seien vom Typ $\langle n_1, \ldots, n_k \rangle$. Sei $\mathfrak{A} = \langle M; \Phi_1, \ldots, \Phi_k \rangle$ eine derartige Algebra. Eine Abbildung B der Menge der Terme in M heißt eine *Bewertung über* $\mathfrak{A}$, wenn für beliebige Terme $\alpha_1, \ldots, \alpha_{n_j}$ stets

$$B(f_j \alpha_1 \ldots \alpha_{n_j}) = \Phi_j(B(\alpha_1), \ldots, B(\alpha_{n_j})) \quad (j = 1, \ldots, k). \tag{A 12}$$

Für $n_j = 0$ soll dies bedeuten, daß

$$B(f_j) = \Phi_j,$$

wobei hier $\Phi_j \in M$. Ist B eine Bewertung, und setzt man für jedes α (bei festen $x_1, \ldots, x_n, \beta_1, \ldots, \beta_n$)

$$B^*(\alpha) = B\left(\alpha \frac{\beta_1 \ldots \beta_n}{x_1 \ldots x_n}\right), \tag{A 13}$$

so ist auch B^* eine Bewertung, da

$$\begin{aligned} B^*(f_j \alpha_1 \ldots \alpha_{n_j}) &= B\left([f_j \alpha_1 \ldots \alpha_{n_j}] \frac{\beta_1 \ldots \beta_n}{x_1 \ldots x_n}\right) \\ &= B\left(f_j \alpha_1 \frac{\beta_1 \ldots \beta_n}{x_1 \ldots x_n} \ldots \alpha_{n_j} \frac{\beta_1 \ldots \beta_n}{x_1 \ldots x_n}\right) \\ &= \Phi_j\left(B\left(\alpha_1 \frac{\beta_1 \ldots \beta_n}{x_1 \ldots x_n}\right), \ldots, B\left(\alpha_{n_j} \frac{\beta_1 \ldots \beta_n}{x_1 \ldots x_n}\right)\right) \\ &= \Phi_j(B^*(\alpha_1), \ldots, B^*(\alpha_{n_j})). \end{aligned}$$

Ist B_0 eine Abbildung der Variablen in die Menge M einer Algebra $\langle M; \Phi_1, \ldots, \Phi_k \rangle$, so gibt es offenbar genau eine Bewertung B über dieser Algebra, welche für die Variablen mit B_0 übereinstimmt. B läßt sich für die Terme induktiv definieren durch die Festsetzungen:

(i) $B(\alpha) = B_0(\alpha)$, falls α eine Variable ist,

(ii) $B(f_j \alpha_1 \ldots \alpha_{n_j}) = \Phi_j(B(\alpha_1), \ldots, B(\alpha_{n_j}))$.

Definition. Die Terme α und β heißen *gleichwertig in bezug auf die Algebra* $\mathfrak{A}$, wenn $B(\alpha) = B(\beta)$ für jede Bewertung B über $\mathfrak{A}$. Die Terme α und β heißen *gleichwertig in bezug auf eine Klasse A von Algebren*, wenn α und β gleichwertig sind in bezug auf jede Algebra $\mathfrak{A}$, die zu A gehört. — Statt zu sagen, daß α und β gleichwertig sind in bezug auf $\mathfrak{A}$ bzw. A kann man auch sagen, daß *die Gleichung* $\alpha = \beta$ *in* $\mathfrak{A}$ *bzw. A gilt.*

Das *Wortproblem* für eine Klasse A von Algebren fragt nach einem Verfahren, mit dessen Hilfe man für beliebige Terme („Worte") α, β in endlich vielen Schritten *entscheiden* kann, ob α und β gleichwertig sind in bezug auf A. Die Existenz eines solchen Entscheidungsverfahrens ist gleichbedeutend damit, daß es zwei Algorithmen $\mathscr{A}_1$ und $\mathscr{A}_2$ gibt, die folgendes leisten: Mit Hilfe von $\mathscr{A}_1$ kann man alle geordneten Paare $\langle\alpha, \beta\rangle$ von Termen gewinnen, für die α und β gleichwertig sind; mit Hilfe von $\mathscr{A}_2$ kann man alle geordneten Paare $\langle\alpha, \beta\rangle$ von Termen gewinnen, für die α und β *nicht* gleichwertig sind.

Im folgenden soll gezeigt werden, daß für eine Klasse A von Algebren, die durch endlich viele Gleichungen definiert wird, stets ein Algorithmus $\mathscr{A}_1$ mit der oben angegebenen Eigenschaft existiert. Dieser Satz ist anwendbar z. B. auf die Klassen der Verbände, der modularen und der distributiven Verbände, der pseudobooleschen und der BOOLEschen Verbände.

Es ist bekannt, daß es Klassen von Algebren gibt, die durch endlich viele Gleichungen definiert sind, für welche es keinen Algorithmus $\mathscr{A}_2$ mit der oben angegebenen Eigenschaft gibt. Für diese Algebrenklassen ist also das Wortproblem unlösbar.

Gegeben seien endlich viele Gleichungen

$$\varrho_i = \sigma_i \quad (i = 1, \ldots, m). \tag{A 14}$$

A sei die Klasse der Algebren, für welche alle diese Gleichungen gelten. Es soll nun ein Regelsystem Σ angegeben werden. Die Regeln von Σ erlauben es, geordnete Termpaare — wofür wir auch kurz *Sequenzen* sagen wollen — anzuschreiben, bzw. von bereits gewonnenen Sequenzen zu weiteren überzugehen. Zur Formulierung der Regeln werden die folgenden Abkürzungen verwendet:

$\Rightarrow \alpha\beta$ soll bedeuten, daß die Sequenz $\alpha\beta$ hingeschrieben werden darf.

$\gamma_1\delta_1, \ldots, \gamma_r\delta_r \Rightarrow \alpha\beta$ soll bedeuten, daß die Sequenz $\alpha\beta$ hingeschrieben werden darf, wenn die Sequenzen $\gamma_1\delta_1, \ldots, \gamma_r\delta_r$ bereits gewonnen sind.

Das *Regelsystem* Σ besteht aus den folgenden Regeln:

R1.1 $\Rightarrow \alpha\alpha$

R1.2 $\alpha\beta \Rightarrow \beta\alpha$

R1.3 $\alpha\beta, \beta\gamma \Rightarrow \alpha\gamma$

R2.j $\alpha_1\beta_1, \ldots, \alpha_{n_j}\beta_{n_j} \Rightarrow f_j\,\alpha_1 \ldots \alpha_{n_j}\, f_j\,\beta_1 \ldots \beta_{n_j} \quad (j = 1, \ldots, k)$

R3.i $\Rightarrow \varrho_i \dfrac{\alpha_1 \ldots \alpha_n}{x_1 \ldots x_n}\, \sigma_i \dfrac{\alpha_1 \ldots \alpha_n}{x_1 \ldots x_n} \quad (i = 1, \ldots, m).$

Dabei seien $x_1, \ldots, x_n$ die Variablen, welche in irgend einem der Terme $\varrho_1, \ldots, \varrho_m, \sigma_1, \ldots, \sigma_m$ vorkommen.

Unter einem *Beweis mit* Σ versteht man eine Folge von (etwa untereinander geschriebenen) Sequenzen, in der jede vorkommende Sequenz entweder mittels R1.1 oder einer der Regeln R3.i unmittelbar hingeschrieben werden darf, oder aber aus im Beweis vorangehenden Sequenzen mittels einer der Regeln R1.2, R1.3, R2.j gewonnen werden kann. Eine *Sequenz* heißt *mit* Σ *ableitbar*, wenn es einen Beweis gibt, der mit dieser Sequenz endet.

Daß die Sequenz $\alpha\,\beta$ *mit* Σ ableitbar ist, soll durch

$$\alpha \vdash_\Sigma \beta \quad \text{oder kurz} \quad \alpha \vdash \beta$$

mitgeteilt werden. Es gilt der

Satz: α *ist zu* β *gleichwertig in bezug auf* A genau dann, wenn $\alpha \vdash_\Sigma \beta$. (A15)

Zunächst soll gezeigt werden, daß α zu β gleichwertig ist (bzgl. A), wenn $\alpha \vdash \beta$. Dies formuliert man auch so: Der durch das Regelsystem gegebene Kalkül ist *korrekt*. Eine Sequenz $\alpha\,\beta$ heiße *korrekt*, wenn α zu β gleichwertig ist. Wir haben zu zeigen, daß nur korrekte Sequenzen ableitbar sind.

Dazu genügt es, nachzuweisen:

(a) Mit den Regeln R1.1 und R3.i kann man nur korrekte Sequenzen hinschreiben.

(b) Wendet man die Regeln R1.2, R1.3 und R2.j auf korrekte Sequenzen an, so erhält man wieder eine korrekte Sequenz.

ad (a): Jede Sequenz $\alpha\,\alpha$ ist korrekt. Ferner ist jede Sequenz

$$\varrho_i \frac{\alpha_1 \ldots \alpha_n}{x_1 \ldots x_n}\, \sigma_i \frac{\alpha_1 \ldots \alpha_n}{x_1 \ldots x_n}$$

korrekt. Sei nämlich B eine beliebige Bewertung über einer Algebra $\mathfrak{A}$, die zu A gehört. Es ist zu zeigen, daß

$$B\left(\varrho_i \frac{\alpha_1 \ldots \alpha_n}{x_1 \ldots x_n}\right) = B\left(\sigma_i \frac{\alpha_1 \ldots \alpha_n}{x_1 \ldots x_n}\right).$$

Man bilde zu $B, x_1, \ldots, x_n, \alpha_1, \ldots, \alpha_n$ gemäß (A13) eine Bewertung B^*. Dann ist

$$B\left(\varrho_i \frac{\alpha_1 \ldots \alpha_n}{x_1 \ldots x_n}\right) = B^*(\varrho_i) \quad \text{und} \quad B\left(\sigma_i \frac{\alpha_1 \ldots \alpha_n}{x_1 \ldots x_n}\right) = B^*(\sigma_i).$$

Nun ist aber $B^*(\varrho_i) = B^*(\sigma_i)$, da die Gleichung $\varrho_i = \sigma_i$ in $\mathfrak{A}$ gilt.

ad (b): $\mathfrak{A}$ sei eine beliebige Algebra aus A, und B eine Bewertung über $\mathfrak{A}$.

R1.2: Es ist $B(\alpha) = B(\beta)$, da $\alpha\,\beta$ korrekt ist. Dann ist auch $B(\beta) = B(\alpha)$. Dies zeigt die Korrektheit von R1.2.

R1.3: Analog.

R2.j: Es ist $B(\alpha_l) = B(\beta_l)$ $(l = 1, \ldots, n_j)$, da die Sequenzen $\alpha_l\,\beta_l$ korrekt sind.

Es folgt $B(f_j\,\alpha_1 \ldots \alpha_{n_j}) = \Phi_j(B(\alpha_1), \ldots, B(\alpha_{n_j})) = \Phi_j(B(\beta_1), \ldots, B(\beta_{n_j})) = B(f_j\,\beta_1 \ldots \beta_{n_j})$. Daher ist die Sequenz $f_j\,\alpha_1 \ldots \alpha_{n_j}\,f_j\,\beta_1 \ldots \beta_{n_j}$ korrekt.

Zum Nachweis von (A15) bleibt nur noch zu zeigen, daß jede korrekte Sequenz auch ableitbar ist. Dies meint man, wenn man sagt, daß der durch die Regeln von Σ gegebenen Kalkül *vollständig* ist.

Die Terme bilden eine Algebra $\mathfrak{A}(T)$ vom Typ $\langle n_1, \ldots, n_k \rangle$, wenn man Operationen Φ_j^0 einführt durch die Definitionen:

$$\Phi_j^0(\alpha_1, \ldots, \alpha_{n_j}) = f_j\,\alpha_1 \ldots \alpha_{n_j} \quad (j = 1, \ldots, k). \tag{A16}$$

In der Menge der Terme führen wir eine Äquivalenzrelation $\dashv\vdash$ ein durch die Festsetzung, daß $\alpha \dashv\vdash \beta$ genau dann, wenn $\alpha \vdash \beta$ und $\beta \vdash \alpha$[1]. Die Regeln R1.1, R1.2, R1.3 garantieren, daß $\dashv\vdash$ eine Äquivalenzrelation ist. Mit Hilfe der Regeln R2.j sieht man, daß

$$\textit{wenn} \quad \alpha_1 \dashv\vdash \beta_1, \ldots, \alpha_{n_j} \dashv\vdash \beta_{n_j}, \quad \textit{so} \quad \Phi_j^0\,\alpha_1 \ldots \alpha_{n_j} \dashv\vdash \Phi_j^0\,\beta_1 \ldots \beta_{n_j}. \tag{A17}$$

Dies zeigt, daß $\dashv\vdash$ sogar eine *Kongruenzrelation* ist. Man kann daher die Klassen $M(\alpha)$, in welche die Terme vermöge $\dashv\vdash$ eingeteilt werden, zu einer Algebra $\mathfrak{A}(T, A)$ vom Typ $\langle n_1, \ldots, n_k \rangle$ machen dadurch, daß man Funktionen Φ_j einführt durch die Festsetzungen:

$$\begin{aligned} \Phi_j(M(\alpha_1), \ldots, M(\alpha_{n_j})) &= M(\Phi_j^0(\alpha_1, \ldots, \alpha_{n_j})) \\ &\quad (= M(f_j\,\alpha_1 \ldots \alpha_{n_j})). \end{aligned} \tag{A18}$$

$\mathfrak{A}(T, A)$ *gehört zu* A. Dazu ist zu zeigen, daß für jede Bewertung B über $\mathfrak{A}(T, A)$ die Gleichungen (A14) gelten.

B sei eine Bewertung über $\mathfrak{A}(T, A)$. Sei α ein beliebiger Term und seien $x_1, \ldots, x_n$ verschiedene Variablen, zu denen alle in α vorkommenden Variablen gehören mögen. α_i seien Terme mit $M(\alpha_i) = B(x_i)$. Dann hat man

$$\mathrm{B}(\alpha) = M\left(\alpha\,\frac{\alpha_1 \ldots \alpha_n}{x_1 \ldots x_n}\right). \tag{A19}$$

Dies zeigt man durch Induktion über den Aufbau von α: Ist α eine Variable, so gibt es ein i mit $\alpha \equiv x_i$. Dann ist $M\left(x_i\,\frac{\alpha_1 \ldots \alpha_n}{x_1 \ldots x_n}\right) = M(\alpha_i) =$

[1] Es genügt zu fordern, daß $\alpha \vdash \beta$, da sich hieraus wegen R 1.2 $\beta \vdash \alpha$ ergibt.

$B(x_i)$. Ist $\alpha \equiv f_j \gamma_1 \ldots \gamma_{n_j}$, so erhält man nach (A 12), der Induktionsvoraussetzung und (A 18):

$$\begin{aligned} B(\alpha) = B(f_j \gamma_1 \ldots \gamma_{n_j}) &= \Phi_j(B(\gamma_1), \ldots, B(\gamma_{n_j})) \\ &= \Phi_j\left(M\left(\gamma_1 \frac{\alpha_1 \ldots \alpha_n}{x_1 \ldots x_n}\right), \ldots, M\left(\gamma_{n_j} \frac{\alpha_1 \ldots \alpha_n}{x_1 \ldots x_n}\right)\right) \\ &= M\left(f_j \gamma_1 \frac{\alpha_1 \ldots \alpha_n}{x_1 \ldots x_n} \ldots \gamma_{n_j} \frac{\alpha_1 \ldots \alpha_n}{x_1 \ldots x_n}\right) \\ &= M\left([f_j \gamma_1 \ldots \gamma_{n_j}] \frac{\alpha_1 \ldots \alpha_n}{x_1 \ldots x_n}\right) \\ &= M\left(\alpha \frac{\alpha_1 \ldots \alpha_n}{x_1 \ldots x_n}\right). \end{aligned}$$

Es ist zu zeigen, daß $B(\varrho_i) = B(\sigma_i)$ $(i = 1, \ldots, m)$ für jede Bewertung B über $\mathfrak{A}(T, A)$. Nach (A 19) besagt dies, daß für geeignete $\alpha_1, \ldots, \alpha_n$

$$M\left(\varrho_i \frac{\alpha_1 \ldots \alpha_n}{x_1 \ldots x_n}\right) = M\left(\sigma_i \frac{\alpha_1 \ldots \alpha_n}{x_1 \ldots x_n}\right).$$

Das ist aber nach (A 8) gleichbedeutend mit

$$\varrho_i \frac{\alpha_1 \ldots \alpha_n}{x_1 \ldots x_n} \dashv\vdash \sigma_i \frac{\alpha_1 \ldots \alpha_n}{x_1 \ldots x_n};$$

dies ergibt sich aber sofort mit der Regel R 3.i.

Sei nun $\alpha\,\beta$ eine korrekte Sequenz. Es ist also $B(\alpha) = B(\beta)$ für jede Bewertung B über einer Algebra $\mathfrak{A} \in A$. Die Abbildung M ist, wie (A 18) zeigt, eine Bewertung über $\mathfrak{A}(T, A)$. Es ist also $M(\alpha) = M(\beta)$. Daraus ergibt sich $\alpha \dashv\vdash \beta$, insbesondere also $\alpha \vdash \beta$, w.z.b.w.

Zusammenfassend hat man den

Satz: *Zu jeder durch endlich viele Gleichungen definierten Klasse von Algebren kann man einen Kalkül angeben, mit dessen Hilfe sich genau die Gleichungen gewinnen lassen, welche für alle Algebren von A gelten.*

Dieser Satz läßt sich insbesondere anwenden auf die Klassen der (a) Verbände, (b) modularen Verbände, (c) distributiven Verbände, (d) pseudobooleschen Verbände, (e) BOOLEsche Verbände. Wie im Kapitel V gezeigt wird, existieren in den Fällen (a), (c), (d), (e) sogar Verfahren, mit deren Hilfe man über die Gültigkeit von Gleichungen *entscheiden* kann.

Literatur.

BIRKHOFF, G.: On the structure of abstract algebras. Proc. Cambridge phil. Soc. Bd. 31 (1935) S. 433–454.

Namen- und Sachverzeichnis.

Druck der Universitätsdruckerei H. Stürtz AG, Würzburg

Die Grundlehren der mathematischen Wissenschaften in Einzeldarstellungen mit besonderer Berücksichtigung der Anwendungsgebiete

Lieferbare Bände:

2. Knopp: Theorie und Anwendung der unendlichen Reihen. DM 48,—; US $ 12.00
3. Hurwitz: Vorlesungen über allgemeine Funktionentheorie und elliptische Funktionen. DM 49,—; US $ 12.25
4. Madelung: Die mathematischen Hilfsmittel des Physikers. DM 49,70; US $ 12.45
10. Schouten: Ricci-Calculus. DM 58,60; US $ 14.65
14. Klein: Elementarmathematik vom höheren Standpunkt aus. 1. Band: Arithmetik. Algebra. Analysis. DM 24,—; US $ 6.00
15. Klein: Elementarmathematik vom höheren Standpunkt aus. 2. Band: Geometrie. DM 24,—; US $ 6.00
16. Klein: Elementarmathematik vom höheren Standpunkt aus. 3. Band: Präzisions- und Approximationsmathematik. DM 19,80; US $ 4.95
19. Pólya/Szegö: Aufgaben und Lehrsätze aus der Analysis I: Reihen, Integralrechnung, Funktionentheorie. DM 34,—; US $ 8.50
20. Pólya/Szegö: Aufgaben und Lehrsätze aus der Analysis II: Funktionentheorie, Nullstellen, Polynome, Determinanten, Zahlentheorie. DM 38,—; US $ 9.50
22. Klein: Vorlesungen über höhere Geometrie. DM 28,—; US $ 7.00
26. Klein: Vorlesungen über nicht-euklidische Geometrie. DM 24,—; US $ 6.00
27. Hilbert/Ackermann: Grundzüge der theoretischen Logik. DM 38,—; US $ 9.50
31. Kellogg: Foundations of Potential Theory. DM 32,—; US $ 8.00
32. Reidemeister: Grundlagen der Geometrie. In Vorbereitung
38. Neumann: Mathematische Grundlagen der Quantenmechanik. In Vorbereitung
52. Magnus/Oberhettinger/Soni: Formulas and Theorems for the Special Functions of Mathematical Physics. DM 66,—; US $ 16.50
57. Hamel: Theoretische Mechanik. DM 84,—; US $ 21.00
58. Blaschke/Reichardt: Einführung in die Differentialgeometrie. DM 24,—; US $ 6.00
59. Hasse: Vorlesungen über Zahlentheorie. DM 69,—; US $ 17.25
60. Collatz: The Numerical Treatment of Differential Equations. DM 78,—; US $ 19.50
61. Maak: Fastperiodische Funktionen. DM 38,—; US $ 9.50
62. Sauer: Anfangswertprobleme bei partiellen Differentialgleichungen. DM 41,—; US $ 10.25
64. Nevanlinna: Uniformisierung. DM 49,50; US $ 12.40
65. Tóth: Lagerungen in der Ebene, auf der Kugel und im Raum. DM 27,—; US $ 6.75
66. Bieberbach: Theorie der gewöhnlichen Differentialgleichungen. DM 58,50; US $ 14.60
68. Aumann: Reelle Funktionen. DM 59,60; US $ 14.90
69. Schmidt: Mathematische Gesetze der Logik I. DM 79,—; US $ 19.75
71. Meixner/Schäfke: Mathieusche Funktionen und Sphäroidfunktionen mit Anwendungen auf physikalische und technische Probleme. DM 52,60; US $ 13.15
73. Hermes: Einführung in die Verbandstheorie. Etwa DM 39,—; etwa US $ 9.75

75. Rado/Reichelderfer: Continuous Transformations in Analysis, with an Introduction to Algebraic Topology. DM 59,60; US $ 14.90
76. Tricomi: Vorlesungen über Orthogonalreihen. DM 37,60; US $ 9.40
77. Behnke/Sommer: Theorie der analytischen Funktionen einer komplexen Veränderlichen. DM 79,—; US $ 19.75
79. Saxer: Versicherungsmathematik. 1. Teil. DM 39,60; US $ 9.90
80. Pickert: Projektive Ebenen. DM 48,60; US $ 12.15
81. Schneider: Einführung in die transzendenten Zahlen. DM 24,80; US $ 6.20
82. Specht: Gruppentheorie. DM 69,60; US $ 17.40
83. Bieberbach: Einführung in die Theorie der Differentialgleichungen im reellen Gebiet. DM 32,80; US $ 8.20
84. Conforto: Abelsche Funktionen und algebraische Geometrie. DM 41,80; US $ 10.45
85. Siegel: Vorlesungen über Himmelsmechanik. DM 33,—; US $ 8.25
86. Richter: Wahrscheinlichkeitstheorie. DM 68,—; US $ 17.00
87. van der Waerden: Mathematische Statistik. DM 49,60; US $ 12.40
88. Müller: Grundprobleme der mathematischen Theorie elektromagnetischer Schwingungen. DM 52,80; US $ 13.20
89. Pfluger: Theorie der Riemannschen Flächen. DM 39,20; US $ 9.80
90. Oberhettinger: Tabellen zur Fourier Transformation. DM 39,50; US $ 9.90
91. Prachar: Primzahlverteilung. DM 58,—; US $ 14.50
92. Rehbock: Darstellende Geometrie. DM 29,—; US $ 7.25
93. Hadwiger: Vorlesungen über Inhalt, Oberfläche und Isoperimetrie. DM 49,80; US $ 12.45
94. Funk: Variationsrechnung und ihre Anwendung in Physik und Technik. DM 98,—; US $ 24.50
95. Maeda: Kontinuierliche Geometrien. DM 39,—; US $ 9.75
97. Greub: Linear Algebra. DM 39,20; US $ 9.80
98. Saxer: Versicherungsmathematik. 2. Teil. DM 48,60; US $ 12.15
99. Cassels: An Introduction to the Geometry of Numbers. DM 69,—; US $ 17.25
100. Koppenfels/Stallmann: Praxis der konformen Abbildung. DM 69,—; US $ 17.25
101. Rund: The Differential Geometry of Finsler Spaces. DM 59,60; US $ 14.90
103. Schütte: Beweistheorie. DM 48,—; US $ 12.00
104. Chung: Markov Chains with Stationary Transition Probabilities. DM 56,—; US $ 14.00
105. Rinow: Die innere Geometrie der metrischen Räume. DM 83,—; US $ 20.75
106. Scholz/Hasenjaeger: Grundzüge der mathematischen Logik. DM 98,—; US $ 24.50
107. Köthe: Topologische Lineare Räume I. DM 78,—; US $ 19.50
108. Dynkin: Die Grundlagen der Theorie der Markoffschen Prozesse. DM 33,80; US $ 8.45
109. Hermes: Aufzählbarkeit, Entscheidbarkeit, Berechenbarkeit. DM 49,80; US $ 12.45
110. Dinghas: Vorlesungen über Funktionentheorie. DM 69,—; US $ 17.25
111. Lions: Equations différentielles opérationelles et problèmes aux limites. DM 64,—; US $ 16.00
112. Morgenstern/Szabó: Vorlesungen über theoretische Mechanik. DM 69,—; US $ 17.25
113. Meschkowski: Hilbertsche Räume mit Kernfunktion. DM 58,—; US $ 14.50
114. MacLane: Homology. DM 62,—; US $ 15.50
115. Hewitt/Ross: Abstract Harmonic Analysis. Vol. 1: Structure of Topological Groups. Integration Theory. Group Representations. DM 76,—; US $ 19.00

116. Hörmander: Linear Partial Differential Operators. DM 42,—; US $ 10.50
117. O'Meara: Introduction to Quadratic Forms. DM 48,—; US $ 12.00
118. Schäfke: Einführung in die Theorie der speziellen Funktionen der mathematischen Physik. DM 49,40; US $ 12.35
119. Harris: The Theory of Branching Processes. DM 36,—; US $ 9.00
120. Collatz: Funktionalanalysis und numerische Mathematik. DM 58,—; US $ 14.50
121./122. Dynkin: Markov Processes. DM 96,—; US $ 24.00
123. Yosida: Functional Analysis. DM 66,—; US $ 16.50
124. Morgenstern: Einführung in die Wahrscheinlichkeitsrechnung und mathematische Statistik. DM 34,50; US $ 8.60
125. Itô/McKean: Diffusion Processes and Their Sample Paths. DM 58,—; US $ 14.50
126. Lehto/Virtanen: Quasikonforme Abbildungen. DM 38,—; US $ 9.50
127. Hermes: Enumerability, Decidability, Computability. DM 39,—; US $ 9.75
128. Braun/Koecher: Jordan-Algebren. DM 48,—; US $ 12.00
129. Nikodým: The Mathematical Apparatus for Quantum-Theories. DM 144,—; US $ 36.00
130. Morrey: Multiple Integrals in the Calculus of Variations. DM 78,—; US $ 19.50
131. Hirzebruch: Topological Methods in Algebraic Geometry. DM 38,—; US $ 9.50
132. Kato: Perturbation theory for linear operators. DM 79,20; US $ 19.80
133. Haupt/Künneth: Geometrische Ordnungen. DM 68,—; US $ 17.00
134. Huppert: Endliche Gruppen I. Etwa DM 154,—; US $ 38.50
135. Handbook for Automatic Computation. Vol. 1/Part a: Rutishauser: Description of ALGOL 60. DM 58,—; US $ 14.50
136. Greub: Multilinear Algebra. DM 32,—; US $ 8.00
137. Handbook for Automatic Computation. Vol. 1/Part b: Grau/Hill/Langmaack: Translation of ALGOL 60. DM 64,—; US $ 16.00
138. Hahn: Stability of Motion. DM 72,—; US $ 18.00
139. Mathematische Hilfsmittel des Ingenieurs. Herausgeber: Sauer/Szabó. 1. Teil. DM 88,—; US $ 22.00
143. Schur/Grunsky: Vorlesungen über Invariantentheorie. DM 28,—; US $ 7.00
144. Weil: Basic Number Theory. DM 48,—; US $ 12.00
146. Treves: Locally Covex Spaces and Linear Partial Differential Equations. Approx. DM 36,—; approx. US $ 9.00